安全基準はどのようにできてきたか

HASHIMOTO Takehiko
橋本毅彦［編］

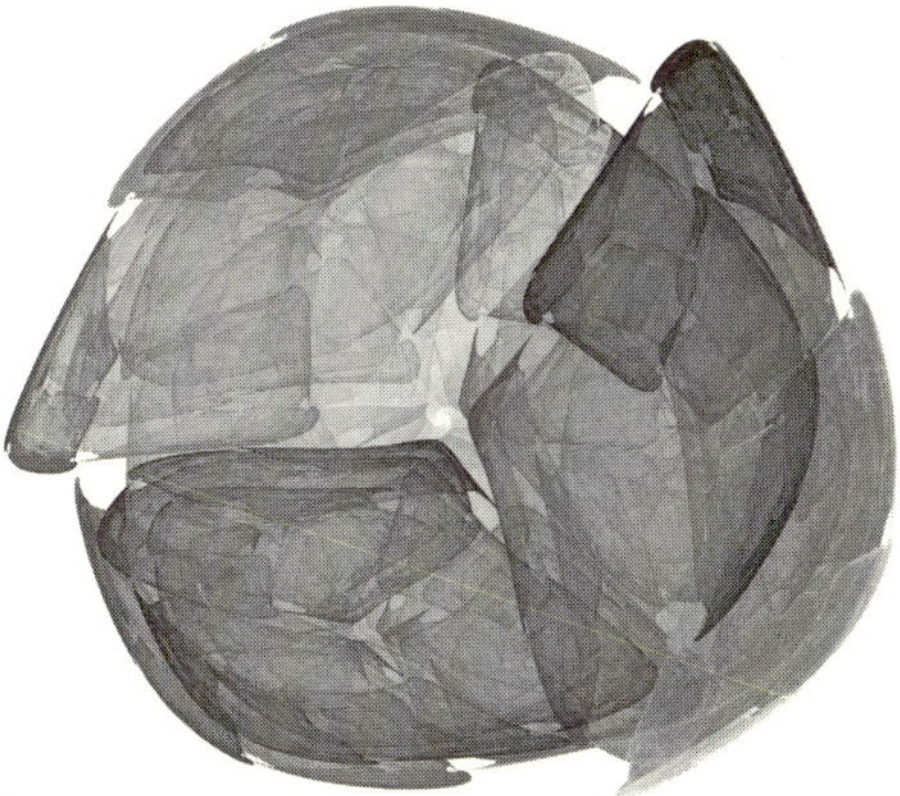

How have
SAFETY
STANDARDS
been Constructed?

東京大学出版会

How have Safety Standards been Constructed?
Takehiko HASHIMOTO, Editor
University of Tokyo Press, 2017
ISBN978-4-13-063366-6

はじめに

現代社会は緻密に設計された高度な技術基盤に基づく社会である。技術のシステムは寸分の狂いなく進行するようになっているが、一つの歯車の狂いで大きな事故がもたらされたりする。船舶の沈没、飛行機の墜落、電車の脱線、バスの横転。ここ数年の間にもそのような内外の交通事故のニュースを聞かされたことだろう。死傷事故に至らずとも、ニアミスの事故が起こったり、故障により運行が遅延したりすることが身近に起こった経験をお持ちの方もいることだろう。

自動車でも事故が起こる。以前は毎年一万人近くの方が亡くなっていたが、今では四〇〇〇人ほどに減少している。その多くは運転手の過失によるものだが、時には自動車自体に事故の原因が帰せられる場合もある。事故が自動車部品の不良によるものであれば、同じ車種の自動車の安全性も問われることになる。安全性が十分保てないということで、同じ車種の自動車を多数回収するという事態が起こることもある。リコールということで製造業者が自社の自動車を消費者から回収するという事態をニュースでお聞きになったこともあるだろう。

リコールが起こるのは、自社の製品が公的に定まっている安全基準に達していないと後から判明してしまうからである。リコールという異常事態が起こる背景には、そのような自動車の安全性を保証する安全基準の体系が存在している。安全基準があるからこそ、通常自動車は安全に走行し、運転手も同乗者も、そして歩行者も自動車を信頼して毎日を過ごすことができるのである。

自動車といえば、二〇世紀の初頭にヘンリー・フォードによって大量生産体制が編み出され、標準化された車両が低価格で大量に製造されたために自動車社会が生まれることになった。筆者は、そのような大量生産の根底にある標準化ということに着目し、その調査結果を『〈標準〉の哲学——スタンダード・テクノロジーの三〇〇年』(その後再版では『「ものづくり」の科学史』と改題)なるタイトルで世に問うた。自動車だけではない。現代社会を構成する製品、流通する物品、そのほとんどはサイズ・形態・仕様などが標準化されている。物品ではなく、電力網、鉄道網、水道網など、ネットワークを形成するような類いのものもある。それらもまた電圧、ゲージ、管径などで標準化がなされている。標準は現代社会の基盤を構成する巨大な技術体系の要をなすものである。

安全基準は、前著でカバーすることのできなかったタイプの標準である。それは物品や技術の体系が円滑に安全に運行するために、最低限満足すべき基準でもある。自動車を含め、多くの製品はある程度の硬さがなければ安全性を保てない。ある程度ならば基準以上に硬くてもいいが、重さが増えすぎたり、コストがかさみすぎたりしてもよくない。ある基準をクリアすれば、その基準値程度の値でよい。家電製品は漏電しないように絶縁に関する最低基準を満たさなければならない。水道水は塩素などで消毒されているが、それは多すぎないように基準値が定められている。自動車にも各部品と自動車本体が満たすべき安全基準が存在し、二年程に一度の車検において、それらの基準に達しているかどうかが検査される。

このような安全基準の体系は、現代社会を支える基盤技術の日々の円滑な操業を保証するものでもあり、その体系は膨大である。本書が垣間見ようとするのは、その一端である。だがその一端を見ることを通じて、読者はふだん見過ごしている巨大な技術の体系と、それを生み出した多くの考察や計算について思いを馳せることになるだろう。本書で扱うのはそのようないくつかの事例をめぐる安全基準の存在、その成立の経緯、そしてその経緯の背景にある膨大な工学的な計算と考察についてである。

とくに工学的知識や技術史上の知識は必要としない。本書を通じて、現代社会を支える技術体系への関心、さらにそれが成立した歴史的経緯への関心をもっていただければうれしい限りである。

橋本毅彦

目次

序章　身の回りの安全基準

橋本毅彦

堤防の高さはいかに決まったか

日本の平野を流れる川には、堤防が築かれている。堤防の上は舗装されていることもあり、いいサイクリングコースにもなっている。つまり堤防は一定の高さで、そして一定の形状を保って、川に沿って長い距離つくられているのである。

そのような堤防は、どうしてその高さで築かれているのだろうか。長大な堤防である。もう少し低ければ建設コストはずいぶんと安くすんだだろう。逆に高ければコストも大きくかさんだことだろう。サイクリングをしたことがある人ならば、堤防の高さがほぼ水平に一定の高さを保っていることが実感されていることだろう。堤防はある高さをもつように設計され、その高さで正確に建設されている人工物なのである。

その背後には土木工学の計算がある。そしてまたその背後には長年にわたる気象学や地理学の統計的なデータが存在する。堤防の高さは、そのような統計調査、工学的な計算、理論的な配慮などによって決定されているのである。さらにそのような工学的な考察や計算の背後には、数年あるいは数十年にわたって科学者や技術者が検討し、時に議論を闘わせてきた歴史的過程が控えている。

本書が問おうとするのは、このような社会の仕組みの中に潜む一定の基準や取り決めの背後にある科学的・工学的配慮を繙くこと、そしてさらにその歴史的背景やそれらの基準がそのように決まってきた経緯を探ることである。

堤防の高さに関しては、台風などにより降水量が高まったときの河川の水量が問題になってくるわけであるが、河川の治水に関して重要な指標になるのは、「基本高水」と呼ばれる最大の流量である。その流量は毎秒何トン（何立方メートル）の水が流れるかという単位で測られる。水位の高さは地形によって異なってくることになるが、そのような水量は川の流れに沿って、支流などとの合流がなければほぼ一定ということになり、それが基本的な指標として使われる。問題はその最大の量をどのように決定するかということになる。そのような最大量の算定には、過去の気象学的なデータ、河川の地理的な構造、河川が大きな水量を流して海へと排水していく能力など、多くのデータと知見に基づき数値計算されていく。近代的な堤防は明治時代から建設されてきた。しかしその背景になされる工学的・経済的な計算は、戦前から戦後へと変遷してきたことが第4章前半で説かれている。

川の水はやがて都市にもたらされ、人々の水道水として使われる。都市の住民は自宅で蛇口をひねればいつでも水道水を利用することができる。多くの国の水道では、蛇口の水を飲料用として使うことができる。飲料水として提供するためには、有害な細菌を取り除いておかなければならない。浄水場で川からの水を濾過し、殺菌用の塩素などを適量に施して、水が飲料用として利用者の健康に害を及ぼさないようにしなければならない。それはどの程度の殺菌なのか。細菌や毒素は、どれだけ少なくすれば害をもたらさないのか。そのことに医学的判断がなされ、一つの基準が設けられることになる。ふだん何気なく利用している水道水。その背後には多くの疫学的な判断や、浄水施設などに設置された多くの技術的装置の作動が存在するのである。

電気の流れをめぐる基準

自然の水の流れを管理する治水と上下水道網の体系と、分野は異なるが同様のパターンをもつ技術システムとして、電力体系を例として取り上げることができる。発電所から送配電網を通じて産業施設や民間家庭に電気を供給する。それはダムによって水を貯め、河川によって水を都市に流し、上水道によって各家庭に水を供給するというシステムと同様のパターンをもっている。発電所、送配電網、各家庭の電気機器においても、安全な電力供給と機器利用のための安全基準が多くの場面で必要となってくる。最も上流に位置する発電所における安全性、中でも原子力発電所の安全性には人々の大きな関心が集まっているところである。発電所内の安全性、そして発電所外の環境保全、両者ともに安全基準が必要とされている。

上流から下流へ、送配電網においても安全基準が必要となる。本章を執筆している二〇一六年の秋、東京で長時間にわたる停電があった。原因は地下の送電線の発火であり、施設が勢いよく燃える事態になった。送電線がそのように発火して火災を起こすのは珍しい。しかしそのときは、言わば、電線を通

図0・1　コンピュータの電源アダプターに表示された認証マークのさまざま

る電気流体が堤防である絶縁体を越えて溢れ出てしまったのである。堤防の高さに基準が定められているように、高圧電流が流れる導線の絶縁体にも一定の基準が定められている。事故が発生すると、そのような危険を備えた高圧送電線と安全基準が存在することを改めて知ることができる。

　送配電された電気はやがて各家庭にもたらされる。各家庭では電気を利用した各種の器具が存在する。それらはいずれも日本国内での使用に対する安全性の保証を受けている。電気製品によっては国際的な認証を受けているものもある。そのような世界各地の認証マークを、コンピュータの電源アダプターの裏面に見いだすことができる。図0・1はコンピュータの電源アダプターの表示を一部分撮影したもの。そこにはいろいろな認証マークが並んでいる。左上の「CE」と大きく書かれている表示の右には、「UL」が丸印で表示されている。UL丸印のULは、Underwriters Laboratories を表しており、それは米国の保険業者が創設した試験検査所の名前である。一方、CEは Conformité Européenne、すなわち欧州適合であり、欧州共同体において安全適性基準に合格していることを示す記号である。その下のGSと太く大きく書かれているマークは、ドイツにおける安全性確認済み (Geprufte Sicherheit) を示しているマーク。これらはいずれも特定の地域において、該当する電気器具の安全性を保証する承認マークになっているのである。

これらのマークの由来とそれらの母体となる認証機関や標準制定機関の歴史的背景などについては、それぞれのマークでさまざまである。ＵＬは一九世紀末に火災保険業者たちが中心となり一九世紀末に設立された試験検査所で、当時導入されつつあった電気器具が発火し、火災の原因にならないように器具の安全性を検査する目的で設立された。後に電気器具ばかりでなく標準型スプリンクラーの考案や設置の提案などをしており、米国で安全基準を定め、安全性を認証する重要な機関になっている。一方ＣＥマークは一つの特定の機関が特定の規格によって認証した合格証ではなく、いくつかの規格のうちの一つによって認証されればよいことになっている。一見頼りなさそうな方式だが、実情に合わせてそのような標準認証制度がつくられるようになった。この歴史的経緯については、第Ⅳ部の第8章、第9章を参照していただきたい。とくに第9章では、これらの安全認証制度が、一九七〇年代から八〇年代にかけて「オールド・アプローチ」から「ニュー・アプローチ」へと移行したことを受けて変化してきたことを解説してくれている。

基盤技術が円滑に作動するために

現代のグローバル社会は、過去一〇〇年の、いや過去数百年にわたり発展してきた技術体系の基盤の上に築かれている。現代の都市社会を支える交通、光熱、衣食住の提供、それら数々の技術が社会の基盤としてのインフラストラクチャーを構成している。我々一人一人が毎日経験するようなインフラの体系だけでなく、製造業や各種産業のさまざまな毎日の活動を支える技術ともなっている。これらの社会基盤となる技術システムは、先端的な技術だけでなく長い伝統を有する技術に裏打ちされてつくり出されており、そのような技術システムが故障や事故を起こすことなく円滑に運行し操業するために、無数の基準・規約・規則が定められている。それらの基準や規則は、あるものは詳細な数値として定められていたり、多くの条文という文章の形で定められていたりする。

本書が対象とするのは、現代社会にとって不可欠で毎日の活動を支えてくれている基盤技術の体系の舞台裏を見ること、ふだんは目には見えず日常生活ではその存在がなかなか気づかれないそのような基盤技術システムと、それらを運行操業するために定められている基準・規約・規則などに目を向けて理解することにある。それらの基準はなぜそのような数値で定められることになったのか。規則はどうしてそのように決められたのか。それらの基準や規則は、関連分野の専門技術者たちが集まり、まずは専門工学の知識や考察をもとに検討される。だが工学的な視点ばかりでなく、社会科学的な視点からも検討され、決定されていくことになる。

一つの基盤技術システムの運行を支える基準や規則（堤防の高さや飛行士の視力など）は、いつの時代にどのような経緯を経て定まってきたものなのか？　それはいかなる工学的な分析と考察を元にして決められたものなのか？　その決定の過程ではさまざまな見解が出されたり意見の対立があったりしたのか？　それは技術的な考察によってのみ定められたのか、あるいは関係各方面の交渉や合意の上でつくり出されたのか？　またそのように定められた基準や規則はどれほどの強制力をもって提示されたのか？　本書は、いくつかの事例を対象に、これらの課題について工学的、歴史学的観点から答えようとするものである。

本書の構成――航空規格からCEマークまで

本書の内容は、二〇一二年度から四年間続けた共同研究プロジェクト（「おわりに」参照）の研究成果の一部に基づいている。プロジェクトでは、歴史家とともに技術者・工学者の方々にも講演してもらい、その何人かの専門家の方々に章や章の一部を執筆していただいた。プロジェクトでカバーした分野は、航空・船舶・消防・治水・電力・化学・建築・医療などの多岐にわたった。そのすべてをここに収めることはできなかったが、いくつかの重要な分野に関して解説を書いていただいた。それらは分野に分かれるとともに、基準の意義やあり方、技術システムにおける基準のもつ機能や特徴などによって、いくつかのタイプやパターンに分けることができる。そこで本書を四部に分け、各部に二、三章を配して全九章とした。

第I部は交通の分野を取り上げる二章からなる。第1章は航空機をめぐる基準や規約に関するものであるが、国境を自由に越えて飛び回る航空機の登場は、その安全性を保証するための制度を必要とし、それは航空機の運航をめぐる全事項に関する詳細な精査、そして関係する国々によって検討し合意してもらうことを必要とした。このような交通の技術システムを例にとり、システム全体に関して関係各国や関係諸団体が検討し、合意していくことについて説明する。第2章では船舶保険を取り上げるが、船舶もまた航空機と同様に諸外国に関わり、国際的な合意を必要とする交通システムである。船舶の航行に関しては、一八世紀から保険会社が航海の安全性に関して多大な関心を払い、安全性に関する基準を定めるようになった。保険会社の視点を紹介してもらうことで、交通の技術システムにおける各種の安全基準がどのように決められるものなのか、またその技術システムがどのような広がりをもつものであるか知ることができるだろう。

第Ⅱ部は水害や火災とともに原発事故などを例に取り上げて、そのような事故や災害を予防するための基準のあり方を追う。先述のように治水に関しては「基本高水」という量的概念が利用され、それが一つの主要な安全基準値として合理的に設定されることが目指された。消防に関しても、歴史的に多大な技術的工夫や努力が払われてきた。耐火性の建材や消火器の設置などの技術や工夫に注目すれば、それぞれに基準や規則などが見えてくるだろう。第3章ではそのような防火のための工学的工夫、とくに延焼を防ぐための方法として、都市の消防能力なるものを計算し、それにより所定の消火能力を備えた消防署の設置に関する指針を検討したことを解説する。

オランダは日本とは異なる地理的環境にあるが、低地であるが故に治水に関して古くから多大な関心と努力が払われてきた。第4章の後半では現代のオランダにおける高潮を防ぐための長大な堤防の建設計画について紹介するが、その堤防の設計に際しては高潮の高さに関する確率論的な算定がなされた。そのような確率論的な計算の利用が今日多くの災害リスクの算定と防災のための設計技術に生かされる傾向にある。その一つの顕著な例が原子力発電施設である。二〇一一年に発生した東北地方太平洋沖地震による大津波、それに伴う福島第一原子力発電所の事故は近隣地域に放射能汚染の大きな被害をもたらした。原発の安全性に関しては、それまでも多くの議論がなされ、現在もその議論は続いている。第5章では、原子力発電施設の安全性に関して確率論的な算定評価方法がいかに日本に導入されるようになったか、その経緯を解説する。

第Ⅲ部は食品や健康に関わる安全基準をめぐる章をそろえた。第6章ではそのような安全基準に関して、身近な食品を例にとりつつ解説する。水銀には有機水銀と呼ばれる大変毒性の強い物質があり、水俣病の病原物質になった。水銀は現代の産業活動において多く使われており、工場からの排水などにより海洋中にもたらされる。無機水銀が有機水銀に変わるとそれを摂取した魚で蓄積がなされ、小さな魚を食した大きな魚へと水銀の濃度が多段階的に濃縮されていく。大きな身体をもつマグロの水銀濃度は見過ごせない程度になっている。ではどの程度の濃度が限界となる基準値で、どの程度の魚の摂取までが健康を保つための限度になるのか。第6章ではマグロの刺身という身近な食品を例にしながら安全基準の値や許容可能な魚の摂取量について解説する。

巨大な技術システムに支えられる現代社会においては、技術システムを運行させる要のポジションで作業する人物の身体状態・精神状態の健康維持も重要な課題になってくる。航空機は初期にはつねに視界飛行をしており、パイロットの視力は大変重要なチェック項目だった。計器飛行が一般的になっても視力は重要であり、他の身体の健康も重要だが、パイロットの精神状態を健康健全に保つことも重要な課題である。第7章では、技術システムの要に位置する運転員とともに、労働者や一般市民の身体・精神の健康状態のチェックがなされるようになった経緯が論じられている。とくに精神面と関わるような健康と作業能力に注目し、能力の存否に関わる心理的特徴とその類型の議論が紹介される。

第Ⅳ部は国際機関による基準の制定に関して、医療機器や労働環境などを例にとり解説する。今日多くの基準や技術的な規則は国際標準として規定される傾向がある。そのような国際標準を制定する機関として国際標準化機構（International Organization for Standardization: ISO）が存在する。第8章では医療に関わる機械や治療方法の安全性に関する国際標準がどのように定められるようになったかを解説する。医療機器や薬品などの国際標準は、その製造や製造後の検査が規定通りになされているか、マニュアルでの製造検査方法を遵守しているかがチェックの対象になっている。生産物だけについて安全かどうかチェックするのでなく、その製造の過程を確認するような「グッド・プラクティス」というタイプの基準が活用されるようになっている。医療機器の国際標準制定の作業に関わった経歴をもつ著者が、自身の経験を交えながら医療機器に関するＩＳＯの基準が生み出された経緯を解説している。

ＩＳＯは医療機器に限らず、技術製品や技術システムに関わる多くの分野や領域に関して国際標準を定めてきた。最後の第9章では、このＩＳＯが定めてきた国際標準のうち、労働の安全性を守るために策定された諸基準について、戦後から現在に至るまでの経緯を解説する。ＩＳＯの会長も務めた経歴をもち、標準の策定に関する実務経験も豊富にもつ専門家の視点から、ＩＳＯでの標準策定の方式が一九六〇年代から八〇年代にかけて大きく変化し、新方式の登場により前述の「ＣＥマーク」が生まれたことを解説している。

以上、九つの章で取り扱われる九つの領域の事例を簡単に紹介した。それらの事例での安全基準をめぐる論説を通じて、身近な事物や技術に安全基準が備わっていること、またその背景に技術的考察や基準制定の歴史過程が存在することを理解してもらえれば幸いである。

I

交通

第1章　航空機と運航システム
――安全基準の多角性と統一性

橋本毅彦

1　航空機の安全な運航を求めて

実用的な航空機（aircraft）は、気球や飛行船などの軽航空機も含めると、その起源は一八世紀に遡る。しかし風向きにあまり左右されずに自由に空を飛行する飛行機が発明され、航空機の時代が到来するのは一九〇〇年代以降のことである。その後二〇世紀の一世紀を通じて航空機は社会的・軍事的な重要性の高さから急速に発展し、社会における不可欠な交通機関としてその地位を確立してきた。

航空機の進歩の影には多くの悲惨な死傷事故が発生し、そのような事故を防ぐために数多くの技術や基準や規制が設置・施行されてきた。航空機の安全を確保するためには、航空機自体の強度や安定に飛行する飛行士の操縦能力が必要であることはもちろんであるが、多くの航空機が分刻みで発着陸するような空港周辺や航空経路における管制システムの円滑な運行もきわめて重要になってくる。航空機の運航には、航空機とともに数多くの航空機の運航をリアルタイムで管理する管制システムを含む大きな技術システムを円滑に動かしていくことが必要である。

本章では、このような技術システムとしての航空運航の体制が歴史的にどのように生み出され、二〇世紀中葉にかけてどのように発展していったか、英国、フランス、日本、米国などの状況を参照し、また基準や規約の設定のプロセスに着目しつつ追っていくことにする。

2　越境不時着した飛行船への対応

航空機の運航における安全基準の必要性の認識とその制定の動きは、一九〇九年の飛行船不時着の事件に端を発している。その年の春にドイツの飛行船が多数フランスに越境し、その地で不時着したのである。出来事自体は死傷者を伴うような大事件ではなかったが、その事件は急速に発展する航空機がもたらす潜在的な危険性と事の重大さを関係者に思い知らせることになった。当事者であったフランス政府が音頭をとり、欧州各国に呼びかけて飛行船ばかりでなく飛行機を含む航空機全般に対して、飛行の安全性を保証するような規格や規約について協議して制定していこうとしたのである。前年にはライト兄弟が世界に先駆けて自機による実演飛行に成功している。

フランス政府は、国際会議開催に先立ち、一五の質問事項を参加予定各国に送付し、会議に付するために回答を求めた。またこれらの質問においては、対象となる航空機は“aérostat”（気球、飛行船などの軽航空機）と呼ばれており、当時検討の主たる対象は緊急に対応を求められていた空気より軽い航空機だったと考えられる。ただし、その後の作成された国際規約においては、"aérostat"の代わりに"aéronef"（航空機）という言葉が使われるようになり、その対象として気球、飛行船、飛行機械の三種類としている。フランスから各国に問われた質問とは、以下の一五の質問である(1)。

1　公用と私用の軽航空機を区別する理由はあるか。公用軽航空機には複数の種類を想定すべきか。

2　軽航空機は国籍をもつべきか。国籍を決定するのはいかなる規則に従うべきか。

3　軽航空機は航行にあたって許可を備えるべきか、またいかなる条件でそうすべきか。

4　軽航空機は出身国に所属すべきか、またいかなる条件でそうすべきか。

5　軽航空機の身分証明を、地上でも航行中でも、外側に印をつけるよう義務づけるべきか。

6　軽航空機の乗務員の適性の条件を求めるべきか。

7　軽航空機の出航にあたって、軽航空機自体、乗務員、乗客、荷物に対して国際的な規則を課すべきか。何らかの物資に対しては禁止したり規制をかけたりするべきか。とくに無線機の運搬と使用を許可すべきか。

8　軽航空機は証明書を携行すべきか。

9　交通上の安全性を確保するため、航行中の軽航空機に航行方向に対して視覚的ないしは聴覚的なシグナルといった何らかの予防措置を課すべきか。また地上に地点の確認を容易にするような明瞭なマークをつけるべきか。

10　着陸に際して国際的な規則を課すべきか。着陸の自由を制限すべきか。（a）着陸者の着陸時のシグナル（光または音）、（b）禁止ないし危険な地域の国際的な交通。
11　着陸後、警察と税関の利害を守るため搭乗者に対していかなる処置をすべきか。
12　軽航空機自体は関税から除外されるべきか。それはいかなる条件でか。
13　着陸後、軽航空機、乗員、携行機器の保護についてはいかなる処置をすべきか。
14　航空の漂流について。航空の支援。軽航空機や航行下の国は、遭難した軽航空機を救援するよう義務を課すべきか。
15　上記の規則は、公用の軽航空機に対しても適用されるべきか。それはいかなる条件でか。

以上の一五の質問が届くと、英国政府は陸海軍、商務省、財務省など関連各省の代表からなる委員会を設置し、各質問に対する回答を準備させた。委員会はその一週間後に質問への回答を報告した(2)。報告の前書きで、航空技術の発展がまだ見通せない中で、規則を策定していくことは困難であること、そのような規則は航空の発展を妨げるようなものであってはならないこと、を注意している。その上で、規則の策定にあたっては航海上の規則を参照すべきであり、参照したとしている。

我々が今までですでに試行している類似の操業形態から大きく逸脱しないよう注意する必要がある。航海と航空との間には十分近い類似性があり、我々に課せられた問いを検討する有用で安全な基礎を提供してくれる。現行の船舶に対する数世紀にわたる経験の所産である。したがって、航空において規制が必要となるところは、船舶航海の先例に可能な限り従うべきだろう(3)。

このような大方針の下、軽航空機に関して国内を航行するものと国外へ航行するものに分け、後者については海外へ航行する船舶と同様に扱い、前者については自動車と同様の規制でいいとも述べている。

フランス政府は、英国を含む各国からの回答をまとめた上で、翌一九一〇年五月パリで国際航空委員会を開催した。パリ会議にあたって、ドイツ政府からの回答は、各設問への回答という形式ではなく、全四三箇条からなる国際規約のひな形の提案としてなされた。会合では、一五の質問を四種の課題――国際法、行政的・技術的課題、関税、交通上の規制――に分け、それぞれ四つの専門委員会で各国からの回答とドイツからの提案を検討した(4)。公的な会議終了後に具体的な国際規約の条文作成の専門委員会が結成されたが、英国代表は会議前に予期していた検討課題を越えるような問題に対処するため、本国と電信を交わしつつ対応に追われた。審議の末に採択された国際規約は基本的にドイツ提案に基づく形で生まれることになった。作成された規約は、航空機の国籍とそれらの登録、耐空性の証明と技能適性の免許、外国の飛行船の入国許可、出発・着陸・航行中に遵守すべき規則、関税と交通、公用航空機、最終的処置と題される七章に分けられ、全五五箇条から構成された(5)。

これらの条項について解説した英国代表団の中間報告では、とくに第二章の耐空証明と能力免許に関して、航空機と自動車との間の差を次のように強調している。

国外を交通する自動車よりも航空機の方が、機体の適性を保証する航行許可が必要であること、私的な試験場を越えて飛行する前にいかなる場合においても必要とされるべきであることが一般的に合意された。この予防措置の必要性は、故障の事態から明らかであろう。自動車ならば単に動かなくなるだけだが、飛行機の場合は完全に故障すれば、おそらく第三者に大きな損害をもたらす可能性があるからである(6)。

英国政府と代表団は、初めのうち船舶と航海とのアナロジーに基づいて対応し、会議に参加する過程でより踏み込んだ国際的規制構築の必要性を認識していく。その対象として念頭にあったのは、主として飛行船であり、すでにドイツで実用化され国際的な航路を開拓しつつあったツェッペリン社の飛行船の存在だった。国際規約が締結されると、それに対応して国内の法律を整備していかねばならない。英国では、翌一九一一年に全二八箇条からなる航空法案が作成された(7)。

耐空証明ができているかどうかの最終的な確認は、所属国から正式に国籍登録を受けているかどうかによってなされる。第三条の航空機登録に関しては、所有者が英国籍をもっていることが資格要件とされている。航空機の国籍登録に関しては、所有者の国籍か、所有者の住所か、あるいは該当機の保管場所かなどの可能性が考えられたが、英国の場合は明確にそのように定められた。そのため、英国に在住する外国人は所有機に英国籍を与えるよう登録することはできない。第三条の説明には、所有権の委譲にあたっての登録の変更手続きなど、一八九四年に制定された商船法に従うよう記されている。まったく新しい交通手段として登場した航空機に対する法的規制として、それ以前の船舶に対する規制が参照されていたことが読み取れる。

第四条の耐空性の証明に関しては、申請機は商務省の規制に従って証明を受けなければならないとしている。しかし条項には、航空機の安全性を保証するための具体的な技術的基準に対して参照すべき付属資料はとくに与えられていない。説明ノートには、商務省の承認の下、王立航空クラブや他の認可機関が商務省を代行して試験や検査を執行することが可能であるとしている。実質的に耐空性の証明は、このような航空を専門として技能と経験を備えた会員を擁する団体が、政府の認可の下に遂行するということになった。このことは国際規約においても、そのような認証団体によってなされることが想定されていた。また外国の耐空証明の有効性について、基本的に自治領・植民地・諸外国で取得された耐空証明も有効であるが、それらの諸国の耐空証明が英国のものよりも緩いことが判明するようであれば、有効性を取り消す場合があることも明記されている。

フランス政府は一九一〇年一一月にも委員会を招集して規約の完成を目指したが、その後会議が招集されることはなく、規約の草案は参加国によって承認されるまでには至らなかった。(8)

3　第一次世界大戦後における国際航空規約

第一次世界大戦後、一九一九年一〇月にパリで国際会議が開催され、「航空に関する規約」が締結された。(9) この一九一九年の規約は、一九一〇年の草案を下敷きにしており、条項の数はやや少なくなっているが、章立てはほぼ同一である。一九一〇年の草案の時点では、他国の領海上空への飛行の許容に関する章の最初の二つの条約が空欄のままになっていた。おそらく比較的自由な航行を主張しようとするドイツや他の小国と、そのような自由な航行には慎重な姿勢をとる英国との意見の食い違いがあったものと思われる。一九一九年の規約では、敗戦国となったドイツを除外し、戦前よりも英国が主導権をとりつつ規約条文の作成が進められたのであろう。
その後一九二二年七月にパリで開催された国際航空委員会では、英国、フランスを含む一五カ国の代表が集まったが、そこには日本からの代表も含まれた。ただしドイツとともに、規約を批准しなかった米国は参加しなかった。会議の冒頭でフランス代表のレモン・ポアンカレが祝辞を述べたが、そこには基準策定の技術的作業の難しさと社会的意義とが表明されている。

諸君の前には膨大な作業が待っている。それらは航空の将来にとって最重要な課題となろう。諸君は各国の規制を標準化しなければならない……。諸君は航空に関連するすべての問題を規制していかなければならない。すなわち、耐空性の証明、航空機の標識、飛行記録、航空地図、飛行士の資格、関税の問題、気象情報、そしてまだ予測のできぬすべての問題、日々新しく生じる問題である。……すべての事項で人々の関係を改善してくれるような国際協定を生み出していかなければならない。これらの協定を忍耐強く親善の意志をもって発展させ、そこに平和への希求の精神を吹き込まねばならない(10)。

会議では、六つの小委員会の設置が承認された。それらは、航路・材料、無線、気象、医学、法律、地図の六領域に分かれる。六つの小委員会の中で無線小委員会においては、航空機における無線の装備、無線士の搭乗に関して具体的な提案がなされた。小委員会では、航空機を一〇人未満の乗客を輸送する第一種の航空機と一〇人以上の乗客を輸送する第二種の航空機に分類し、第一種では飛行士自身が無線を操作して更新することが許されるが、第二種では必ず飛行士とは別の無線士を搭乗させ無線電信を利用すること、無線電話の使用は特別な場合に限られるとした[11]。無線士を搭乗させることで、飛行士が無線の操作から自由になり飛行操縦に専念できるようになる。また当時の無線技術から無線電話よりもモールス信号を利用する無線電信の方が交信の速度が速く、信頼性も高いため、無線の交信の量を減らすことができる。この点は、気象情報を受け取る上でも有用である。無線局では所定の時刻に気象情報を送信するが、航空機はそれを受信し無線局との交信を省略することができる。それとともに、波長六〇〇メートルから一八〇〇メートルの電波の使用が、第一種ならびに第二種の航空機の無線電信のためにあてられた。気象情報は一八〇〇メートルの波長が利用された。

医学を担当する小委員会の活動やもっぱら飛行士を対象とする身体検査に関する議論や初期の経緯については別稿「技術と標準」で比較的詳しく解説した[12]。飛行士の身体検査といっても視力や呼吸器官などだけに限定するものではなく、身体全体を検査し、精神的な面についても検査の対象は及ぶものだった。一九二〇年に発行された大英帝国の英国、連邦諸国、植民地の関係者に向けて発行された『民間飛行士、航空士、技師の医学検診』には、検診の方法として数多くの検査項目がリストアップされ記載されている。その目次には以下のような検査項目が並ぶ[13]。

家族と個人の履歴：既往歴、家族背景、教育、体育、職歴、性病、飛行経験
年齢
一般的外科検査：身体特徴、体格の特徴、体重、身長、座高、胸囲、肺活量、身体効率係数
一般的内科検査：

筋肉：腹囲、筋力
循環器系：心臓、脈拍、血圧、毛管循環、
呼吸器系：肺の状態、息留め、呼気の力、疲労試験と脈拍応答、フラックスの袋試験とドライヤーの窒素試験
神経系：反射、震え、平衡、平行棒、反射時間の測定
排泄系：尿検査、他の条件
目の検査：視力、色覚、眼球斜位
耳の検査：聴覚、外耳・耳道・鼓膜、中耳と耳管、蝸牛器
耳の前庭器
鼻と口腔を含む喉：口腔、咽頭、鼻咽頭、鼻、喉頭

4　保険会社との関係と耐空課の設立

耐空性の検査と認証に関しては、英国政府の航空省に耐空課（Airworthiness Department）が設置され、そこで飛行機本体の飛行特性や強度などがチェックされることになった。耐空課には航空機認可、飛行特性、構造強度、方法開発などの部門が配置された。

この耐空課の設置に先立ち、一九一九年一月に英国航空機製造業協会は、国際的な海上保険組合であるロイズに相談し、彼らの製造する航空機に対して船舶と同様にロイズから船級と同様の航空機の質に

対応する等級づけをしてくれる可能性について打診した。ロイズからは、保険業者に提供されるべき情報として以下のリストを作成し、政府に回答している。(14)

飛行士について：名前、年齢、免許の種類と取得期日、免許を有する飛行機の種類、飛行経験（各種の飛行機の飛行経験をもつ年数）、身体の適性（ただし二次的である）

飛行機について：所有者、種類、設計と製作時期、エンジンの種類・出力・製作年月、最大積載時の主翼の単位面積あたりの荷重、最大積載でエンジン全開時の速度、着陸速度、最大搭乗客数あるいは最大積載荷重、最大積載時の飛行可能距離、認可の記述と日付、飛行・修理・点検の記録

飛行場：位置、サイズ、一年を通じての地表面の着陸への適性、着陸速度・機体重量に対する適性、着陸への障害の有無、建物の構成、建物内での灯火の使用可否、昼夜勤務の警備員の有無

航路：航路上の飛行場・緊急着陸地の記述、修理の施設、航路上の気候条件

飛行艇基地：位置、気候条件、海岸の性質、引き上げ斜面の性質、航空用建物の性質、係留時の海面の状況

外国の法律：第三者・乗客・雇用者への賠償責任

外国の航空業者：法律的地位、財政ならびに技術の組織と商業目的に関する情報

飛行士、地上整備士、航空機の免許：免許を取得するために必要な能力の基準に関する情報

またロイズからは、保険業者への情報として、航空日誌の定期的な閲覧を要望した。

現在保険業者は、多かれ少なかれ盲目状態でリスクを背負わねばなりません。その結果、少ないリ

スクなのに不当に高い保険掛金が要求されることで、健全な航空企業家を落胆させ、逆に大きなリスクなのに不当に低い掛金が要求されることで、商用航空のよくない側面が助長されてしまっています。そのような状況は、商業航空と公共一般の利益になりません。もし保険業者にこのような情報が与えられるなら、結果的に健全なリスクに対するすべての保険掛金をすぐにかなりの額で引き下げることになりましょう(15)。

当時の保険の掛け金は二割から三割という高額だったとされている。一九二一年二月、英国政府の下で航空機の研究開発に関わった航空研究委員会で、一〇年後の将来の飛行機を各委員が展望し、一〇年間の研究計画を構想していくという会議が催された。その折りに飛行機の高速化を予測する研究者もいたが、一方で、現状では事故が頻発し保険金の掛け金が高い状態にあり、安全な飛行や着陸を達成するための研究を進めるべきであるという意見も出され、会議ではその意見が尊重されている(16)。

その後送付されたロイズの代表からの書簡では、このような情報提供によって『ロイズ航空記録』と呼ぶべき記録を作成する予定であることを述べた。また所有者の中で、事故などの情報を提供してくれる航空機の所有者に対しては星印をつけて他の所有者とは区別することも提案された。しかし所有者や整備士の気質などまではプライベートな情報であり、入手困難と考えられた。結局、保険業者による航空日誌の閲覧は実行不可能（impracticable）ということで実現しなかった(17)。ロイズとの協議はしばらく始まることがなかったが、一九二七年に再開し、一九二九年からロイズによる私有飛行機、クラブ団体の飛行機についての認証がなされるようになる(18)。

5　日本における国際規格の受容

日本においても国際航空協定に加盟した後、陸軍省に航空局が設置され、航空機や飛行士の検査のための準備がなされた。協定の批准に伴い一九二一（大正一〇）年に航空法が公布されたが、その実施は一九二七（昭和二）年のことになる。それに先立ち航空局は逓信省の下に移管されている。

航空局の下での検査体制をめぐっては、日本の航空技術者にとって一つのほろ苦いエピソードが存在する。航空局が検査を実施しはじめたのが一九二七年、その年に米国のチャールズ・リンドバーグが大西洋横断に成功した。快挙の報は世界中をめぐり、日本でも大いに話題にされた。日本の航空界では、それでは太平洋横断に挑戦しようという機運が高まり、帝国飛行協会の下で全国から寄付を募り横断機の製作と飛行計画の準備が進められた[19]。実際に飛行機が製作されると、同機に対して耐空証明を認可できないと航空局が判断を下した。数回の飛行試験がなされたが結局航空局の設定する基準を満たさないことが明らかにされた。計画に関わった飛行機の設計者や航空工学者は異論を唱えた。この飛行機は一回限りの記録達成を目指す飛行機であり、通常の耐空証明とは性格を異にするのではないか。また航空局の依拠する基準の体系は一九一九年に制定されたものを参考にしており、それから十年近くの歳月を経て技術も向上しており、記録機の耐空性を判断するには不適切ではないか。

異論を唱えた技術者には東京帝国大学の航空研究所（航研）に所属する航空工学者たちがいた。彼らが中心になり、欧米各国の最新の耐空基準の規定を参照しながら、新しい日本独自の強度規定を作成した。文部省の航空評議会の下で、その主査委員を務める二人の航研所員が原案を作成したが、その後主な設計者、製造業者の意見を聞き、百数十回の会議を開き討議を重ねた。また現用飛行機の実験成績を参照し、必要に応じて陸海軍や航研の実験施設を利用して試験を行った。そうして「航空評議会飛行機機体強度規定」として策定した。その内容と解説が一九三二年の『航空研究所彙報』に紹介されている[20]。「総則」、「負荷状態及負荷条件」、「機体各部の強さの条件」の三章の各規定の紹介の後、各規定の内容とその背景が各章各節ごとに解説される。その冒頭で、強度の最低基準の策定は安全と経済とのバランスから必要とされるもので、それは「学理及技術の状況」、「国内工業の状況」、「国内気象状態」などを考慮して定められるとある。またこの規定は国際委員会で決められる国際規定とは別個のものであり、国内で使用される飛行機を対象とするものであると断っている。そして使用とは実用的な使用であり、試験的な使用は含まないともする。規定はそれまで参照されていた国際規約に対して、完全に国内向けの規定としてつくられたものだった。またその一方で、こうして定められた規定が新しい試みを妨げるようなことがあってはならないとも述べ、強度規定そのものも最新の経験や研究成果を取り入れて絶えず更新されなければならないともいう[21]。

同規定の内容解説においても「運用負荷倍数」なる係数に関して、それは全重量の関数となっているが、「この点については尚研究の余地があり、全備重量以外の要素、例えば馬力荷重、速度範囲、引起しの急激さ等を考えに入れてn（引用者注：運用負荷倍数）を決定しようとする案も出ているが、何れも未だ完全なものとは云えない」と注釈している[22]。この研究動向の把握で紹介されている論文がジョセフ・S・ニューウェルという人物の論文であるが、そこで参照された米国人技術者ニューウェルはその後日本海軍に招聘されて、構造強度の集中講義を日本の航空技術者に対して行っている。[23] そこには航研の若い技術者とともに、軍や企業の技術者も参加してニューウェルから米国流の構造強度の計算法を学んだ。

ニューウェルはマサチューセッツ工科大学（ＭＩＴ）とハーバード大学で機械工学などを学んだ後、陸軍航空隊の技師として勤務し、一九二〇年代に新型航空機の耐空性を検査したり強度分析の方法を改良したりした。一九二七年からＭＩＴの土木工学科の教員となったが、同じ頃米国の民間航空機の耐空性の検査などにも従事している。その頃に作成された履歴書には、この民間機の耐空性検査に関して、商務省が定める強度要求が明確でないこと、彼が陸軍在任中に検討していた手法や規則が民間機の検査にも応用されるようになったことなどが記されている。[24]

6　米国における航空商業法の制定と航空部の設置

米国においても一九二六年に航空商業法が制定され、商務省内に航空部（Aeronautics Branch）が設置された。これは独立の組織としてではなく省内の既存部局と新設部局を連携させて一つの部門としての体裁を整えたものだった。すなわち航路課は灯台局、航空研究課は標準局、そして航空地図課は地質測量部にそれぞれ設置され、他の規制課、情報課などと協力して航空機の規制や規格・基準の策定などが諮られた。[25]

米国内では第一次世界大戦の戦場にこそならなかったが、飛行機の製作と試作飛行などは活発に行われており、一九二〇年代には飛行機の耐空性などについて州ごとではなく連邦政府による統一的な規制が強く求められるようになっていた。航空商工会議所では一九二一年から年報を発行したが、そこには過去一年を振り返り数多く発生した航空機関系の事故がすべてリストにされ、事故の原因と帰結が簡単に記されている。たとえば一九二二年には計一二六件の事故が引用されているが、その最初の事故は一月一五日ニュージャージー州の凍りついた川で発生した。当時凍った川で大勢の人々がアイススケートを楽しんでいたが、そこで自作の飛行機を発進させた人物がそのまま群衆に突っ込み、一人の女性を死亡させ、一人の男性に重傷を負わせることになった。それ以降は川に飛行機を持ち込むことは禁じられるようになった[26]。そのような重大事故が頻発することにより、航空関係者は航空機の飛行の国内での統一的な規制の早期確立を強く要望していたわけである。

欧州各国にはやや遅れての国家的な航空機の規制体制の発足だったといえる。航空機の認証や検査、飛行士と検査技師の資格認定などの業務をこの商務省の航空部が引き受けるようになっていく。航空機の認証にあたっては、「型式証明（type certificate）」の発行も行うようになっている。型式証明とは個々の飛行機ではなくモデルが同一であれば、最初に同一のモデルの飛行機に関して技術仕様の詳細を提出して実物とともに検査し、飛行試験なども合格することによって発行される認証であり、その最初の念入りな認証がなされればその後の同一型式の飛行機の認証は省略できる手続きである[27]。

商務省航空部は担当部門も一箇所に集中しているわけではない組織形態をしていた。また前述ニューウェルが証言しているように、航空機の耐空証明については陸軍内ですでに発達しており、航空商業局で耐空性の検査などがなされるようになったが、当初はまだ不備があり、軍と連携しつつニューウェルなどの専門技術者の助けを得ながら体制が構築されていった。その後、この部局横断型の航空部は航空局（Bureau of Air Commerce）として再編され、さらに一九三八年に民間航空法により民間航空庁として拡充される[28]。そして戦後一九五〇年代になり連邦航空局（Federal Aviation Agency, 後にFederal Aviation Administration）へとさらに再編されていくことになる。その際に鍵となるのが、航空機そのものの規制や基準作成ではなく、航空機の運航体制の要となる航空機の誘導、そして航空管制のシステムの技術発展と組織体制の構築だった。

7　航空郵便の創設と飛行機の誘導システム

航空機が飛行場の周辺を局所的に飛行旋回するのでなく、一つの地点から他の遠隔地点まで飛行する際には、飛行士が地図や視界に入る実際の地形を目視するだけで飛行することは大変困難である。だがそのような飛行は、一九二六年の航空部の発足以前から航空郵便の輸送のために商務省の管轄下でなされるようになっていた[29]。

一九一〇年代末から郵便を運搬するための試験飛行が始められているが、当時の飛行機の計器は簡単な羅針儀や旋回計、高度計などであり、悪天候では雲の上か下を飛行せざるを得なかった。天気がよく視界が利いても目視による飛行はしばしばコースから外れる結果を招いた。大西洋を横に確認しつつ北上してもいつの間にか川を遡上してしまった例もあった[30]。一九二〇年には無線局が設置され、気象情報が伝えられるようになった。

大陸を横断するような郵便の輸送は、初め昼間だけ飛行機で輸送し、夜間は鉄道を利用して運搬されていたが、それではさして速度が上がらないために、昼間だけでなく夜間も飛行機で運ぶこと、すなわち夜間飛行が試みられるようになる。ニューヨークからサンフランシスコまでの航路を途中のイリノイ州シカゴとワイオミング州シャイアンの二地点で概ね三分割し、東海岸からシカゴまでを昼間飛行、シカゴからシャイアンまでを夜間飛行、そしてシャイアンからサンフランシスコを昼間に飛行するということがなされた。シカゴからシャイアンまでは広大で単調な平原が広がるが、そこに篝火が焚かれたり、灯台のように回転する強力な照明ビーコンが発せられたりした[31]。

一九二六年に航空商業法が成立し、商務省内に航空局が設置されるとともに、商務省が航空路の地上設備を整備していくことになった。そのために航路上で一定の距離間隔で航空標識（航空灯台）が設置された。この時期の航空局の歴史を説いた著作のタイトルには、この夜間飛行のための標識をタイトルに据えて、『篝火からビーコンへ』と題されている[32]。それは灯台のように遠方まで到達する光線（ビーコン）を回転させながら発する照明装置を鉄塔の上に備えている。鉄塔のすぐ脇には小さな小屋が設けられ、その屋根に航路と標識の識別記号と番号が大書された（図1・1参照）。

ビーコンの照射方法についても細かに標準化されている。水平からの角度、回転する速度などについて、すべての航空灯台で同一になるように標準化された。商務省の方式では水平から一・五度の角度、毎分六回転で回転した。したがって遠方からやってくる飛行機は一〇秒ごとに照明ビーコンが点滅するのが見えた。鉄塔の高さは五一フィート、ビーコンの明るさは一〇〇万燭光にされ、四〇キロメートルの遠方から見ることができたとされている。この白色光のビーコンの下に赤色ないしは緑色のビーコン

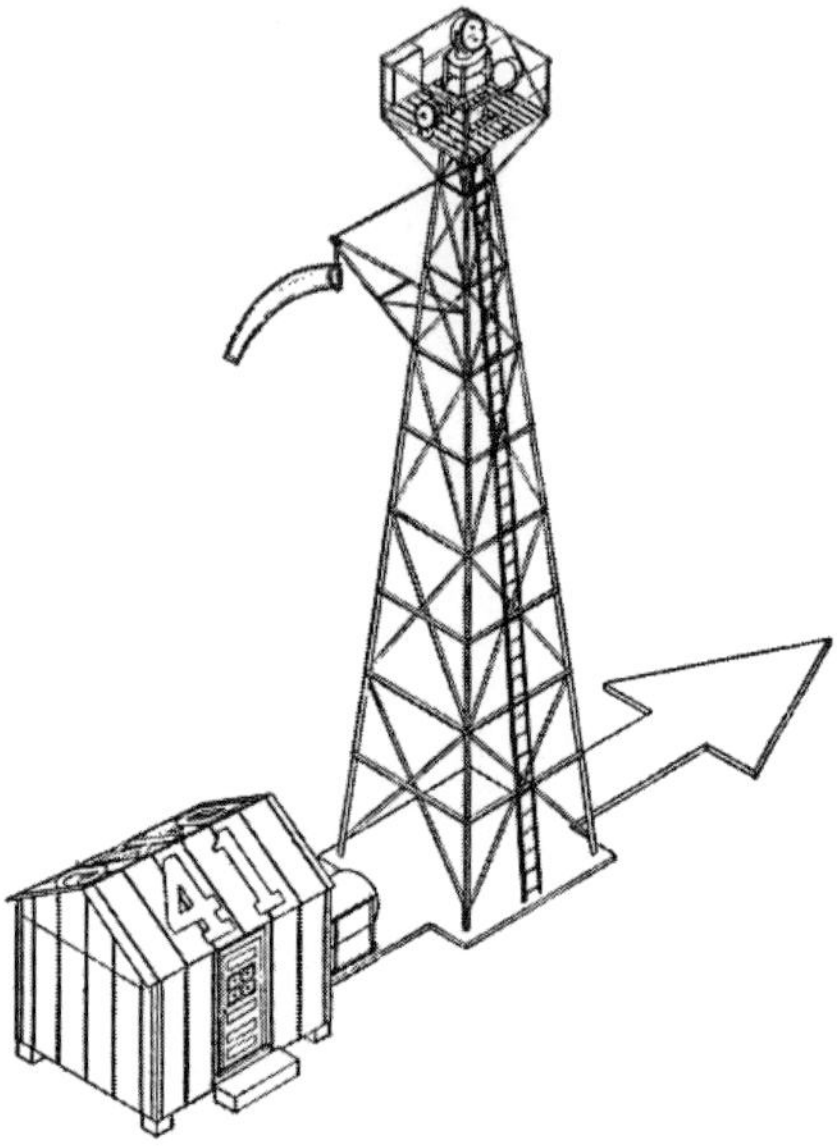

図１・１　航空灯台
出典：F. C. Hingsburg, “Lighting as an Aid to Safety,” *Popular Aviation and Aeronautics*, 4 (2) (1929), p. 58, Fig. 3.

も設置し、それを点滅させることで遠くから灯台の番号を知らせられた。点滅させることでモールス信号を表し、それによって番号を伝達したのである。また通常のモールス信号では一桁の数字を表すのに五つのドットないしダッシュを使用することになっているが、三つないし四つのドットないしダッシュからなるアルファベットを代用することによって数字を表すことにされた（たとえば1に対しては通常Wを表す・—が割り当てられた）。後にビーコンは継続して発光する白色光とともに一八〇度の反対側へ向かって発光する赤色光（あるいは緑色光）のビームが使われるようになった。灯台は一〇マイルごとに建てられ、一桁の番号が割り振られた。したがってパイロットはコース内の一〇〇マイルの区間の中の何番目の一〇マイル区間にいるかどうか、この彩色灯のビーコンの信号によって知ることができた[33]。

　このような視認式の航空灯台とともに、一九三〇年頃からは無線を利用した「四コース式方向指示器」と呼ばれる無線式の誘導装置が利用されるようになった。これは二つの直交するアンテナから信号電波を発し、二つの信号の重なり具合から正しい方向を確認するというものである。二つのアンテナからは、モールス符号の「・—」と「—・」に相当する信号が発せられ、両者からの信号の強さがちょうど同じで重なるときには連続音となるという特性を利用するものである。両者の信号の強さが等しくなるのは無線基地に向かう互いに直交する四方向に限られることになり、飛行士は連続音の信号を受信することで自機が無線基地に向かう正しいコース上に飛んでいることを確認することができるわけである。この電波信号は一〇〇マイルの距離まで到達することができ、基地は二〇〇マイルおきに設置された。また信号は二四秒おきに中断し基地の識別信号が送信され、一五分おきに気象情報が送信されるように定められた。このような無線式の誘導ビーコンが開発されることによって、天気が悪く視界が不良なときにも飛行が可能になった(34)。

一九三〇年に九つの無線基地が設置され、その数は三年後に七〇に増やされた。それにより天候に左右されぬ安定した飛行機の定時運航がより可能になり、さらに定期運行の本数も増加した。だがそれとともに航空機の事故も増加するようになる。一九三五年に上院議員が亡くなる事故が発生し、調査委員会が設置された。調査の結果、事故をなくしていくために飛行場で発着機の管理を一手に引き受ける航空管制の業務が遂行されるようになった。初めは航空会社が協力してそのような業務に着手したが、後に航空局がその業務を行う体制が生み出され、スタッフの人数や業務時間と体制などが標準化されていくことになる。

こうしてできあがった初期の航空管制が現代の航空管制に比べて独特なのは、黒板や地図が利用され、黒板には飛行中の飛行機の状況、高度、到達時刻などが書き込まれ、テーブルの地図上には飛行機を表す小さな舟形のコマが置かれたことである。各飛行場の管制室には三人の管制官が常駐し、その中の一人は天気を確認するとともに一五分ごとに舟形のコマを地図上で動かした。またすべての発着機は、東西の方向であればそれぞれの進行方向で高度が割りあてられ、東方向であれば一〇〇〇フィート、三〇〇〇フィートといった奇数番台の一〇〇〇フィート、西方向であれば二〇〇〇、四〇〇〇といった偶数番台の一〇〇〇フィートの高度で飛行することが定められた(35)。

一九三六年に就航したＤＣ３型機は、現代の飛行機とほぼ同様の流線形の機体形状をもつようになった。主翼と胴体の接続部分や胴体の後方から末端にかけてのすぼみ具合など、無駄な渦を生じさせない理想的な流線形状になっている。それにより飛行速度は向上し、コストも大幅に低減した。同時期に使用されていたボーイング二四七型機と比べると、ニューヨークからロサンジェルスまでの飛行において、乗客数二倍、飛行時間数四分の三、そして操業コストは半分になった。これによってそれまでは航空郵便も運ぶことで政府から財政支援を受け経営が成り立っていた航空旅客輸送が、乗客の輸送だけで経営が成り立つようになったとされている(36)。

増大する民間航空輸送に対応し、一九三八年に民間航空法が公布され、商務省から独立した民間航空局（Civil Aviation Authority）が連邦政府内に設立された（同局の英語名称は一九四〇年に Civil Aviation Administration に改正されている）。権限が独立し、拡充されることによる大きな違いは、商務省内の一部局では権限を与えられていなかった飛行場の建設と管理が可能になることだった。全米の飛行場の施設の現状について調査され、飛行場の規模などによって等級がつけられ、建設されるべき飛行場についての提案がなされた。一九三九年三月に提出された報告書では、飛行場は主として滑走路の長さによって四種に分類され、それぞれが満たすべき条件や施設が指定されている。第三種では滑走路の長さは三五〇〇から四五〇〇フィート、照明や格納庫、燃料タンク、フェンス、気象情報室、無線装置、計器飛行のための施設などがそろっていることが条件として定められた。そしてこれらの条件をそろえている「第三種の飛行場」は当時全米で三六しかないが、二七五のそのような飛行場を建設することが望ましいと提案した。[37] その頃建設の始まった首都ワシントンのナショナル空港は、六五〇〇フィートの長さの滑走路を有する第四種の空港として建設された。建設場所はポトマック川沿いの湿地で同空港は干拓地の上に建設されたのである。[38]

8　統一的な航空管制システムの構築

新設された民間航空局の下で、航空管制の抜本的な標準化も進められた。一九四一年に航空管制部が設置され、航空管制のための管制手順、機器、管制業務の検査体制などについて標準化がなされ、またそれとともにそれらを実行する管制官の訓練センターが全米で七つ設立された。戦時下ではあったが、そのような標準的な訓練を積んだ管制官の数は一八〇〇人に達し、その三分の一は女性が務めた。[39]

戦時中に軍は航空機の察知や誘導に関して大きな技術的発展を遂げた。非常に短い波長の電磁波を利用するレーダーの開発により、数百キロメートルの距離の航空機を検知するとともに、遠距離での航空機間や航空機と陸上施設との間の交信が可能になった。これらの通信技術は戦時中は民間航空の管制技術には取り入れられなかったが、戦後になりこのようなマイクロ波通信技術が航空管制に取り入れられるようになる。また民間航空と軍用航空との統一的な管制システムの開発も必要だった。

この時期に航空管制の整備に貢献した技術者グレン・ギルバートによって書かれた「航空管制システムの歴史的発展」という記事には、戦前から記事が書かれた一九七〇年代までの航空管制システムの発達を三つの世代の発展として捉えている[40]。第一世代は上記の通り、一九三〇年代に登場した航空管制官が地図上に舟形コマを並べて逐次動かしつつ航空機の発着を誘導するような体制である。それに対し第二世代は戦時期に開発されたレーダーの探知技術を活用し、ブラウン管上に空港近傍の航空機を表示して管制誘導する。管制誘導にあたっては、それまでは管制官とパイロットが他のスタッフを介して間接的に交信していたのに対し、直接に交信することも可能になった。一九六〇年代に登場する第三世代の航空管制システムでは、コンピュータを利用して多くのデータの自動処理が可能になった。飛行する航空機の数が増加したばかりでなく、レーダーの利用によって飛行する航空機の位置や速度がリアルタイムで正確に把握できるようになり、膨大な量のデータの処理が必要になってきたことに対応したものである。

戦後の航空管制を含む航空交通のシステム全体に関する標準規格体系を協議するために、国際民間航空機関（International Civil Aviation Organization: ICAO）の準備機関として暫定国際民間航空機関（Provisional International Civil Aviation Organization: PICAO）が創設された。戦前には国際航空協定はフランスの主導で始まったが、現在まで続く戦後のＩＣＡＯは米国の主導と英国の協力の下で進められた。戦争がまだ終了しない一九四四年末に米国のシカゴに五二カ国の代表が集まり戦後の航空交通システムのあり方を協議し、「シカゴ協定」が宣言された[41]。翌年六月にＰＩＣＡＯが発足し、一九四七年四月に

ＩＣＡＯと改称された。米国主導で開始されたこともあり、航空管制システムについては、米国と英国のシステムが競い合った結果、米国のシステムが採用され、国際標準として定められることになった[42]。ちなみに敗戦国日本では、戦後米軍の航空管制システムが導入され、サンフランシスコ条約講和後も米軍の管制システムの影響が続いた[43]。

米国では戦後の軍民の航空管制のあり方を検討するために、戦前から存在する航空無線技術委員会（Radio Technical Commission for Aeronautics: RTCA）の下で、軍民の代表が集まり特別委員会が結成され、その報告書が提出された。特別委員会の番号から「ＳＣ–31報告」と呼ばれ、またその影響の大きさから、航空の誘導管制に携わる人々から「聖書」とも呼ばれた[44]。ＳＣ–31では、戦時中に開発されたレーダー技術を応用し、超短波（Very High Frequency: VHF）を利用した全方向式無線標識施設（VHF Omnidirectional Radio Range: VOR）と距離測定装置（Distance Measuring Equipment: DME）を地上に装備し、自機の高度と認識記号を地上に送信する装置を機上に装備することが提案されている。

しかしこれらのシステムは、米国内でもなかなか標準装備されなかった。その理由は、一九五〇年に勃発した朝鮮戦争により予算を割けなくなったことによっている。また海軍では前述のＶＯＲとＤＭＥのシステムが航空母艦の使用には適さないという理由から、独自のＴＡＣＡＮ（Tactical Air Navigation）というシステムを開発し、空軍もそれに賛同した[45]。その後も軍民の間で協議が続けられ、一九五〇年代半ばにはＶＯＲとＴＡＣＡＮを利用したＶＯＲＴＡＣというシステムが採用されることになった。民間機の飛行士は方向をＶＯＲで計測し、距離をＴＡＣＡＮで計測する（軍の飛行士は双方をＴＡＣＡＮで計測する）ということになった。方式について軍民の間の妥協が成立し、方針が決定した後、数年かけてVORTACシステムが各地域で導入されていくことになった。全米で装備が完了するのは一九六五年が目指された。一方、ICAOでは一九四〇年代から米国の方式を採用することを決定し、VORとDMEの方式を採用していた。その後VORTACが米国で提案され導入されることになったが、ICAOでは英国が独自方式を開発していたこともあり、いったんVORTACの導入を棄却してしまう。しかし米国の説得により結局はICAOにおいてもVORTACの採用が決定されることになった[46]。

無線通信技術とは別の課題として、大量の情報を航空管制官に表示する方法についても検討が加えられた。刻々と変化する多数の着陸予定機のデータをパネル上にどのように表示するのが最も効率的で安全につながるのか。人間の視覚と聴覚を利用してどのように伝達するのが最善であるのか。このような管制官と管制システムとのマン-マシン・インターフェースを知覚心理学の観点から検討することも戦後なされはじめている[47]。

9　FAAの創設

この間米国においては大きな航空機事故が続発していた。一九五一年から五二年にかけてはニューヨーク市の周辺で立て続けに航空機事故が発生した。一九五一年一二月にニューヨークに近いニューアーク空港から飛行機が飛び立ったが、エンジン不良で引き返そうとしたが墜落、五六人の乗員乗客が亡くなった。年が明けてからも事故が発生し、四月までに四件の墜落事故が起こった。そのうちの三件の事故ではいずれもC-46型と呼ばれるカーチス社製の軍用機から転用された飛行機が関わっていた。同機は実は航空局から定期便の飛行機としては認可されていなかったが、非定期便を運航する航空会社には飛行が許されていた[48]。航空局の認可制度の刷新と厳格化が必要とされた。また大統領の指示により空港と隣接地域の問題で調査報告が出されたが、そこでは騒音の問題とともに、混雑する商業空港での管制方式に関する提言がなされている。すなわちそのような空港では、飛行士による自主的な飛行を禁止し、どのような天候においても管制官の指示に従って飛行してもらう特別管制（positive air traffic control）を採用することを提案したのである。しかしそれは新しい方式の管制誘導システムが導入されるまで棚上げになった[49]。

その後も航空機の事故は後を絶たず、一九五六年六月にはグランドキャニオンにおいてＴＷＡ社とユナイテッド社の旅客機が正面衝突し、合わせて一二八人の乗員乗客が死亡する事故が発生した。天気はよく飛行機の混雑もない場所である。だが当時はそのような場所では、悪天候のときは計器飛行方式（Instrument Flying Rule: IFR）が求められたが、晴天のときは飛行士自身による有視界飛行方式（Visual Flying Rule: VFR）が許されていた[50]。したがって、晴天のときには管制官はどの飛行機がどこを飛んでいるかリアルタイムには把握できていなかった。これらの事故の発生により新型の管制誘導システムの導入が非常に強く要望されるようになった。前述の通り、ちょうどその頃に民間と軍との間で妥協が成り立ち、ＶＯＲＴＡＣというシステムによって新しく統一されることになった。

一九五八年には軍用ジェット機と民間機との衝突が立て続けにラスベガスとブランズウィックで発生している。有視界飛行の場合、高速のジェット機では気づいても回避することは不可能であり、計器飛行方式で統一する必要があった。また軍用機が飛行する空域と民間航空の空域とが接近する地域でも、軍用機は商務省下の航空管制官からは独立に飛行していた[51]。

これらの状況を克服するために、航空管制を軍民双方で一元的に管轄するような連邦政府の組織の必要性が強く認識された。同年のうちに、商務省の航空局は、連邦航空庁（Federal Aviation Agency: FAA）に再編されることになった。FAAは軍と民間との統一的な管制という大きな課題を背負って創設されたわけである。当初は航空省という新しい省の創設も構想されたが、それに先立ち陸海の輸送も含めて管轄する運輸省の創設が必要だろうと判断され、省の設置には至らなかった。後に一九六七年に運輸省が発足し、連邦航空庁は連邦航空局（Federal Aviation Administration）と改名され、同省内の組織に組み込まれることになった[52]。

FAAの創設後は、軍用機の管轄もさることながら、それまで自由に飛行していたアマチュア飛行家による小型機の飛行に対しても計器飛行方式が強制されることになり、初代長官に就任したエルウッド・ケサダは飛行家の組合組織からずいぶんと批判されたという。新しい連邦機関となり新技術の開発や導入に対してもFAAが積極的に対応するようになった。一九六〇年にはジェット機に対してフライトレコーダーの装備を義務づけるようになっている[53]。

10　安全運航を支える基準・規約の体系

以上のように、航空機の運航に関わる基準や規約は欧州では越境や不時着の問題から重大視されて第一次世界大戦の前後に関係者が集まり検討されてきた。医学や無線技術や地理学の専門部会が設置されたように、航空運航に関わる基準や規約の策定には多様な専門的な知識が動員されていった。それらは飛行士の医学検査に見られるように肉体的な健康を全面的に検査し、飛行士としての最低限の身体能力をチェックするものだった。

航空機の耐空性に関しては、制度の整わない中で国際規約が締結され、各国で耐空性の認証を進めるために、航空クラブや保険業者の判断基準を参照することも試みられている。ロイズは飛行士のログブックの詳細な内容の開示などを求めたが、手探りの状態であったことがうかがわれる。

米国においても欧州各国からは少し遅れて国際規約に加盟するとともに、全国的な基準や規約の体系が連邦政府の商務省の下で作成された。米国における航空を管轄する商務省下の航空局、その後の連邦航空局の設立と活動の経緯をめぐっては、とりわけ航空機の運航をコントロールする航空管制システムの発達に焦点をあてた。まずは照明による航空機の誘導から無線技術が応用され悪天候においても発着陸が可能になるような誘導が導入されるようになる。第二次世界大戦後に航空機運航の頻度と速度が急速に増加していくことにより、天候にかかわらず全航空機に計器飛行を強制していくことになり、それとともに全航空機を管制することにより航空局の業務と責任は大きいものになっていく。

このように、航空機の運航システムを円滑に管理運営させていくためには、多くの側面で基準や規約が策定されていった。それは急速な技術の発展に応じてより効率的な基準へと更新を続けていくことが求められた。それとともに、民間と軍用の組織との間での統一的な基準が制定される必要があったが、そのためには技術的な課題よりも、組織的政治的な交渉と調整が必要とされたのである。

(1) R. H. S. Bacon, *et al.*, "Report of the Interdepartmental Committee with Reference to the International Conference on Aerial Navigation," 11 October 1909, in folder: "International Aerial Conference, copies of reports," AVIA 2/6, National Archives, Kew, England（以下NAと略）。

(2) *Ibid.*, pp. 4–7.

(3) *Ibid.*, p. 3.

(4) Douglas A. Gamble, "Interim Report of the British Delegates to the International Conference on Aerial Navigation," in folder: "International Aerial Conference, copies of reports," AVIA 2/6, NA, p. 2.

(5) Conférence Internationale de Navigation Aérienne, "Projet de Protocole de Clôture," in folder: "International Aerial Conference, copies of reports," AVIA 2/6, NA.

(6) Gamble, *op. cit.*, p. 4.

(7) "Aerial Navigation Bill," in folder: "Aerial Navigation Draft Bill," AVIA 2/10, NA.

(8) Arthur K. Kuhn, "International Aerial Navigation and the Peace Conference," *American Journal of International Law*, 14 (1920): 369–381, on p. 370. 一九一〇年六月にはイタリアのヴェロナで、航空の国際的な規制に関して非公式の会議も開催された。*Loc. cit.*

(9) Minutes of International Commission for Air Navigation, 11, 12, 13, and 28 July 1922, AVIA 2/134, NA, p. 2.

(10) *Ibid.*, p. 150.

(11) E. F. Inglefield (Secretary of Lloyd's) to E. D. Swinton, "Information for Underwriters of Aviation Risks," 31 December 1919, AVIA 2/1692, NA.

(12) 橋本毅彦「技術と標準——航空機をめぐる技術システムと基準・規約の体系」『科学史研究』第二六九号（二〇一四年）、二七—四五頁のうち、三九—四〇頁。

(13) Air Ministry, "The Medical Examination of Civilian Pilots, Navigators and Engineers" (London: HMSO,

1920), AVIA 2/1785, NA, pp. 3-4. このような医学的な身体検査の歴史的起原や標準的な身体能力の設定の経緯などについては今後研究がなされるべきだろう。

（14）E. F. Inglefield（Secretary of Lloyd's）to E. D. Swinton（Air Ministry Controller of Information）, "Inspection of Log-Books," 31 December 1919, AVIA 2/1692, NA.

（15）Chairman of Lloyd's to E. D. Swinton, 24 March 1920, AVIA 2/1962, NA.

（16）"Aeroplane of 1930," appendix to the minutes of the Aeronautical Research Committee, 8 February 1921, DSIR 22/2, NA, p. 2.

（17）Lloyd's, *Annals of Lloyd's Register*（London: Lloyd's, 1970）, Chapter 35: "Inspection of Aircraft."

（18）航空諮問委員会の活動については、拙著『飛行機の誕生と空気力学の形成——国家的研究開発の起源をもとめて』東京大学出版会、二〇一二年を参照。

（19）太平洋横断計画の失敗と岩本周平らによる航空評議会強度規格策定の経緯については、次の拙論文を参照。Takehiko Hashimoto, "The Contest over the Standard: The Project of the Transpacific Flight and Aeronautical Research in Interwar Japan," *Historia Scientiarum*, 11（2002）: 226-244.

（20）岩本周平・木村秀政「航空評議会飛行機機体強度規定解説」『航空研究所彙報』第九七号（一九三二年）、六九五—七六〇頁。

（21）同論文、七一四頁。

（22）同論文、七三四頁。

（23）J. S. Newell, "The Rationalization of Load Factors for Airplanes in Flight," S. *A. E. Journal* 30（1）（1932）: 31-44.; J・S・ニューエル『飛行機々体強度計算法講習講義録』海軍航空本部、一九三三年。

（24）Joseph S. Newell, "Summary of Education and Experience of Joseph S. Newell," in folder: "Résumé and Misc Certificate," Box 1, Joseph Shipley Newell Collection（MC053）, MIT Archive, USA.

（25）Nick A. Komons, *Bonfires to Beacons: Federal Civil Aviation Policy under the Air Commerce Act, 1926-1938*（Washington, D. C.: U. S. Department of Transportation, 1978）, Chapter 4: "Regulating Air Commerce."

(26)　The Aeronautical Chambers of Commerce of America, *Aircraft Yearbook*, vol. 5（1923）, p. 111.

(27)　Komons, *op. cit.*, pp. 98–99. 型式証明は今日の航空製造業においても実施されているが、今日の日本における型式証明の実態については、以下の解説論文がある。神田淳「航空機の型式証明について――設計・開発・製造に関わる審査・承認とその制度」『航空機等に関する解説概要』第二三一―二号（二〇一〇年）。航空機国際共同開発促進基金により作成され、同基金のウェブサイトに公開されている。http://www.iadf.or.jp/document/pdf/22-2.pdf（二〇一六年四月四日閲覧）

(28)　Komons, *op. cit.*, Chapter 14: "The Civil Aeronautics Act"; John R. M. Wilson, *Turbulence Aloft: The Civil Aeronautics Administration amid Wars and Rumors of Wars, 1938–1953*（Washington, D. C.: U. S. Department of Transportation, Federal Aviation Administration, 1979）, Chapter 1: "The Impact of Civil Aeronautics Act."

(29)　米国における航空郵便の起源と初期の歴史に関しては、William M. Leary, *Aerial Pioneers: The U. S. Air Mail Service, 1918–1927*（Washington, D. C.: Smithsonian Institution Press, 1985）を参照。

(30)　Komons, *op. cit.*, p. 126.

(31)　*Ibid.*, pp. 129–130.

(32)　*Ibid.*

(33)　*Ibid.*, pp. 135–137.

(34)　*Ibid.*, Chapter 9: "The Emergence of Radio."

(35)　*Ibid.*, pp. 309–313.

(36)　*Ibid.*, pp. 355–356.

(37)　John R. M. Wilson, *Turbulence Aloft: The Civil Aeronautics Administration amid Wars and Rumors of Wars, 1938–1953*（Washington, D. C.: FAA, 1979）, 29–33.

(38)　*Ibid.*, pp. 36–38.

(39) *Ibid.*, pp. 114–115.
(40) Glen A. Gilbert, "Historical Development of the Air Traffic Control System," *IEEE Transactions on Communication*, 21 (1973): 364–375.
(41) Wilson, *op. cit.*, pp. 197–199.
(42) *Ibid.*, p. 201.
(43) 航空管制五十年史編纂委員会編『航空管制五十年史』航空交通管制協会、二〇〇三年、第一章第五節「国際航空界と日本の関わり」参照。
(44) 同書、二二五―二二七頁。
(45) Stuart I. Rochester, *Takeoff at Mid-century: Federal Civil Aviation Policy in the Eisenhower Years, 1953–1961* (Washington, D. C.: U. S. Department of Transportation, 1976), 74.
(46) *Ibid.*, pp. 135–138.
(47) Wilson, *op. cit.*, p. 249. 米国研究評議会（ＮＲＣ）の下で研究された成果として、Paul M. Fits, ed., "Human Engineering for an Effective Air-navigation and Traffic-control System," a report prepared for the Air Navigation Board (Washington, D. C.: National Research Council, 1951) がある。
(48) Wilson, *op. cit.*, pp. 259–261.
(49) *Ibid.*, pp. 263–264.
(50) Rochester, *op. cit.*, pp. 126–129.
(51) *Ibid.*, p. 179.
(52) ＦＡＡの起源と歴史については、Robert Burkhardt, *The Federal Aviation Administration* (New York: Praeger, 1967) を参照。
(53) Rochester, *op. cit.*, p. 264.

第2章　船舶と航海の安全性

——保険業界・船級協会による評価

神谷久覚

1　船舶保険、船級規則とは

本章の課題は、船舶の安全基準について、船舶保険および船級規則の観点から検討を行い、安全基準が改訂される要因について明らかにすることである。船舶の航行にあたっては、乗客および乗組員の安全は言うまでもなく、貨物などの積載物が汚損されることなく運搬されることを担保する安全基準が必要不可欠である。また、昨今では環境汚染防止の観点から、安全基準の強化が進んでいることも見逃せない。

本論に入る前提として、船舶保険および船級規則について、それぞれ概要を示したい。船舶保険は、船舶を目的とし、沈没・座礁・座州・火災・衝突その他の海上危険によって生じた損害を塡補する海上保険の一種であるが、海上保険が誕生したのは、一四世紀半ばごろのイタリアである。[2] 現在も海上保険取引が活発に行われているロイズ（Lloyd's）が形成されたのは、一八世紀後半のことであるが、その起源は、エドワード・ロイドが経営するコーヒー店に、海事関係者が大勢集まって海上保険契約や船舶・貨物の売買が盛んに行われていたことにさかのぼる。ロイズは、一八七一年に議会で制定された「ロイズ法」により法人化されてロイズ組合（Corporation of Lloyd's）となり、その後一九八二年のロイズ法においてSociety of Lloyd'sが正式名称となり、ロイズ評議会によって統治される特殊法人となった。なお、一九九四年からそれまでのネーム（Name）と呼ばれる無限責任を負う個人メンバーに加えて有限責任の法人メンバー（corporate member）の受け入れが開始され、二〇〇三年三月を最後にネームの新規受け入れが停止されており、二〇〇九年現在ではロイズの資本提供額のうち八六パーセントが法人メンバーによるものである。[3] 日本では、幕末開港以後、外国の保険会社が居留地に進出してきたが、日本資本の保険会社による海上保険事業は、一八七九年の東京海上保険会社の創業を嚆矢とし、船舶保険は同社により一八八四年から開始されている。[4]

次に、船級規則とは、船級協会が、船体、艤装並びに機関について定めた規格のことである。この船級規則を定める船級協会は、船の構造、検査、船級の登録などに関する規程を設け、規格を満たした船舶に対して船級証書を発行する第三者機関である。[5]

これまでの船舶保険の歴史に関する研究では、総体としての保険成績の検討や、保険会社間の競争と協調の実態に関する分析が主であり、[6] 安全性評価という観点からの分析は進んでいない。本章では、保険料率の算定に焦点を当てることで、安全性評価に関する歴史的発展と現状について明らかにしていきたい。

次に、船級規則の歴史については、主要な船級協会であるノルウェー船級協会（Det Norske Veritas）の協会史[7]に代表される。本章では、原油タンカーやばら積み船[8]の建造が急増した一九六〇年代以降の船級規則改訂に注目し、安全基準の検討状況について明らかにする。

本章の構成は以下の通りである。第2節では、船舶保険における安全性評価について検討する。ここでは、船舶保険の引き受けに当たって検討される諸要素や、海難事故の原因分析の実態が検討対象となる。第3節では、船級規則における安全性評価について検討する。結論を先取りすれば、船級規則に基づく安全性評価はきわめて厳格であり、それゆえに船舶保険の引き受けに当たり、船級の取得および保持が、船舶の技術面での安全性を担保するものとされているのである。第4節では、本章において明らかにした諸点についてまとめた上で、船舶に関する安全基準がもつ意義について考えたい。

2　船舶保険における安全性評価

船舶保険における安全性評価は、数的評価としての保険料率に表される。保険料率とは、保険金額[9]に対する保険料の割合を意味し、仮に保険料率が五パーセントの場合、保険金額一〇〇円当たりの保険料は五円となる。現在一隻当たりの保険金額は、大型原油タンカー（VLCC）で一〇〇億円前後、最新の液化天然ガス運搬船（LNGタンカー）では二〇〇億円を超えるものも珍しくない[10]。

ここで、日本における船舶保険の安全性評価の歴史について概観すると、一八八四年に東京海上保険によって船舶保険の引き受けが開始された際、農商務省管船局（一八八五年一二月以降逓信省管船局）が実施する船舶検査に合格していることを条件としていたため[11]、保険契約の件数は一八九一年においても四九件に過ぎない状況であった[12]。また、船舶の種類や季節による割増保険料率の設定は、一八九七年に東京海上、日本海陸保険、帝国海上保険の三社間で料率協定が締結された際に明文化された。料率協定とは、保険料率に関するカルテルであり、「なんらかの形において保険企業間に、料率に関する明示的な合意が存在し、それが関係企業を拘束するもの[13]」である。一八九七年の料率協定では、帆船の割増保険料率の設定（夏は汽船の五割増、冬は七割増）や、分損保険料を全損保険料の四割増とすることが行われた[14]（全損は船舶の滅失（物理的な滅失や経済的価値の喪失）を指し、保険金額の全額が支払われる。これに対して、分損とは被保険利益の一部損のことであり[15]、主な支払対象としては、被保険船舶が被った損害を損傷発生前の状態に復旧するための修繕費が挙げられる[16]）。なお、日露戦争後、海上保険業では、問題のある船舶や船長の増加による契約抑制の動きが見られるが[17]、このような動きは、安全性評価に基づく船舶保険契約の締結が進んだことを意味するものであった。

戦前の日本における船舶保険の安全性評価の画期は、一九二七年一二月の船舶保険協同会（以下協同会と表記）の結成である。協同会の結成は、第一次世界大戦後海上保険業の業績が著しく悪化し、収入保険料を上回る支払保険金が発生する状況で、多額の再保険支払請求を受けたロンドンの再保険者からの業績改善要求が契機となった[18]。再保険とは、「保険者が自己の負担する保険責任の一部または全部を、他の保険者に転嫁する経済行為」であり、再保険に付すことを「出再する」といい、再保険を引き受けることを「受再する」という[19]。船舶保険においては、先述したように保険契約一件当たりの保険金額が大きいため、再保険によるリスク分散は、契約の引き受けにおいてきわめて重要な要素である。

協同会による安全性評価に関して注目すべきなのは、船舶ごとに個票を作成して事故データを収集し、船長については、協同会が問題であると判断した際には船主に船長の交代を求め、船主が応じない場合には、保険料率を引き上げて対応したことである。[20] このように、船舶や船長に応じた保険料率の設定は、安全性評価の重要性が海上保険各社で共有されたことの表れであるといえる。

太平洋戦争後、船舶保険の保険料率は日本損害保険協会が算出していたが、一九四八年から損害保険料率算定会が算出するようになった。[21] また、一九五二年以降は、用途と船型に基づいて、一総トン当たりの基準船価と基準料率を定め、就航区域や保険成績などで保険料率を調整するようになった。[23]

このような枠組みは、一九六二年の保険業法改正によって変化した。同法改正により、船舶保険料率に関する保険会社間の協定が独占禁止法の適用除外となったため、一九六三年に日本船舶保険連盟が設立され、同連盟により協定料率が設定されるようになった。[24] 安全性評価に関しては、五・五万総トン以上の船舶について、原因未解明の大事故が多かったことを要因として、一九六八年度以降保険料率を五パーセント引き上げる措置が取られたことが注目される。[25] このような動きは、イギリスの保険市場でも見られており、[26] 船舶の大型化による保険事故発生時の支払額増加が、保険業者にとって重い負担になっていたことがわかる。

なお、日本船舶保険連盟は、一九九六年四月に施行された改正保険業法により船舶保険の元受共同行為については独占禁止法の適用除外が廃止されたことにより、一九九七年三月に解散した。[27] 以後、船舶保険の元受保険料率は完全に自由化されている。[28]

以上が日本における船舶保険の安全性評価の変遷に関する概略であるが、現在の保険料率の算定に用いられる要素を大別すると、以下のようになる[29]。

①塡補の種類。塡補範囲とその損害の発生頻度・金額の大小が考慮される。

②船舶の船質・船型・船齢・用途・種類。船舶が鋼製であるか否か、船舶の大小、定期船か否か、積載物の種類などが考慮される。

③就航区域。船舶がどの海域に就航するかについて、地理的条件や航行期間の気象・海象が考慮される。

④船主の管理の良否。保船・修繕の状況、安全運航に費やされるコスト、教育体制などが考慮される。保険契約においては、原則として船舶を実際に運航している者を保険契約者とし、その保険成績の良否によって保険料率が決定される。船主の管理については、後述する。

⑤乗組員。船長の良否や、乗組員の国籍による組み合わせなどが問われる。また、海運市況が良くなると船舶の稼働率が上がるため、建造から一五年以上経過した老齢船やサブスタンダード船（安全に海上を航行する能力に不足する船舶）が使用されるようになり、乗組員の不足により船員のレベルが低下し、事故が増加するという循環が見られるという見解もある。このように、市況が良くなることは、船舶保険の引き受けにおいては利点ばかりではないことに注意する必要がある。過去の例では、一九八〇年代後半の円高が、海運会社における急激なコスト削減を促し、外国人船員の雇用拡大を促した。当初は、外国人船員の選別および管理のノウハウがなかったため、事故の増加につながったとの分析もある。また、船員の国籍の組み合わせなどでも事故率が変わってくるともいわ

れている。なお、船員の国籍に関連して、船舶の国籍についても、便宜置籍船[30]が急激に増加した時期には、乗組員の配乗形態と併せて考慮されていた。一九八〇―九六年の統計によれば、便宜置籍船の事故発生状況が、日本船籍の船舶と比較して高水準で推移しており[31]、このような状況が船舶の国籍を考慮することとなった要因と思われる。

⑥契約量の大小。多数の船舶保険契約がまとまれば、保険成績の不安定さが緩和され、変動幅が小さくなるため、小単位の保険契約に比べて安定的な料率の設定が可能である。したがって、船主の保有・管理するすべての船舶の保険成績を合算し料率を決定する、フリート（船隊）単位の契約が一般的とされる。

⑦保険成績。個別の要素がリスクに与える影響度合を明確に測定することは不可能に近いため、総合的に具現化される保険成績が重要となる。

⑧修繕費・救助費の価額変動。塡補金に占める修繕費・救助費の割合が非常に大きいため、価額の変動を考慮する必要がある。海運市況の良い時期は、造船所の稼働率も高まり、修繕費が高くなるといった要素も保険成績に影響する。

⑨再保険コスト。高額な物件については世界的な再保険の交換を通してリスク分散を図るため、再保険コストを考慮する必要性がある。

以上挙げた要素のうち、安全基準とかかわってくるのは、②、③、④の三項目である。船舶に関する評価としては、船質や船齢、用途の検討があり、就航区域については、航路の気象・海象・地理的条件が、船主の管理状況としては、定期的なメンテナンスがなされているか否かが検討対象となる。

次に、現在の船舶保険料率算出の実態についてみていきたい。船舶保険料率の算出方法としては、全損発生確率により決定される全損保険料と全損金以外の分損保険金に対応する分損保険料に分けて算出するのが一般的であるが、個々の契約の料率算出で重視される要素として、船舶管理の良否がある。なぜならば、小さな事故を頻繁に起こす船舶は船舶管理のレベルが低いことが多く、いずれ大事故を起こし得ると考えられるからである。船舶管理を評価する際には、全損保険料と分損保険料に分けて検討することが一般的であるが、その際、後者については、契約者の保険成績による保険料率調整の幅が比較的大きい。新しい船型や新技術を用いた船舶については、契約引き受けは慎重に行われており、場合によっては二〇—三〇パーセント程度の割増保険料率の設定や、保険金支払いの免責金額を高く設定して対応することで引き受けている。また、気象学的観点も近年問題となっており、たとえば北極海航路の開設に際しては、氷による損傷が多額の保険金支払いにつながる可能性があるため、時期や航路に応じて砕氷船のエスコートの義務付けや割増料率を設定しているようである。以上のように、保険会社が新しいリスクを引き受ける際には、慎重に対応していることが特徴である。

また、日本の船舶保険市場の特徴として、全般的に船齢が若く、船舶管理が良いことが指摘でき、比較的リスクが均質であるといえる。これに対して、ロンドン市場では、世界中の船舶保険が取引されており、高船齢の船舶やメンテナンスが不十分な国の船舶も取引対象となっていることから、料率水準や引き受け条件も多様なものとなっている。

ところで、海難事故に関する船舶保険の保険者における検討の事例として、一九八〇年から八一年にかけて野島崎東方沖で多発した海難について取り上げたい。野島崎は、房総半島南端にある岬であり、野島崎東方沖とは、千葉県野島崎東方約三〇〇キロメートルから五〇〇〇キロメートルの太平洋上の範囲を指し、冬季には大西洋のバミューダ諸島、南アフリカ喜望峰沖、南米ホーン岬沖などと並ぶ、世界の遭難多発水域である。この海域では、一九六八年から八一年にかけて二四隻が沈没、大破、行方不明になっているが、とくに一九八〇年一二月二七日から翌年一月三日の八日間で、六隻が滅失するという大きな被害が発生した[32]。このうち、一九八〇年一二月三〇日に船首部が損傷した尾道丸[33]については、グアムに向けて曳航中の二月一一日に沈没するまでの間に写真が撮影され、乗組員二九名が全員無事だったことで証言が得られており重要な手がかりとなった。

一九八一年一二月時点の東京海上火災保険（当時）の船舶保険部門では、海難事故の原因として、①脆性破壊、②気象条件、③構造上の欠陥、④疲労破壊が検討された[34]。まず①であるが、脆性破壊とは、海水の急激な温度変化や船体外板に生じる応力などによる鋼板の破壊亀裂のことである。この点については、当時の船体設計理論を超えた力が加わったとの見方が示されている。②については、波の圧力が原因として考えられるとし、③については、一九六三―七〇年建造の船舶に被害が集中していることが検討対象となったが、一九六九―七〇年の海難審判で、ぼりばあ丸が原因不明、かりふぉるにあ丸については異常な海象・気象が原因とされているため、確実なことはわからないとしている。④については、事故日現在で船級を保持していることから、疲労破壊、自然損耗が原因とは考えられない、としている。そして、海難事故の共通点として、いずれも北米から日本に向かう航路で冬季に発生していることから、大波が原因ではないか、とする推測がなされている。この推測は、後述する尾道丸の海難審判で正しいことが明らかにされている。なお、一九八二年九月には、国際海上保険協会連合（International Union of Marine Insurance）の総会において、東京海上火災保険の出席者が野島崎海難に関する報告を行っており、海上保険関係者に情報が共有されている[35]。このような情報の共有は、各国の海上保険引き受けに影響を及ぼしたと思われる。

ところで、先述の尾道丸の海難審判では、事故の原因について多角的な検討が行われ、それまで解明されていなかったスラミング（slamming，船首底衝撃）が原因であることが判明した[36]。スラミングとは、激浪中の船体の運動により船体前部船底を波浪にたたかれるときに生ずる衝撃のことである[37]。スラミングは船首部が折れる大事故につながるが、この現象が解明された背景には、コンピュータの発達による有限要素法を利用した解析があった[38]。

以上のように、保険会社における船舶保険の引き受けに当たっては、船舶そのものの評価、乗組員などの人的側面の評価、気象条件などの自然条件の評価という三つの側面から多角的な検討が行われるとともに、新しいリスクの引き受けに当たっての検討にみられるように、慎重な評価が行われていることが特徴である。

3　船級規則における安全性評価

本節では船級規則における安全性評価について分析する。まず、船級規則の歴史について概観すると、保険業者の集まりであるロイズにより初めて船名録が出版されたのは、一七六〇年である。当初船名録の刊行と船級規則の制定はともにロイズにより行われていたが、船級協会として Lloyd's Register of

表２・１　主要船級協会の設立年次および本部所在国

設立年	船級協会の名称	略称	本部所在国
1760	Lloyd's Register	LR	イギリス
1828	Bureau Veritas	BV	フランス
1861	Registro Italiano Navale	RINA	イタリア
1862	American Bureau of Shipping	ABS	アメリカ
1864	Det Norske Veritas	DNV	ノルウェー
1867	Germanischer Lloyd	GL	ドイツ
1899	Nippon Kaiji Kyokai	NK	日本
1913	Russian Maritime Register of Shipping	RS	ロシア
1936	Polski Register Statkow	PRS	ポーランド
1949	Croatian Register of Shipping	CRS	クロアチア
1956	China Classification Society	CCS	中国
1960	Korean Register of Shipping	KR	韓国
1975	Indian Register of Shipping	IRS	インド

出典：IACSホームページ http://www.iacs.org.uk/explained/default.aspx（2016年3月30日閲覧）参照

Shipping（ロイド船級協会、以下ＬＲと表記）が独立したのは、一八三四年であった[39]。このように、船級協会は、当初から船舶保険と密接な関係を有していた。

上記の表２・１は、主要船級協会の設立年次についてまとめたものである[40]。この表からわかるように、一九世紀後半に日本海事協会を含む五つの船級協会が設立されている。ここでは、Bureau Veritas（以下ＢＶと表記）、Det Norske Veritas（以下ＤＮＶと表記）、日本海事協会（以下ＮＫと表記）の設立経緯について検討したい。

ＢＶは[41]、一八二八年にベルギーのアントワープで前身となる機関が設立されており、その目的は、主な通商拠点で適用されている保険料に関する情報や、オランダの主要港に出入りする船舶の質に関するデータを、保険業者に提供することであった。翌一八二九年には最初の *Register of Ships* が発行され、一八三〇年にはそれに一万隻超の船舶が記載されていた。一八三三年にパリに本部を移転し、一八五一年には、船舶の建造期間並びに就航期間中に検査を行う The Character of Term が開始され、現在の船級検査の原型が形成された。BVの特徴として、早くから外国での活動を活発化させたことが指摘でき、後述するLRとは対照的であった。[42]

ノルウェーでDNVが設立された背景としては、外航海運に就航する船舶が増加したことが指摘できる。外航海運の活発化に際して、船主により結成された相互保険組合[43]（Mutual Insurance Club）において、船質を保証する必要性が高まっていたが、LRは一八五一年に船級を付与する船舶をイギリス船に限定していた。一八五三年にBVがノルウェーに支部を置いたが、その検査料の高さへの不満が、ノルウェーにおける船級協会設立の契機となり、船主相互保険組合が主導して一八六四年にDNVが結成された。[44]

日本では、NKの前身である帝国海事協会が、海事全般の振興を図る目的で一八九九年に設立された。[45]同協会が船級部を設置して船舶事業を手掛けるようになったのは一九一五年であり、[46]一九一八年には The British Corporation Register, American Bureau of Shipping, Registro Italiano Navale とともに四国船級協会連盟を結成した。[47]そして、一九二六年には、ロンドンの保険業者の集まりであるロンドン保険業者協会（The Institute of London Underwriters, 一八八四年設立）において、最高船級のNSが船級条項に追加登録された。[48]帝国海事協会による船級証書の発行がなされる以前、欧米航路を航行する日本船籍の船舶は、外国の船級協会の船級を取得していた。[49]ロンドン保険業者協会の船級条項に登録されることは、帝国海事協会の船級を有する船舶については、海上保険において、LRを初めとする主要外国船級協会の入級船とまったく同一に取り扱われることを意味しており、[50]保険業者が船級協会の検査水準を認めたことの証であった。

次に船級協会間の協調の動きについて確認する。一九三九年に、RINAがホストとなり、七つの船級協会の会合が開催され、協会間の協力で合意した。一九五五年には、二回目の船級協会会合が開かれ、特定のトピックに関する作業部会の設立で合意した。そして、一九六八年には、LR、BV、RINA、ABS、DNV、GL、NKの七船級協会の参加により、国際船級協会連合（International Association of Classification Societies, 以下IACSと表記）が設立された。IACSは、翌一九六九年に政府間海事協議機関（Inter-Government Maritime Consultative Organization: IMCO, 一九八二年にInternational Maritime Organization, 国際海事機関と改称）に対する諮問機関としての地位を与えられ、海難事故の原因検討などに関与しており、現在では一二の船級協会が参加している(51)。

以上、船級協会の設立および協調に関して略述したが、IACSの果たす役割は以下の通りである。

①共通構造規則（Common Structure Rule, 以下CSRと表記）の制定および改訂。CSRは、ばら積み船および原油タンカーの構造を対象とした規則であり、IACSに加盟する船級協会に共通するルールである。CSR制定の背景には、構造規則が船級協会により異なることに対する船主や荷主からの統一の要望や、船級協会でのガイドライン開発プロジェクトがあった(52)。CSRは二〇〇六年四月一日以降に建造されるすべての該当船舶に適用されている。CSRの対象以外のすべての種類の船舶については、構造も含めて各船級協会が船級規則を制定している(53)。

②IACS Unified Interpretations. 後述する国際条約などの文言・要求の統一解釈であり、各船級協会から問い合わせがあった際に行われる。

③IACS Requirements. IACSメンバー統一の最小要求であり、一—二年のうちに船級規則に取

り込まれるが、船級間で多少の解釈の違いがあり、さらに厳しい要求となることもある。

④IACS Recommendations. これはＩＡＣＳ加盟の船級協会統一の推奨事項であり、強制力はない。

以上のように、ＩＡＣＳは各船級協会の活動に対して影響を及ぼしている。

図２・１　飛鳥Ⅱ

ところで、船級の選択は、船主により行われる。船主は造船所に発注する際、さまざまな項目を指定するが、その一つに船級の選択がある[54]。そして、造船所から船主が指定した船級協会に対して依頼が来ることで、船級検査は開始される。なお、ある船舶がどの船級を取得しているかは、毎年一回発行される *Register of Ships* に掲載されている。この船名録には、自走可能な一〇〇総トン以上の商船一〇万隻超が網羅されており[55]、船名、船級、用途、総トン数、船舶所有者、建造所、船籍国などの諸元が判明する。ちなみに、図２・１の飛鳥Ⅱについては、船級（日本海事協会を示すＮＫの表記）、用途（クルーズ客船）、総トン数（五万一四二総トン）、船舶所有者（郵船クルーズ株式会社）、船籍港（横浜港）、建造所（三菱重工業株式会社長崎造船所）[56]などが記載されている。

次に、船級検査の実態はどのようになっているのであろうか。船級検査の実態を明らかにすることで、船舶の安全性がいかにして保たれているかを初めて示すことが可能になるため、ここでは検査過程について詳細に検討したい。

船級検査は、製造中登録検査と船級維持検査に大別される。製造中登録検査は、①図面承認、②材料機器検査、③建造中検査の三つのプロセスから構成される。図面承認は、工事着手に先立ち、設計の図面が鋼船規則および船籍国の安全規則に適合していることを承認することである。材料機器検査は、鋼材・機関・甲板機器などが、要求される鋼船規則および船籍国の安全規則に適合していることを承認するものである。そして、建造中検査は、船体・機関・電機・溶接などが、鋼船規則および船籍国の安全規則に適合していることを、船級検査員が随時検査するというものである。船舶の建造期間（鋼材の切り出しから竣工まで）は、六―八万重量トンのばら積み船で六カ月、二〇―三〇万重量トンの原油タンカーで七・五カ月であり、製造中登録検査で想定する設計疲労寿命は、前述のCSRでは二五年である。

船級維持検査については、①年次検査、②中間検査、③定期検査、④船底検査、⑤ボイラ検査、⑥プロペラ軸および船尾管軸検査、の六種類がある。年次検査は、検査基準の前後三カ月以内のいずれかの日に行い、船体・機関・艤装・安全設備などの検査が行われる。中間検査は、二回目または三回目の年次検査の時期に行われる検査である。定期検査は、原則として船級証書の有効期限が満了する日の三カ月前から当該期間が満了する日までに行われる。船底検査は、船舶の底部を対象とするものであり、定期検査の時期と登録検査または前回の船底検査が完了した日から三六カ月を超えない時期に行われる。ボイラ検査は、船舶のボイラを対象とするものであり、検査時期については船底検査と同様である。プロペラ軸および船尾管軸検査は、その種類により規定された時期に行われる。以上の検査をすべて受検し、船級規則の基準を完全に満たすことが船級を維持するために必須とされており、基準値を満たさない場合は船主に対して改修を求め、改修を確認した時点で船級証書が更新される。

このように、船級検査は厳密なプロセスを経ており、安全性評価として厳格なものであるといえよう。では、船級規則はどのような要因により改訂されるのだろうか。現在、船級規則は基本的に厳格化の傾向にあるが、海難事故の発生による規則改訂のプロセスは次の通りである。海難事故が発生すると、事故の要因などを検証した上で、船籍国または関係国が規則などの改正をＩＭＯに提案し、審議が開始される。そして、参加国の決議により規則の改正が行われるが、このような手順を経て発効するため時間がかかるのが一般的である。安全関係は、旗国（船籍国）の管轄であり、旗国の委託を受けて船級協会が検査を代行している。なお、海難事故が要因となった規則改訂の具体例として、二〇一二年一月にイタリアで発生したコスタ・コンコルディア号の事故が指摘できる。この事故を受けて、海上における人命の安全のための国際条約（International Convention for the Safety of Life at Sea, 以下ＳＯＬＡＳと表記）が改正され、旅客が二四時間を超えて船内にいることが予定される航海に従事する船舶では、救命胴衣の使用方法などの旅客に対する周知を出港前または出港後直ちに行うことが義務付けられた。また、救命設備、防火設備規則の改正が多くみられる。

船級規則の主要な改訂要因としては、海難事故による改訂とともに、海洋汚染防止条約（International Convention for the Prevention of Pollution from Ships, 以下ＭＡＲＰＯＬと表記）や、ＳＯＬＡＳの改正が挙げられる。ＭＡＲＰＯＬは、海洋汚染防止を目的として、規制物質の投棄・排出の禁止、通報義務およびその手続きについて規定するための国際条約であり、一九八三年一〇月に発効している[57]。また、SOLASは、乗組員および旅客の生命安全に関する諸設備の国際的統一を目的として、一九二九年に最初の条約が締結された[58]。なお、SOLASが制定された契機となったのは、一九一二年のタイタニック号沈没事故である。SOLASは、五〇〇総トン以上の国際航海に従事するすべての商船に適用されており、多くの問題に対して、検討が行われ、改正が繰り返されている[59]。なお、MARPOL、SOLASなどでは発効と施行の間に時間差が設けられている。

技術革新による船級規則の変化としては、高張力鋼（high tensile steel）の事例が指摘できる。高張力鋼は、英語の名称から別名ハイテン鋼とも呼ばれるが、鋼材使用量の節約が可能になり、重量を軽くできる利点がある。高張力鋼に関するIACS Unified Requirementsが制定されたのは、一九七一年のことであった[60]。新しい素材の登場に代表される技術革新に対応した船級規則の改正は、船舶の安全性を維持するために重要な要素である。

4　船舶に関する安全基準の意義

ここまで船舶保険と船級規則の観点から安全性評価について分析を行ってきた。分析結果をまとめると以下の通りである。

船舶保険における安全性評価には、三つの要素がある。第一に、人的要素である。これは、乗組員の技量、船主の船舶・乗組員管理、航路選択に関わるものである。第二に、技術的要素がある。船舶の船質、船型、性能が考慮される。そして、第三に、自然要素として、気象、海象、季節的要因を考慮する。本章では、第一の要素について、船主の管理が船舶保険の引き受けにおいて重視されていること、第二の要素について、新しい船型および技術に関する保険会社の対応の特徴として、当初は割増保険料率を設定することや、保険金支払いの免責額を高く設定していること、第三の要素について、海象条件が厳しい航路に航行する船舶に条件を付していることが明らかになった。このような慎重な対応が、未知のリスクの引き受けを可能にしているのである。

次に船級規則における安全性評価は、造船所における製造中登録検査と、運航中の船舶に対する船級維持検査に大別されるが、いずれにおいてもきわめて詳細かつ厳格な検査がなされていることが明らかになった。また、海難事故の分析過程・船級規則の改訂への反映過程や、ＭＡＲＰＯＬやＳＯＬＡＳに代表される国際条約の改正が、船級規則の改訂要因となっていることを示した。

船舶保険および船級規則における安全性評価に共通する要素としては、船主の管理に注目している点が指摘できる。船舶保険においては、小さな事故を起こす船主がいずれ大きな事故を起こし得るとして注意を払っており、船級検査における船級維持検査では、基準を満たさない船舶については、船主による改修がなされていることを確認した上で船級証書を更新するということが行われている。

以上のような船舶に関する安全基準の意義については、二点指摘できる。第一に、日本国内の事故のみならず、海外における事故などの要因解明に基づく国際基準の改正が船級規則に反映されることで、安全性のさらなる向上が図られていることである。第二に、保険料率の算定および船級規則の規定にみられるように、明確な数的基準によって安全性評価が行われていることである。

このように、船舶の安全性は、船舶保険の引き受けにおける多角的な検討および調査と、船級検査における詳細かつ厳格な検査により保たれているのである。

(1) 東京海上火災保険株式会社編『損害保険実務講座第三巻 船舶保険』有斐閣、一九八三年、一頁。
(2) 木村栄一・大谷孝一・落合誠一編『海上保険の理論と実務』弘文堂、二〇一一年、五五―五八頁。
(3) 以上のロイズに関する記述は、同書、六八―七八頁、木村栄一『ロイズ・オブ・ロンドン――知られざる世界最大の保険市場』日本経済新聞社、一九八五年、および松岡順「現代のロイズ――ロイズの組織とその仕組み」『損保総研レポート』第九〇号、二〇〇九年一二月、五一―八〇頁参照。
(4) 日本経営史研究所編『東京海上火災保険株式会社百年史』上、東京海上火災保険株式会社、一九七九年、九五―一〇九頁。
(5) 東京商船大学船舶用語辞典編集委員会編『和英・英和船舶用語辞典』成山堂書店、二〇〇四年、三一一頁。
(6) 神谷久覚『戦前期日本の海上保険業』雄松堂書店、二〇一五年。
(7) Håkon With Andersen and John Peter Collett, *Anchor and Balance: Det Norske Veritas 1864-1989* (J. W. Cappelens Forlag A・S, 1989).
(8) 無包装のバラ状で輸送する貨物(鉱石類、穀類、油類)などを積載する船舶である。東京商船大学船舶用語辞典編集委員会編、前掲書、一七頁。
(9) 保険金額とは、保険者が、損害の塡補として給付すべき金額の最高限度として当事者間に約定されている金額のことである(保険研究所編『保険辞典(改訂新版)』保険研究所、一九八七年、三六三頁)。
(10) 木村ほか編、前掲書、二九二頁。
(11) 日本経営史研究所編、前掲書、一〇六―一〇九頁。
(12) 内閣統計局編纂『第11回日本帝国統計年鑑』一八九二年。

(13) 水島一也『現代保険経済（第8版）』千倉書房、二〇〇六年、一〇八頁。
(14)「三海上保険会社共通計算の約成る」『東洋経済新報』第五三号、一八九七年五月五日付。
(15) 木村ほか編、前掲書、二四五頁。
(16) 同書、二四一頁。
(17) 平生釟三郎君談「我海上保険業者及び保険銀行時報に対する希望」『保険銀行時報』第四〇一号、一九〇八年一二月六日、九頁。
(18) 神谷、前掲書、一〇〇―一〇一頁。
(19) トーア再保険株式会社編、大谷光彦監修『再保険＝Reinsurance――その理論と実務（改訂版）』、日経ＢＰコンサルティング、二〇一一年、一頁。
(20) 神谷、前掲書、一〇六頁。
(21) 日本船舶保険連盟15年史編集委員会編『日本船舶保険連盟15年史――船舶保険昭和の歩み』日本船舶保険連盟、一九七九年、一〇三―一〇四頁。
(22) 総トン（gross tonnage）とは、船体、船橋などの密閉された内部の総容積を、一〇〇立方フィートを一総トンとして換算して示す単位であり、一総トン＝約二・八三立方メートルである。
(23) 日本船舶保険連盟15年史編集委員会編、前掲書、一一四―一一五頁。
(24) 同書、一五三頁。
(25) 同書、一八八頁。
(26) 同書、一八九頁。
(27) 日本船舶保険連盟後史編集委員会編『日本船舶保険連盟後史――一九七九年度以降の歩み』日本船舶保険連盟後史編集委員会、一九九九年、一六二頁。
(28) 同書、一六五頁。
(29) 以降の本節の記述は、とくに断りのない限り、東京海上火災保険株式会社編、前掲書、一八三―一九〇頁、および東京海上日動火災保険株式会社海上業務部へのインタビュー（二〇一二年四月二四日）による。同部からは、船舶保険引受業務全般に関する貴重なご教示をいただくとともに、資料をご提供いただいた。記して厚く御礼申し上げたい。なお、全ての文責は、筆者に帰するものである。

(30) 便宜置籍船(flag of convenience vessel)とは、国際貿易のため、海上輸送に従事する外航船舶で、その所有者が、意図的にその船舶を、所有者の所属国以外の国において登録する船舶である。パナマ、リベリア、マーシャル諸島、バハマが主要な便宜置籍国である。

(31) 一九八〇—九六年度において、保険金一〇億円以上の事故発生状況は、日本籍一般商船が一八件二八一億六九〇〇万円に対し、便宜置籍一般商船は二四件四八〇億三五〇〇万円である。以上の統計は、日本船舶保険連盟後史編集委員会編、前掲書、五四頁による。

(32) 東京海上日動火災保険株式会社資料。

(33) 尾道丸(三万三八三三総トン)は、日本鋼管株式会社鶴見工場において建造され、一九六五年一二月に竣工した。同船は、日本郵船株式会社が所有し、昭和郵船株式会社が配乗および保船を行っていた。以上の記述は、海難審判協会編『海難審判庁裁決録　昭和五十八年七・八・九月分裁決録』一九八四年、一二七三頁による。

(34) 前掲、東京海上日動火災保険資料。

(35) 同資料参照。

(36) 尾道丸の海難審判での裁決(一九八三年八月八日)については、海難審判協会編、前掲書、一二七二—一三五〇頁参照。

(37) 東京商船大学船舶用語辞典編集委員会編、前掲書、三五二頁。

(38) 山本善之『尾道丸事故に係る技術検討会報告に関して』社団法人日本船長協会、一九八二年。

(39) 木村、前掲書、一九八頁。

(40) このうち、DNVとGLは二〇一三年に合併し、DNV GLとなっている。DNV GLジャパンホームページ https://www.dnvgl.jp/about/overview/our-history.html(二〇一六年三月三〇日閲覧)参照。

(41) 以下BVに関する説明は、とくに断りのない限り、*Bureau Veritas Since 1828*, ビューローベリタス、二〇〇八年、による。
(42) Andersen and Collett, *op. cit.*, p. 23.
(43) 相互保険とは、二人以上のものが、相互に保険しあうことである。保険研究所編、前掲書、九三八頁参照。
(44) Andersen and Collett, *op. cit.*, pp. 23–25.
(45) 日本海事協会編『日本海事協会五十年史』日本海事協会、一九四九年、二頁。
(46) 一九四九年三月にLRと合併して消滅した。同上、一八一頁。
(47) 同上、七五―八三頁。
(48) 同上、一二四―一二五頁。
(49) 一九二六年に日本郵船が保有していた一万総トン超の船舶八隻は、いずれもLRの最高船級である✠100A1を取得している。日本経営史研究所編『日本郵船百年史資料』日本郵船株式会社、一九八八年および Lloyd's Register of Shpping, *Lloyd's Register of Shipping Volume I, 1926–1927* (1926) 参照。
(50) 日本海事協会編、前掲書、一二四―一二五頁。
(51) 以上の船級協会間の協調に関する記述は、IACSホームページ http://www.iacs.org.uk/explained/default.aspx（二〇一六年三月三〇日閲覧）参照。
(52) 小西熙・原田晋「IACSにおける共通船体構造規則開発について」『咸臨』第四巻（二〇〇六年）、日本船舶海洋工学会、六八―六九頁。
(53) 船級協会船級検査員へのインタビュー（二〇一五年一〇月二〇日）による。インタビューに際しては、船級検査全般について、貴重なご教示をいただいた。また、インタビューを行うに当たって、松永榮一氏、水野勝之氏のご高配をいただいた。以上記して厚く御礼申し上げたい。なお、以下の本節の記述については、とくに断りのない限り、インタビューによるが、全ての文責は、筆者に帰するものである。
(54) 造船テキスト研究会編『商船設計の基礎知識』（改訂版）、成山堂書店、二〇〇九年、七〇頁。
(55) IHS Global Limited, *Lloyd's Register of Ships 2015–2016* (IHS Global Limited & Lloyd's Register, 2015), p. iv.

(56) *Ibid.*, p. 565.
(57) 造船テキスト研究会編、前掲書、五八—五九頁。
(58) Andersen and Collett, *op. cit.*, p. 93.
(59) 造船テキスト研究会編、前掲書、五七頁。
(60) 北田博重・福井努『船舶で躍進する新高張力鋼』成山堂書店、二〇一四年、一四—一五頁。

II 災害

第3章　戦前の消防体制と戦後の消防力

――都市構造と組織拡充

この章では、日本近現代における消防力の整備と、それにかかわる基準について論じる。消防は、古くからの基本的な災害対応であるが、都市の発達や建物の進歩によって課題が高度化し続けており、つねに最新の技術を駆使する必要がある。科学技術の進歩と経済発展、そして政治体制のありかたが国民の安全確保を左右する分野であるといえよう。そこで、近現代の消防の歩みは、この間の日本の歩みそのものを象徴しており、その基準のありかたも、それぞれの時代の国家や社会のありかたをよく反映する。火災予防まで含めると、消防関係の基準はかなり幅が広いが、この章では消防力の整備にかかわるところにしぼって、近現代の全期間を通観する。

前半では明治から昭和の戦時期までを扱い、東京における消防力の整備にともなって、出火時に住民に求められることがどう変わったかに注目する。東京は、冬季に乾燥して大火となることが多く、また首都かつ国内の最大都市としての政治的、経済的な重要性から政府の威信をかけて消防体制の近代化が熱心に進められた。大火に対する消防体制を整備し、あるいは近代水道を基軸とする消防体制で大火が根絶されたことは、消防を国家が担い、住民を火事場から遠ざける方向での規制につながった。しかし、その後、関東大震災により有事消防力の限界が露呈し、それを前提とした戦時体制が深化すると、消防への住民の参加が求められ、ついにはそれを義務化して多くの犠牲をもたらすに至った。

後半では戦後の全国を対象とし、占領期に、自治体消防が制度化され、その整備が地方自治の一環として進められてゆく中で、消防庁が消防研究所での研究を主な前提として消防力の技術的基準を科学的に示し、それに基づき各市に改善案を提示していった過程を論じる。この基準に基づいて消防署を配置するよう、一九七〇年前後の約十年間に全国で常備消防の整備が進められた。その結果、平常時の大火は消滅した。その後は高層建物火災や、地震火災への対応やその予防が課題となり、それなりの成果を挙げてきたが、大規模地震時の火災対応は公設消防力の整備だけで果たせない。

一　戦前の東京における火災対応

鈴木淳

1　消防と安全

火災は日常的な災害であり、その発生場所や条件により多様な様相を示す。そこで、火災への対応に基準を設けることは難しい。消防活動はつねに危険をともない、避難が人命の安全をもたらす場合が多い。また、財産の安全は財貨の搬出によってもある程度達成できた。しかし、市街地火災では、消防活動を行わないと延焼によって被害が拡大するので、多くの人々の安全のために消防活動は必須である。村落や構成員が互いに見知った小規模な市街地であれば、臨機応変な対応が期待できるが、現場での公的機関の対応も期待できるような大規模な都市であれば、何らかの基準が求められる。

明治以来、都市における消防活動は、利用可能な技術によって左右された。この場合の技術は消防用のポンプや消防車の導入にとどまらず、水道や道路の整備など都市の社会基盤でもあった[1]。また、一時は忘れられかけていたが地震火災、後には空襲火災といった大規模火災の想定、そして、国家の役割の考え方が技術的条件と組み合わさって消防をめぐる基準に反映した。この項では、住民に対して示された火災対応の基準がどのような形で推移したのか、大火に見舞われることが多く消防が大きな課題であり、また首都であるゆえ国家の姿勢が反映されやすかったと考えられる東京を対象に、近代国家の成立から昭和の戦時期まで通観する。

東京の前身である江戸は、火災の多い町であり、町火消が発達したことが知られている。町火消は町人に消防を命じる幕府の指示により生み出され、町人が将軍に対して果たすべき消防の「役」を町人の費用負担により専門家である鳶の集団が果たした。このほか、江戸に屋敷を構える諸大名には屋敷周辺や幕府の指示する場所での消防が命じられていた。このように、江戸の消防は江戸で年貢を納めずに生活していることや、領地を委ねられていることへの代償として将軍に対して負担すべき「役」として行われていた。

一方で、消防人足の差出を命じられた江戸の町々は、当初想定された一般住民ではなく、専門職の鳶人足を差し出した。それは、身体や財産の安全を図る多くの住民と、消防を担うことで町方の花形としての地位を得ようという鳶たちの利害が一致したためである(2)。このような町民間での役割分担によって、住民は火事場に赴くことなく消防の恩恵を被り、鳶たちは営業の独占権を得た。このような町人の相互関係に立脚していたので、将軍がその地位を去っても、町火消を中心とした東京の消防体制はすぐには崩れなかった。

2　「出火場心得」の登場

東京で、住民に対する火災対応の基準がはじめて明確に示されたのは、一八八二年三月に警視庁が発した告示第四号出火場心得(3)によってである。

第一条　凡そ出火場二丁方位を非常線と定め、左に掲ぐる者の外濫りに線内に立入るを許さず
　但、火勢に依り巡査を該線に布置し警護せしむることあるべし
第一　線内に家屋を有し或は居住する者
第二　同上の親戚知人にして救援を為さんとする者
第三　線内の官衙に奉仕し、及び公務を帯る者
第四　線内の社寺校舎商社等に勤務する者

第五　消防に助力せんとする者

第二条　消防手の行進及該器械等の運搬の節は其進路を開き障碍をなすべからず

第三条　夜中出火の節は火事場より五丁以内の居宅は門戸に点灯すべし

第四条　凡風上三丁、風下五丁以内の居宅にして平常用水桶の設けなきものは臨時戸外に水を盛りたる桶樽等を出し置き、自他の用便に供すべし

第五条　凡風下にして火の子の達すべき距離にある家屋は、自宅借家の別なく、其屋上に登り火の子を撲滅するの用意をなすべし

但、貸家等にて借家人無之ものは、其家主又は差配人にて右の手当をなすべし

第六条　私有の井戸泉水等消防の為め需用するときは之れを拒むべからず。事機に依り墻壁を排毀することあるべし

第七条　出張消防掛より助力を求むるときは、不得已事故あるの外其求めに応ずべし

第一条は出火場に「非常線」を張り、立ち入りを制限することを述べる。しかし、居住者などの親戚知人が「救援」に来ることはもちろん、「消防に助力せんとする者」の通行も認めている。家財の運び出しを手伝うことと同時に、消防への一般人の助力を想定しているのである。村落や小規模な市街であれば、その場にいる全員が第二に該当するから、これが火事場泥棒や野次馬の排除を目的とした大都市特有の制度であることは明らかである。

第二条から七条までは、消防への協力義務であるが、第四条の「自他の用便」という表現や第五条か

らは、住民が直接消防の一端を担うことも求められていると読めよう。これらは、江戸時代の幕府の指示を再現した面もある。一八九〇年ころに内務省警保局でまとめられた『徳川時代警察沿革誌』(4)を見ても、水を入れた桶を準備することはしごの準備とともに慶安元(一六四八)年、屋根に上っての飛び火防ぎは万治四(一六六一)年に触れがあり、見物人が消防隊の通行を妨げてはいけないことも元禄三(一六九〇)年、また、火事場の野次馬禁止は寛政期(一八世紀末)から触れられていた。

江戸時代の布令に見られないのは点灯や水桶の準備に見られる数値化された範囲の規定である。これは、住民の対応を期待するだけでなく、現場で根拠をもって強制することに呼応するであろう。一八九四年五月に警視庁が定めた外勤巡査勤務要則の第七九条に

> 出火のときは出火場心得第三条第四条に依り其近傍人民をして点灯及び用水等を出さしめ、成るべく階子等も準備せしむることに注意すべし。但村落の出火は此限にあらず。

とあって、一二年後にも巡査がこの条項による指導を行っていたことがわかる。強制する実力をともなうのが、「心得」の特色である。なおここで、「心得」にはないはしごの準備を命じているのは幕府の指示に回帰していて、興味深い。早くも一八八三年には第一条に鑑札をもつ左官が加えられた(5)。火災のとき、蔵の扉を閉め、左官が隙間を壁土で塞ぐことは江戸時代からの慣わしであり、「心得」起案の際には、江戸時代以来の経験が十分には検証されていなかったことがうかがえる。

第七条の住民指揮権は、一八七四年の警視庁職制が警視庁の長に「警保事務に付ては区長戸長又は其

副役の者を指揮し、或は人民に命令することあるべし」と、住民への一般的な指揮権を与えていたのに対し、七七年一月に警視庁が廃止されてその事務が内務省警視局に移管されたときの職制では「管下の区戸長を指揮し、其名を以て人民に布達するを得」と改められ[(6)]、一八八一年に再置された際の警視庁職制にも引き継がれたためである。公示された法規に基づいてしか命令できないという法治国家に向けた変化が始まっており、そのことが基準を示す必要を生んでいた。

類似の規則は、同年一二月に大阪四区に対して、また一八八五年には静岡市街、八六年には広島、八九年には福井、福島など各地で制定されていった。しかし、制度的には七七年に制定の必要が生じたはずの出火場心得は、なぜ一八八二年に制定されたのであろうか。それには警視庁が進めてきた消防の改革が関係していると考えられる。

3　背景としての警視庁の「消防法改正」

明治初年に東京の消防を担当した東京府は、一八七二年に町火消を「消防組」に改編するとともに、ポンプの導入を図った。江戸の町火消も近世初期にオランダから導入されたポンプを祖とする龍吐水を用いた。しかし、龍吐水には放水用の水管（ホース）がなく、本体の筒から放水したので、注水できる範囲は限られた。そこで、町火消の消防の中心は燃えかけた建物を屋根から解体して延焼を防ぐことであった。また、龍吐水には吸管もないので、本体に桶などで水を注ぎ入れる必要があり、地元の住民も加わって、水を汲み、運んだ。これに対して明治初年に導入されたポンプは、水場の近くに据えて吸管を水中に下せば、数人の押手がレバーを上げ下げするだけで、数十メートル延ばした水管の先から放水できた。

文明の利器であるポンプを用いて消防を近代化しようという理念は七四年に消防事務とともに警視庁に引き継がれたが、それが定着したのは一八八四年の「消防法改正」によってであった。この場合の「消防法」は法規ではなく消防の方法である。

一八八四年三月に東京府会区部会での消防予算の審議にあたって、警視庁の小野田元煕二等警視は、「元来是迄の慣習は腕力を以て消防なせしも、将来は専ら器械を以て迅速に消火に力を尽す精神ゆへ、人数は多く之を要せず」と「器械」の導入を強調し、各消防組のポンプを二台に増し、七一名の三九組を五〇名の四〇組に縮小する構想を示した(7)。

警視庁は七六年に、東京府が導入を試みたものより小型のフランス式甲号ポンプを導入して消防組員の一部を割いて設けたポンプ組に用いさせ、一八八〇年に消防組とは別にポンプだけを用いる常備の消防隊を編成した。しかし、消防隊は消防組の強い反発を受け、また事前に予算が提案されなかった東京府会区部会で次年度予算が否決されたため、翌年に廃止された。その後は各組が甲号ポンプが一台と龍吐水一台を併用していた。「消防法改正」ではこの龍吐水を廃止し、審議では「便利喞筒」と呼ばれた乙号ポンプを装備する。操作にあたる人員は甲号が一二人に対し乙号は六人である。

これは、一見小さな変更である。しかし、小野田が画期性を主張するには理由があった。それは従来ポンプの活動を制約していた水利への対策である。実は乙号でも、当時の区部の一般的な水源である上水井戸に吸管を投じると五分程度、掘井戸でも一〇分程度で水が尽きた。地下の樋管で配水された江戸時代以来の水道は、上水井戸から釣瓶などで汲み上げて利用され、流量や貯水量はそれに応じている。掘井戸も手で汲み上げるのに対応した湧水量を得る以上の掘方はされない。乙号より放水量の多い甲号は、これらを利用できず自然水利に頼ることになる。そこでこのとき、京橋・日本橋・神田の中心部三区で、上水の樋枡二三二カ所を改修して、甲号ポンプの利用に耐える「消防井戸」とした。これにより、ポンプを消防の主力とすることができたのである。

「消防法改正」ではこれを前提として、五七の分遣所を設けた。分遣所にはポンプが置かれ、二〇丁、すなわち約二キロメートル以内の火災に消防組員がポンプを人力で曳いて出場する。消防組員はそれぞれの分遣所近くに居住し、働いている。冬季の夜間には分遣所で一〇名が宿直し、他の時期には出火を告げる半鐘を聞いて分遣所に集合する。小野田は、最も繁華な日本橋区での出火に際しては、二から五丁の距離にある五カ所からは二分二秒から五分五秒までに、六丁から一〇丁の八カ所からは六分五秒から一〇分九秒までに、そして一一丁から二〇丁までの一〇カ所からは一二分から二〇分八秒以内に、合計二三カ所から駆けつける算段であると説明した。一見精密な計算がなされているようだが、実はそうでもない。隣の神田区であれば一九カ所から駆けつけるというのだが、距離を基準に参集するのであれば、区境で変わるわけはなく、この計算には各区内で一つの出火点を仮設している。また、時間も出場距離だけから算出されていると思われる。一八九一年の度量衡法で一丁が一二〇〇メートルと定義されるが、一一丁が一二分というのは一分間一〇〇メートル、すなわち時速六キロメートルの計算であろう。五丁が五分五秒、六丁で六分五秒という結果も、一丁が約一〇九メートル強であるから、5×1・09＝5・45、6×1・09＝6・54といった計算の結果である可能性が高い。すなわち、五・五分、六・六分といった計算結果を五分五秒、六分五秒と読み上げたのである。二〇丁の二〇分八秒は、二一・八分のはずである。読み上げた小野田も十分に意味を理解できていない数字を羅列した説明は文明開化を担う政府らしい。即応性をあげるため、繁華な地区に重点を置いて分散配置を行ったものの、根拠となる合理的計算があったわけではない。

区部会は、「消防法改正」を基本的に了承するとともに、馬車式の蒸気ポンプ一台の購入を追加した。自然水利を利用するしかないので活動範囲に限界はあったが、動力による放水は水による消防の時代の到来を印象付けたにちがいない。

冬季に分遣所に待機した消防夫は、二名ずつ交代で付近を巡回する。小野田は言う。

一体今日迄は府下に消防の準備は之れなしと申す有様にて、冬季に向へば各町申合せ人民自ら夜廻りをなして、枕を高く安眠すること少し。是れ必竟消防法の不完全なる為めなるべし。実に保護者の職に在ては申訳なき次第なり。向来斯く二重の費用は之を出さしめざる様注意するの精神なり。

消防体制の確立と消防組員の巡回とで、住民による火の用心の夜回りは必要なくなるのだ。ここで「保護者の職に在ては申訳なき次第なり」とあるのは、当時の消防の理念を物語る。消防は、人民を保護する行政警察の一環であり、警視庁が「保護者」としてこれにあたるのである。

この「消防法改正」は「消防隊を廃止せしより以来種々考案を尽し」と説明され、一八八一年五月の消防隊廃止後の模索の到達点と位置付けられた。消防心得が出されたのはこの間であり、旧消防隊の幹部を要員として消防本署と六つの分署を置き、消防組を指揮しつつ新体制を構想していた時期にあたる。消防を警察行政の一環として把握しようという努力の中で、基準が示されたのである。

4　近代水道開通後の基準

一八九二年四月二日の『読売新聞附録』は非常線を「火事場線」と呼び、「出火の折に火事場の周囲を警戒し弥次馬の出入りを制限して盗賊を防ぐ」ものであるが、利害相半ばするので二、三の警察署では「制限を緩めて、弥次馬を使役し、水を酌ませ喞筒を押させ抔したるに、真の弥次馬は皆我より逃げて火事場線を張りし時より混雑せざりし」と報じた。出火場心得では非常線に巡査を配置するかどうかは現場の判断に任されており、線内で特定の家の救護にあたっていないものは消防を助力するはず、と解釈するのは正当である。「水を酌ませ」とあるから、前述の一定の施設整備にもかかわらず、当時まだポンプに手で水を酌み込む場合もあったとわかる。住民の協力を期待しないわけにもいかない。

一八九九年に東京に近代水道が開通すると、消防力は格段に向上した。消防組は、水管車を曳いてかけつけ、水管を水道消火栓に直結して放水する。一〇年前から八台になっていた蒸気ポンプも水道消火栓を利用することで活用範囲が拡大した。一〇〇〇戸以上を焼失する大火は明治に入ってから一八八一年までに一四回、平均年に一回生じ、その半分は四〇〇〇戸以上を焼失していた。それが、八四年の消防法改正以降は九二年までに一〇〇〇戸以上焼失が四件と二年に一度程度に減少し、四〇〇〇戸を超えたのは一回限りであった。建造物の変化の効果もあろうが、消防法改正の手ごたえはあった。そして、九二年を最後に大火は跡を絶った。近代水道の効果が大きかったことが推測される。

一九一一年四月九日、吉原を火元として六〇〇〇戸余りを焼く久々の大火が発生した。一一日の『東京朝日新聞』は「市内外の大火」と題してこれを論じ、「市の水道の防火栓の甚だ無力なること」を指摘して水道拡張の必要を主張し、応援に出動した軍隊を称賛し、また横浜からの応援も含め消防隊の活動も称えた。そして、

最後に弥次馬連中にも亦多少の効を奏したる処あり。警察隊、消防隊の手の廻らぬ箇処に於て、其請ひに応じて相当の援助を与へ、以て一方の消口を取りたるは由々しと謂ふべし。但いづれかといへば、弥次馬は益より害多し。各自に救援の意思は有しながらも、本来少しも規律節制なきにより、街衢を塡塞して、或は避難者の混雑をしてますます甚しからしめ、或は出動隊の行動をして不自由に陥らしめ……


とした。「一方の消口を取りたる」というから、ある場所では「弥次馬」が独自に活動したのである。近代水道の開通により、腕用ポンプは水利の悪い場所への出場か断水時にしか持ち出されなくなったので、汲水やポンプ押しの援助は不要であった。だからこそ、独自に活動したのであろうが、頼みの水道が力不足であることがわかっても、そこで求められるのは水道の拡張であって市民の助力ではなかった。

この年の一二月、警視庁は告示第一二九号で一八八二年の出火場心得を廃し、「出火場非常線通行に関する規定」を定めた。非常線を通過できるのは事前に発行された通行証を携帯するもののほか、非常

線内に土地・家屋を所有し、あるいは居住するもの、それらの親族や知人で救護をなさんとするもの、または線内の官公署、学校、会社などの勤務者とし、通行証をもたないものは事由を申告して警察官吏の承認を受けるとした。「消防に助力せんとする者」は含まれなくなった。また、住民の点灯や用水の準備といった協力義務もまったく廃止された。警視庁はこの年から五年間、毎年二台ずつ蒸気ポンプを増加するが、近代水道開通後の実績からすれば、吉原大火の教訓への対応はそれで十分であり、消防は住民の助力なく機能すると判断したのである。

出火場心得のうち、第六条の私有物提供は一九〇〇年の行政執行法第四条「当該行政官庁は天災、事変に際し又は勅令の規定ある場合に於て、危害予防もしくは衛生の為必要と認むるときは土地物件を使用処分し又は其使用を制限することを得」、また第七条の助力要請に応じる義務は一九〇八年の警察犯処罰令で処罰対象に「水火災其の他の事変に際し、制止を肯せずして其の現場に立ち入り、もしくは其場所より退去せず、又は官吏より援助の求を受けたるに拘らず傍観して之に応ぜざる者」が挙げられたことで必要なくなった(8)。災害全般への対応が可能な一般的な法令が全国に施行されたのである。さらに一九一一年四月に全面改正された市制の第一二六条、町村制の第一〇六条では「非常災害の為必要あるとき」に市町村が土地や資材を一時使用し、あるいは収用すること、また、担当官庁や警察のほか市町村長が「市(町村)内の居住者をして防御に従事せしむること」ができると、市町村も災害対応の主体となり得ることが規定された。いずれにせよ、一般住民は行政の指示を受けて、消防などの活動に加わるという原則である。

第五条の飛び火防ぎは、風や火勢に左右される性格上範囲の明示がなく、九四年の外勤巡査勤務要則でも強制が指示されていない。しかし、当局者が意味を忘れたわけではない。一九一三年に警視庁の消防官が著した『火災消防大意』は「一般家庭心得」の一つとして、

近火の際は其飛火を防遏せんが為めに屋上等に登りて散水し、若し水の不便なるときは箒を以て之を掃去するを可とす

燃焼熾んなる飛火は甚だ恐るべきものにして夫れが為め他に延焼すること尠なからざればなり

と述べる(9)。同書は版を重ね、一九二二年二月の第六版でも同じ叙述が確認される。しかし、警視庁告示からは削除された。強制の基準が立たないゆえに法令になじみ難く、また大火の減少と屋根素材不燃化の進展で必要性が感じられにくくなったためであろう。関東大震災時の結果からすると、惜しまれる。

一九一七年に警視庁は出火場非常線通行心得を制定して一一年の告示を廃止したが、ここでは通行証の制度を精緻化するとともに、通行証をもたないで立ち入れるものを線内の居住・土地家屋所有者と勤務者に限り居住者などの「親族又は知人にして専ら救護をなさむとする者あるときは、臨場警察官吏に於て特に其の通行を承認することあるべし」と、荷物の搬出や防火の応援に駆けつける縁故者の立ち入り許可を例外的なものとした(10)。この年、警視庁消防部は初めて消防自動車を導入し、三年後までに二五台の消防車を揃えて蒸気ポンプを全廃した。一八年には消防組の腕用ポンプも廃止される。水利の悪い場所や断水時の火災にも対応できる自信があったのであろう。このように、新技術による消防力の向上により、日常の火災での周辺住民の協力義務が解除され、市民は火災現場から遠ざけられ、災害に際し

ては市や警察の指示を待つという、「人民保護」が貫徹した、あるいは現代的な体制が整った。人々がそれに慣れたころ、一九二三年の関東大震災が発生し、水道の断水と多発火災で消防力が不足し、系統的な指示を受けなかった住民の消防活動は限られ、また飛び火防ぎもあまりなされずに、空前の面積を焼失して多くの犠牲者を生じた(11)。

5　火に立ち向かう住民たち

関東大震災の五年後、一九二八年一〇月に警視庁令第四三号として出火場非常線通行規定が定められ、一九一七年の心得が廃止された。これにより、居住・所有者の「親戚又は縁故者にして専ら救護に従事せむとする者」の扱いは一一年と同じく、居住者・通勤者などと同様に戻された(12)。市民の活動に期待しない方針がある程度改められたのである。

震災火災対策は空襲火災も含めて構想され、ともに同時多発火災が想定されたので、地域住民による初期消火が重視された。警視庁消防部は一九三六年から東部防衛司令部、東京市連合防護団、東京市などと調整し、一九三七年五月に家庭防火群組織要綱を作成した。各家庭に防火担任者を置き、焼夷弾落下や火災発生の際に五から二〇戸からなる群単位で担任者が集まって消火活動にあたる。折から七月に盧溝橋事件が発生し、対中国戦争の拡大の中で、市部全域に組織化が進んだ(13)。当時の向島消防署長は、近隣いくつかの防火群が協同した初期消火の例を紹介し、防火群結成前の火災現場の状景と、結成後の状態では隔世の感がある。今日では火事だと聞くや直にバケツ（水の入れあるもの）を持って、発火場所に女でも子供でも近所の者が逸早く駆付けることは事実で、防火群の組織せざる以前に比べて全く警防上に一段の強味を感ずるのである。[14]

と評している。家庭防火群は、通常の火災にも対応したのである。市民は「保護」の対象から、空襲対応や戦時体制下の消防という国家的課題、国防の末端的担い手に変化した。『日本消防新聞』を主宰した藤野至人は、家庭防火群の制度と慶安年間の幕府の江戸町民への消防指示との類似性を指摘して「隣保共助」の伝統として称揚する一方で、それが警視庁令によることなく、当局の「奨励」によってなされていることを批判する元内務官僚松井茂の発言を伝えている。[15] この消防をめぐる国家と市民の関係の重要な変化は、戦時期の世相を背景としつつ、市民の自主性にたよるという形式で進められたのである。そして、一九四一年一一月の防空法改正で、空襲による火災に際して管理者、所有者、居住者に応急防火の義務が、またそこに居合わせたものにも協力義務が罰則付きで課せられて制度化され、[16] 多くの空襲犠牲者を出す一因となった。

一九三九年には、全国で、主に空襲への対応のために市町村単位でつくられてきた防護団と、従来の消防の担い手であった消防組がともに解散され、警防団に統合された。東京はじめ大都市には官設の消防署があり、警防団消防部は空襲への備えと予備消防的な役割を果たしたが、全国の大半の地域では警防団が消防の主たる担い手となった。警防団は、一九四七年の消防団令によって市町村に設置が義務付けられた消防団が実際に設置されるまで、戦後もその役割を果たし、官設の消防署は同年末に公布された消防組織法により市（東京における全特別区の連合を含む）の機関となった。

一方、家庭防火群は、警防団発足と同じ時期に隣組防空群に改組され、工場や学校に置かれた特設防護団と並んで、主に空襲対応を目的としながら、初期消火も担う、活動可能な住民や従業員・学生生徒が必ず参加する組織となった。そして、敗戦によって自然消滅した。

平時の火災への効率的な対応と、災害による多発火災への対応では消防への住民のかかわり方に異なった基準を立てるべきであろう。戦前の日本では、二重の基準として整理されることはなく、時期により基準が変化した。それは失敗をともなった貴重な経験である。

（1）詳しくは、以下の東京の消防力をめぐる叙述も含め拙著『町火消たちの近代――東京の消防史』吉川弘文館、一九九九年。
（2）江戸の鳶については、吉田伸之「近世の身分意識と職分意識」『日本の社会史7　社会観と世界像』岩波書店、一九八七年、一一〇―一三二頁。
（3）警視庁『警視庁布達全書　明治十五年』須原鉄二、一八八三年、四七―四九頁。以下引用は一部の漢字やカタカナをひらがなに改め、適宜濁点、句読点を補う。
（4）内務省警保局『徳川時代警察沿革誌　上巻』一九二七年。
（5）伊藤祐愛『警官必携』畏三堂、一八九〇年、二五一頁。
（6）内閣記録局『法規分類大全　第一編　官職門七至九』一八八九年、三五六頁。
（7）以下「消防法改正」の府会審議は『東京横浜毎日新聞』一八八四年五月二五―三一日による。
（8）一九一八年に静岡県がこの理由で同様の項目を削除している。静岡県警察部保安課『静岡県消防沿革史』

同、一九二九年、二八三―二八四頁。
(9) 西尾一正『火災消防大意』帝国消防研究会、一九一三年、二七六頁。
(10) 藤野至人編『現行消防法令全書』消防新聞社、一九一八年、三四〇頁。
(11) 関東大震災時の火災と消防については、拙著『関東大震災――消防・医療・ボランティアから検証する』筑摩書房、二〇〇四年、講談社学術文庫、二〇一六年、第二章。
(12) 大日本行政学会『警視庁令全書』同会、一九三八年、第四編消防、三四頁。
(13) 東京の消防百年記念行事推進委員会『東京消防百年の歩み』東京消防庁、一九八〇年、二五九頁。
(14) 須加景樹「家庭防火群の活動に就て」『帝都消防』第一〇五号、一九三八年、二五―二八頁。
(15) 一九三七年八月発表の「家庭防火群」、藤野至人『火災消防研究』大日本消防学会、一九四〇年、二六四―二六七頁。
(16) 土田宏成『近代日本の「国民防空」体制』神田外語大学出版局、二〇一〇年、二九〇―二九一頁。

二　戦後日本の消防力整備

関澤愛

1　戦後の近代消防の礎となった消防制度の抜本的改革

明治以降、消防は一八七三(明治六)年から警察業務の一つとされた。全国的には、市町村の負担で現在の消防団のように非常勤の職員からなる消防組をつくり、火災の際にはこの消防組が所轄の警察署長の指揮の下で消防活動に当たった。一方、東京、大阪、横浜などの大都市では、府県の警察部の下に常勤職員からなる消防署が置かれた。これらの都市では、一九二〇年には消防ポンプ自動車が用いられるようになっていたので、消防署や出張所などに常勤の職員が二交代制で待機し、望楼での警戒や電話連絡を受けて消防車で出場するという体制が整えられていた(1)。

しかしながら、一九四五年の終戦に至るまで、国内の各都市には木造密集市街地が広範に存在し、火災に対してきわめて脆弱な都市構造が残存していた。その一方で、消防組織における消防装備や技術の進歩は遅く、乾燥し風速の強い季節などを中心としてたびたび大火の発生を許して甚大な被害を蒙っていた。この背景には、「消防は誰もほしがらない孤児の如くに取り扱われ、所管が一つの省から他の省へ、何度も移されたことと、官吏及び一般市民が消防に対してあまり関心を持たなかったことが原因であると思う。その証拠として、一九四六年まで、全国の消防事務が、警保局の唯四人の官吏によって動かされていたことを見ても分かる」と、GHQ(General Headquarters:連合国最高司令官総司令部)の主任消防行政官ジョージ・W・エンゼルは指摘している(2)。

戦後、わが国の行政の組織や体制については抜本的な改革、民主化が図られたが、警察行政もその一つであり、その一環として消防行政の改革を中心になって担当したのがエンゼルであった。エンゼルは、上述のような消防の現状を目の当たりにし、また、日本全国の代表的な都市の消防組織を視察するなかで、日本における火災損害を少なくするためには、消防行政の抜本的な改革が必要であることを痛感したのであった。

第二次世界大戦後GHQの指導により消防行政の民主化、近代化が図られたが、その柱は、①警察からの分離・独立、②市町村消防の確立、③予防行政の重視、であったといえよう。また、これらを推し進めるうえで彼らが傾注したのが、消防の科学・技術化（消防研究所の設立もその一環）と、都市の等級化であった。一九四七（昭和二二）年九月二七日の通知により消防は警察から分離・独立し、翌一九四八年三月七日の消防組織法公布により自治体消防が発足した。これによって、消防の行政権限は市町村に帰属し、市町村長はその消防長を任命する権限を有することとなった。

もちろん、こうした消防行政の改革の背景には、終戦まで、警察（消防も含め）をはじめ、建築の許認可・査察、保健衛生など、国民生活の規制、取り締まりに係る広範な行政機構を傘下に収め、絶大な権力を誇っていた旧内務省の解体という側面もあった。(3) しかしながら、予防行政への転換や消防における科学・技術的側面の重視などにみられる消防の近代化への改革は、GHQの一員として戦後の消防行政の改革を託された、消防技術のプロフェッショナルである上述のエンゼルらの指導がきわめて大きな役割を果たしたことは間違いないことである。

エンゼルは、その著書(4)の中で「新時代に消防技術に関する知識を全く持たない、且つ、短時日の後には他の職務に転ずる予定であるために消防の改善に殆ど興味を持たない消防長の下で、日本の消防が効果的に任務を果たしていたと信ずるさえ馬鹿げたことである」と述べ、また「元警察官であって、今消防に職を奉じている多数の人々が、消防技術に対して進歩的でなく、消防員の教養に対して古い思想を固執していることも知っている」とも語っている。さらに、「有力なる消防員たらんとする者は管内各建築物の構造の一般と居住者の状態とを知悉していなければならない。この様な知識は長く一つの市町村に住んでいて初めて得られるものである」と指摘し、戦後における消防の警察からの分離・独立、そして自治体消防確立の必要性を強く主張して、これを徹底して推進した。このことが現在に至る日本の近代消防の礎を築いたのである。

一九四七年には、消防の任務範囲、消防責任を市町村が負うこと、消防機関の構成などについて規定する消防組織法が、また一九四八年には、消防行政の業務や規制などについて規定する消防法が制定され、戦後の新生消防がスタートした。

2 新生自治体消防に対して国に期待された役割

消防行政の改革と同時に、一九四八年三月に国家消防庁が設置されたが、その最初の組織は、管理局と消防研究所であった。管理局は現在の総務省消防庁の本庁に相当するが、総務課の他には教養課とその下に置かれた消防講習所（現在の消防大学校の前身）しかなく要員も四六人であった。一方、消防研究所には書記室、技術課、査察課の三課があり、所長以下総勢八七人であった。消防研究所には、消防に関する試験研究のほか、エンゼルが国の役割としてもっとも重視した市街地の等級化をはじめ、消防設備の規格・検定などの消防の科学・技術を支える重要な役割が期待されていた(5)。

一方、市町村長は新しい消防組織法により、その区域内の消防を十分に果たすべき責任を有することとなった。しかしながら必要な消防施設とはどの程度のものであるか、また誰がこれを十分なものと認定するかの基準については、この法律は明示していない。そこで、エンゼルは、ある都市にどの程度の消防力が必要であるかを決めるためには、その都市における水利、消防施設、消防活動の状態、主たる建造物、気象状態などを詳細にわたり調査研究しなければならないとして、消防研究所の技官たちに各都市の火災危険度の比較等級をつけるための調査を行わせたのである。

制定当初の消防組織法の第四条には、国家消防庁の任務および所掌事務が以下に示すように一〇項目列記されていた。現在では幾度かの改正を経て、ひろがった業務範囲を反映して二八の項目となっているが、はじめの十数項目についてはほぼ同じ内容のままである。

(1) 消防に関連する都市の等級化に関する事項
(2) 消防準則の研究及び立案に関する事項
(3) 放火及び過失による延焼の調査等消防査察の確立に関する事項
(4) 放火及び過失による延焼の調査技術の研究及び調査員の養成に関する事項
(5) 消防訓練マニュアルの研究及び立案に関する事項
(6) 消防技術及び火災予防関連出版物に関する事項
(7) 消防統計及びこれに関連する情報の収集と普及に関する事項
(8) 消防署の指導員の教育訓練に関する事項
(9) 消防の用に供する設備、機械器具の規格に関する事項
(10) 火災予防と消防に関連する試験研究に関する事項

以上を一覧してすぐに気づくことは、消防行政に関して国の行うべき事項の大半が、調査や研究、消防統計や出版、消防設備機械器具の認定・検定、教育訓練など、直接の消防業務というよりは市町村の消防業務を支援する内容の間接業務に関わる事項だということである。これは、消防行政改革の主旨で

ある消防行政の主体と責任はあくまでも市町村であることを物語っている。なお、消防組織法は、GHQの指導の下にまず英語で原文がつくられたのち日本語に訳されたものである。したがって、このなかで現在においても残っている文言のうち、「消防準則」や「都市の等級化」が何を意味しているのか普通は理解できない。実は、これらは英語原文では「model code」および「grading of cities」と記述されていたものである。

米国では、建築行政や消防行政の権限は完全に市町村などの地方自治体の管轄下にあり、日本における建築基準法や消防法に当たる法律作成についても連邦政府は関与していない。これらの法規は、民間団体（NPO）であるコード作成機関が「model code」を作成し、これを各地方自治体が必要に応じて多少の修正を加え、議会の承認を経て採用することによってはじめて実効性のある法規となる仕組みである。GHQの幹部らは、日本においても米国の制度と同じように国はモデルコードをつくり、正式の採用は自治体に委ねることを想定していたものと思われる。

また、都市の等級化の目的は、消防力の施設配置が必要な市街地における建築構造、密集度、消防力の現況、自然条件などを調査して、消防力整備の目安とすることを意図したものであり、以下に述べる「八分消防」などに代表される都市消防力整備の根拠を科学的、技術的に進めることを意図したものであった。この調査を都市等級調査と呼び当初は実施されていたが、一九六〇年代以降ほとんど行われないようになった。なお、現在では、国の消防庁ではこれらの用語に関わる業務は行っていない。しかし、不思議なことに消防組織法はこれまでに何度も改正を重ねているが、今に至るも「消防準則」や「都市の等級化」の二つの用語は削除されることなく残っている。

ところで、GHQにより戦後の消防の科学化を先導する期待を担ってスタートした消防研究所の組織は、庶務を担当する書記室のほか、等級係、試験係、検定係のある技術課と、法規係、検査係をもつ査察課とで構成されていた。技術課に等級係が設置されたのも、GHQ、とりわけエンゼルが戦後の消防力整備に当たって、都市における水利、消防施設、消防活動の状態、主たる建造物、気象状態などの調査をもとにした各都市の火災危険度の比較等級化に熱心であったためと言われている。

この当時、消防研究所に在籍して都市等級調査を実施したのが、筆者の大学時代の恩師でもある堀内三郎ら消防研究所の技術課等級係の五人のスタッフであった。都市等級調査は、二人一組の調査班を二班編成し、調査対象都市にあらかじめ送って記入してもらった調査表をもとにその確認を含めて現地調査を行うというものであった。都市等級調査は、第一回目として一九四八年から一九五二年までの間に合計二三〇都市について実施され、その結果に基づき国家消防庁長官から各市に改善策が勧告され、そのことが各都市の消防力の強化につながった。その後、都市等級の基準を改良して第二回目の調査が、一九五二年から一九六七年までの間に合計一七五都市に対して実施されたが、その後は行われなくなった(6)。

それは、堀内が指摘するように、民間の保険会社が防火対策の実施に影響を与えている米国の事情と違って、日本では都市の等級化や保険料率のコントロールが消防力整備への動機となったり、また、その故に火災被害が減って等級が上がったりするシステムは機能しないと判断されたからである。堀内はその代わりに日本の実情に合う新たな都市消防力基準の整備が必要であるとして、東京大学の浜田稔教授がつくった市街地火災の延焼速度式(7)などの研究をベースに都市における消防力配置の研究を行い、

「都市消防力の決定方法に関する研究」[8]としてまとめた。また、これらの研究成果は一九六一年に公布された消防庁告示第二号による「消防力の基準」の内容に反映されることになった。

従来の基準では人口のみを基礎として一律に消防力を算定するよう定められていたのに対して、この新しい基準では、人口のみならず建築物の構造規模、密集度、気象などを勘案して、合理的、かつ、容易に消防力を決定できるよう定めたものである。また、この基準にしたがって全国の密集市街地への消防署所の配置が、一九六〇年代以降になって一気に進められた。浜田や堀内らの都市の消防力に関する研究は、日本の消防体制の発展の上で、まさに時宜を得た研究であったといえよう。

3　常備消防力の整備がもたらした平常時都市大火の終焉

現在では、平常時の都市大火のことを心配している人は少ない。しかしながら、終戦間際には、日本国中の各地で空襲を受け、多くの都市が灰燼に帰している。二〇〇を越える都市が被災し、人口三〇万以上の日本の中核都市はほとんど空襲を受けている。罹災戸数は実に二三四万戸（全国の総戸数の約二割）にのぼり、罹災人口は九七〇万人、つまり総人口の一割強にまで及んだ[9]。

また、戦後になってからも一九六〇年代までは、焼損棟数が数百棟から数千棟に及ぶ大火（建物焼損面積一万坪、すなわち三万三〇〇〇平方メートル以上の火災）が毎年数件くらいの頻度で日本の各地で発生した。図3・1は、一九四六年以降を二〇一〇年まで五年刻みで、平常時の都市大火の発生頻度を棒グラフにして示したものである。戦後間もなくの五年間で一六件、すなわち毎年三件くらい平常時の都

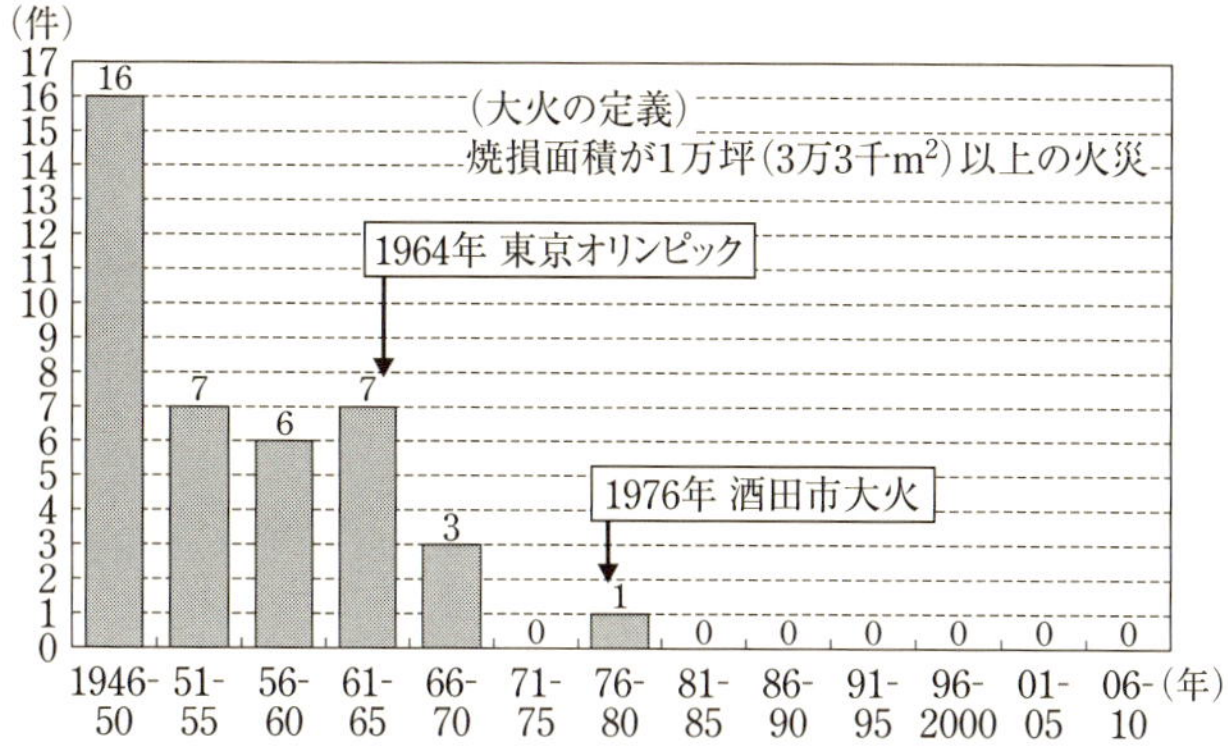

図３・１　戦後（1946 年以降）の都市大火発生件数の推移
消防庁『平成 26 年版消防白書』より作成

市大火が起きていた。その後、徐々に減少し一九七六（昭和五一）年の酒田市大火以降は四〇年間にわたりずっとゼロを続けている。なお、二〇一六年一二月二二日に糸魚川市で発生した大規模火災は、大火に匹敵する規模の火災となった。いずれにせよ、この間に平常時の大火が激減した理由はいくつか挙げられる。

一つは、都市における鉄筋コンクリート造建物など耐火建築の増加、また、木造建物の外壁不燃化を図った防火構造建築の普及など、市街地が延焼しにくい構造となったことである。しかしながら、都市の不燃化は一部に留まり、またその歩みも遅く、大都市のみならず地方都市においても多くの木造密集市街地が残っている。こうした地区では、上述の糸魚川市火災にみるように、今でも平常時の市街地火災の危険性が存在し続けている。

そして、もう一つの重要な要因が公設の常備消防力の整備である。

図３・２の棒グラフは全国の消防本部の数、折れ線グラフは消防の常備化率の推移を示す。常備化率というのは、

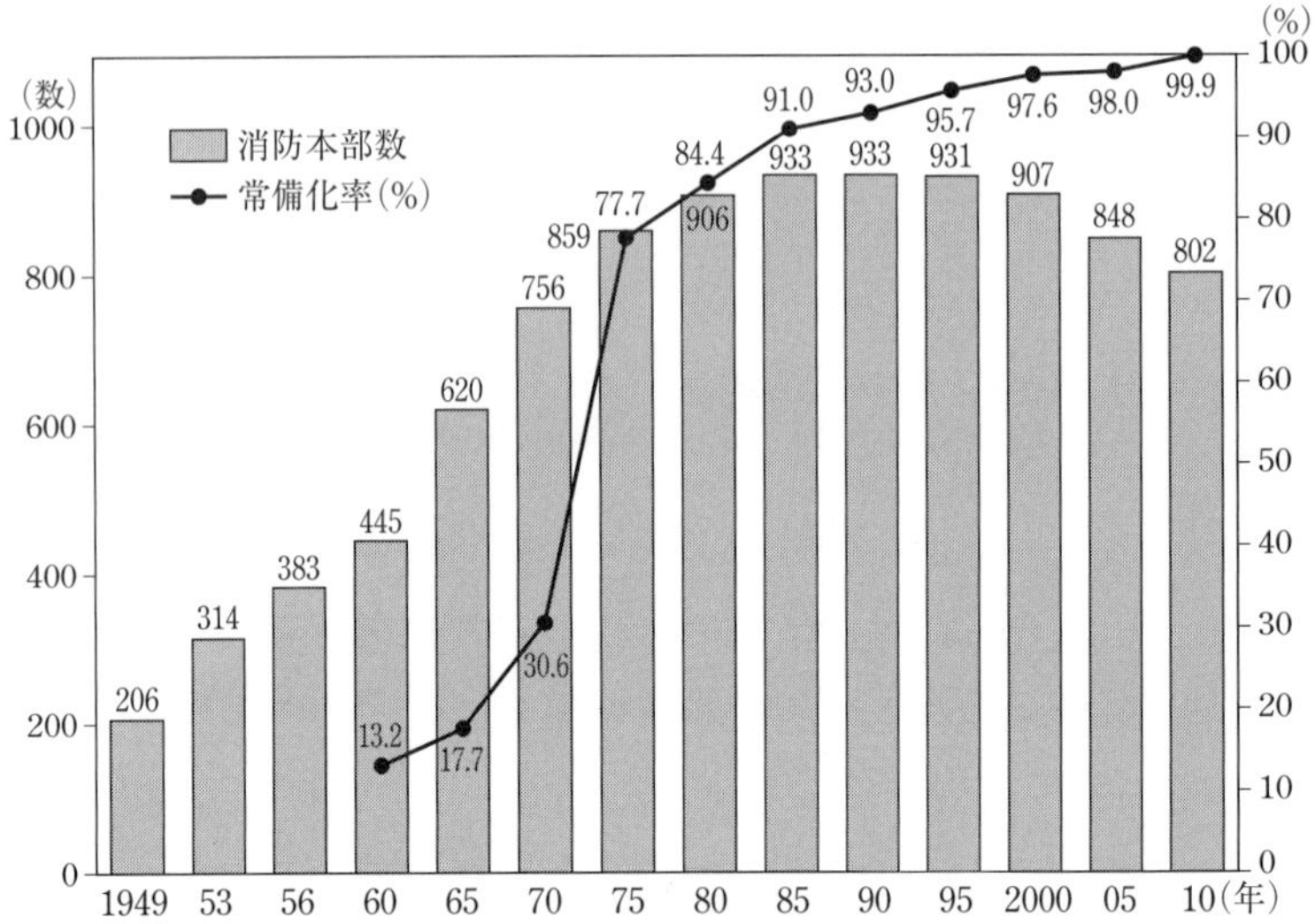

図３・２　消防本部の数と常備化率（%）
消防庁『平成26年版消防白書』より作成

常備消防、いわゆる市町村の公設消防がカバーしている人口の全人口に対する割合のことである。この図から、一九六五年から一九七五年にかけて常備化率が急激に伸びていることがわかる。伸びはじめの一九六五年にはまだ一八パーセントくらいであったのが、その一〇年後の一九七五年には七八パーセントになっている。このデータを見て改めて驚くが、一九六四年の東京オリンピックの頃は、日本の全人口の八〇パーセント以上の地域は消防団がカバーしていたということである。おそらく、常備消防が存在していたのは、政令指定都市と少数の大都市だけだったのではないだろうか。それが、わずか一〇年の間に全国で約八〇パーセントに達し、ほとんどの地域で公設消防が二四時間待機している状態に劇的に変化した。いわゆる市町村の消防機関がカバーするようになったのである。その結果、ほとんどの火災が出火した火元建物だけで消せるようになり、そのおかげで市街地大火が激減し、一九七六年の酒田市大火を最後に、平常時の都市大火は、二〇一六年一二月に発生した糸魚川市火災までの四〇年間発生しなかった。常備消防力の普及が、戦前からの日本の都市防火の念願であった平常時都市大火の終焉をもたらしたといっても言い過ぎではあるまい。

消防という一つの行政組織が、消防署所や消防ポンプ車の配置、必要消防水利の個数とその配置の方法を示した「消防力・消防水利の基準」という技術的な基準を定めたこと、そして、これに基づいて全国の消防署所などの常備消防力の整備を推進したこと自体、たいへん画期的なことだといえるが、その結果、長年の都市大火をなくすという目的を果たしたことは、たとえるならば伝染病の天然痘の撲滅と同じくらいにきわめて意義深い成果である。

4 「八分消防」——戦後の消防力整備の原点

ところで、消防の近代化にあたって、消防署や消防ポンプ車をどうやって配置するのか、すなわち常備消防力の整備を図るために消防力の基準がつくられたが、そのときの基になった根拠がいわゆる「八分消防」というキーワードである。

これは、消防署所を配置する必要のある木造家屋が密集している平均的なモデル市街地では、火災が消防に通報するような規模に達してから約八分で風下側隣接家屋の壁に着火するので、この時間以内に消防隊が火災現場に到着し、放水を開始すれば隣家への延焼を防止できるという根拠を端的に表現した

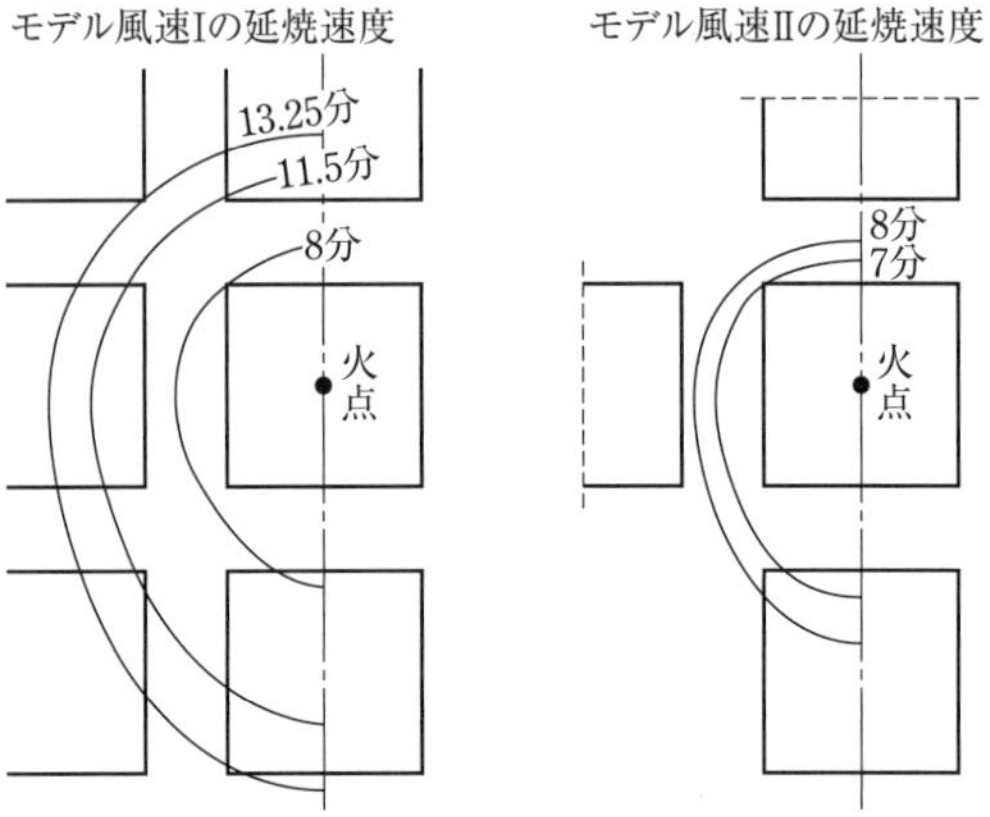

図3・3　「8分消防」の考え方の根拠
消防庁『消防力消防水利の基準解説』(10) より

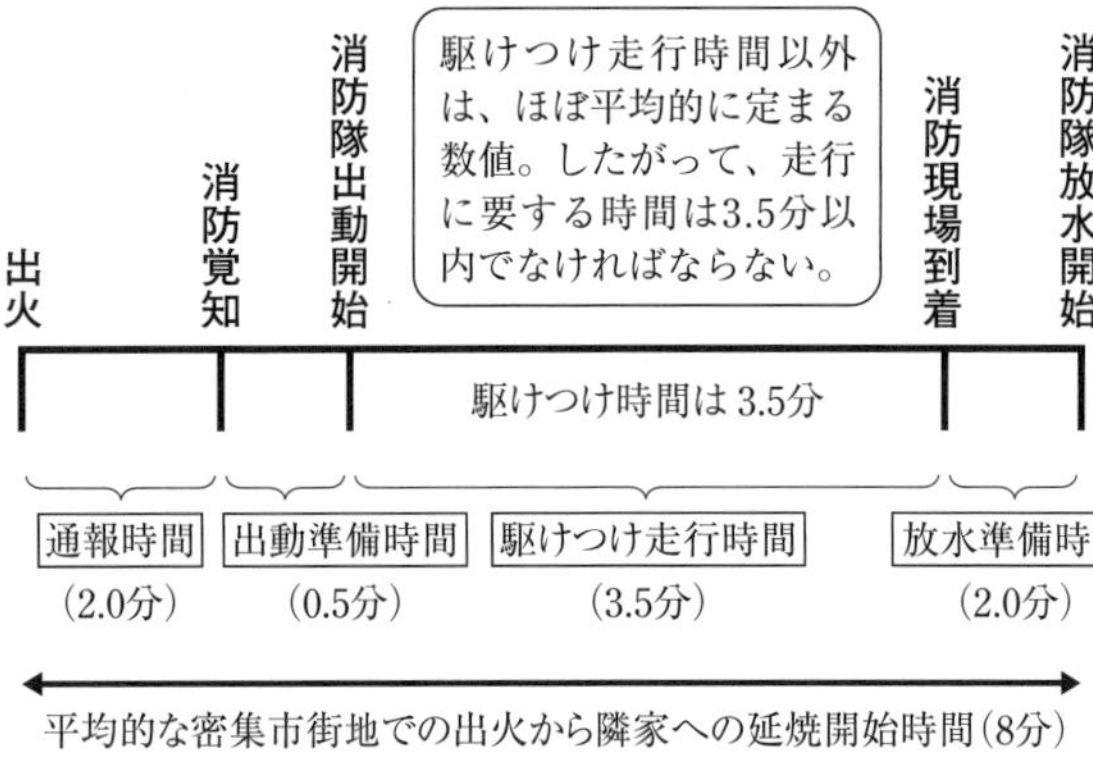

図3・4　「8分消防」の意味
消防庁『消防力消防水利の基準解説』(10) をもとに作成

ものである。図3・3は、これを概念的に示すモデルであるが、消防力基準の解説(10)ではこの図を用いて長らく説明がなされてきた。

「八分消防」は、消防力の配置や整備基準との関係では、具体的にどのような意味をもっているのだろうか。図3・4はこの関係を具体的に説明している。

火災が起きて、初期消火に失敗し、消防に通報する火災はおおむね火が天井に届く規模の程度と考えられる。このときを出火時刻として起算した場合に、国内の平均的な風速条件（図3・3のモデル風速Iの場合）の都市では風下の隣接家屋の外壁に着火する、すなわち隣家に延焼する限界時間がまず八分となる。一方、同じく出火時刻から電話による通報の終了までに要する時間を二・〇分、一一九番受付の消防指令台から最寄りの消防署に出場指令を出して出動開始まで約三〇秒かかると想定する。さらに、火災現場に消防隊が到着してからホースを平均的に六本伸ばすことを前提とした場合、これに二・〇分を要する。すなわち、一一九番通報と出場準備時間を合計した二・五分間にホース延長時間の二・〇分を足して四・五分となる。これを先に述べた隣家への延焼限界時間である八分から差し引くと、消防ポンプ車が火災現場への駆けつけに使える時間は三・五分しかない勘定になる。つまり、密集市街地において消防ポンプ車が八分以内に到着して放水開始をして隣家延焼を防ぐという条件を満たすのは、消防署から消防車が三・五分以内に到達できる範囲となる。

前出の消防力基準の解説[11]では、消防車は緊急走行を前提とした場合でも、通常平均走行速度を時速二四キロメートル（毎分四〇〇メートル）とみなすので、三・五分で到達できる距離は一四〇〇メートルとなる。しかしながら、市街地の街区と道路は矩形状に構成されているので、これをさらに$\sqrt{2}$で割り、消防署から半径約一〇〇〇メートル（九九〇メートル）の範囲を管内区域と定めるとしたものが消防署の配置基準の考え方である。なお、消防ポンプ車の市街地平均走行速度については、現在においてもほぼ同様の数値が用いられている。たとえば平成二四年版の「横浜市消防力の整備指針[12]」では、「道路上の消防ポンプ自動車の走行速度は災害出場時の走行速度の実態調査結果から時速二四キロメートルとする」とされており、自治体の実情によって想定速度に多少の差はあるだろうが、基本的には大きな差異はないものと思われる。

さて、なぜ隣家への延焼を防ぐのが消防署や消防ポンプ車などの消防施設の配置の根拠になるかというと、それは市街地大火の起きる元が隣家類焼だからである。火元の家屋から隣の家に燃え移りさえしなければ、延焼の連鎖が絶たれ市街地大火へと拡大することはないということに外ならない。大変明快な理屈であり、このことが今日に至るまでも変わることのない消防活動の原点であり、かつ要諦である。

このようなきわめて具体的でわかりやすい説明は、実は二〇〇一（平成一三）年の消防力基準の改正までは「消防力基準の解説」に示されていて、大半の消防職員はこの解説を通じて「八分消防」の言葉と意味を理解していた。しかしながら、消防力基準の解説からこのような説明がなくなってから約一五年経つ現在では「八分消防」の意味を知っている消防職員は徐々に減りつつある。

5　平常時の都市大火対策から地震火災対策、ビルの防火対策へ

図3・5は、戦後の主な火災・災害と研究・対策などの変遷を整理したものである(13)。

これをみると、戦後の消防制度が確立した一九四八年から一九六〇年代までの期間は、都市大火の防止とその被害軽減が最大の課題であったことがわかる。一方で、一九六〇年代は、被害地震が頻発し始めた時期であり、都市防災に関わる消防の主要な課題も平常時から地震時の火災へとシフトしていった時期に当たる。とりわけ一九六八年十勝沖地震では石油ストーブからの出火が多発し、大きな問題にな

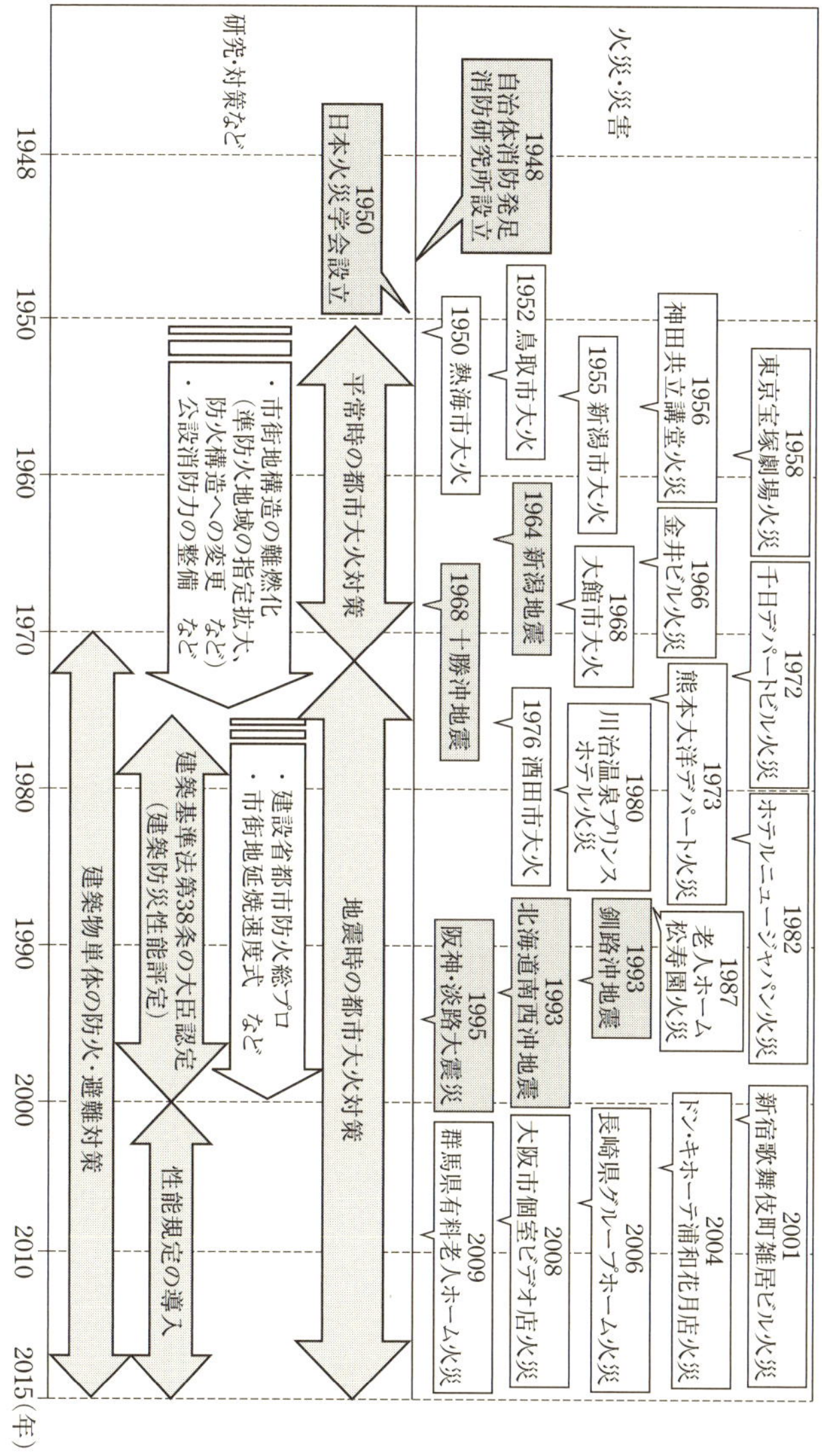

図3・5　主な火災・災害と研究・対策などの変遷

った。また、その四年前に発生した一九六四年新潟地震では石油タンク火災が市街地へと延焼し大火となっている。

また、新潟地震のあと、当時の東大地震研究所長河角広博士が「関東南部地震六九年周期説」[14]（南関東地域における大地震の可能性が六九年プラスマイナス一三年周期というもの）に基づいて首都周辺の防災対策の緊急性を力説したことも、地震時の都市防災対策への関心を大きく喚起し、地震防災対策がにわかにクローズアップされる契機となった。

一九七〇年代以降、国や東京都をはじめとする大都市を中心に地震時の被害想定調査や都市防火対策研究が盛んになったが、それは関東大震災における同時多発火災とその延焼による人的被害が大きく注目されていたからであり、実際に研究の中心は地震による市街地火災や火災からの広域避難対策であった。東京都や大阪府など広範囲に木造密集地域を抱える大都市における地震被害想定調査、あるいは日本建築学会の都市計画部門などでは、この頃、都市防火対策を中心とした調査研究が多数行われ、また研究発表が行われた。とくに、東京都による江東地域防災拠点整備事業の推進や広域避難対策の確立などは、こうした努力が具現化されたものである。しかしながら、一九八〇年以降、一九九五年の阪神・淡路大震災に至るまでは、実際には大きな被害地震が起きなかったことから、地震防災研究はやや下火となっていく。

一方で、一九七〇年代には、日本ビル火災史上最大の死者を出した千日デパートビル火災（一九七二年）や熊本大洋デパート火災（一九七三年）など一〇〇名以上の死者を出す建物火災が相次ぎ、これらに対応して避難や煙流動の建築防火の研究、対策技術の開発、法令改正が盛んに行われるようになった。

一九八〇年代は、建築基準法第三八条に基づく大臣認定のルートを制度化した建築防災性能評定が定着するようになり、この制度を利用した新しい防火技術、超高層ビル、斬新な建築デザインの導入を支援するための防火研究が急速に活性化した時期と重なっている。時代的背景としては、都市防火への関心から、建築物単体の防火へと防火研究の重点がシフトし、日本のみならず国際的にも建築火災安全工学の発展がなされた時期でもある。

一九九〇年代以降は、地震時都市防火と建築防火の二つの課題が防火研究の両輪として推移した時代といえる。一九九三年に釧路沖地震と北海道南西沖地震、一九九四年には米国でノースリッジ地震と、火災被害を伴う大きな地震災害が相次いで発生し、一九九五年には阪神・淡路大震災が発生した。阪神・淡路大震災は、都市大火防止という課題がけっして過去のものではなく、消防にとって、大規模地震時という条件下では現在もなお未解決のきわめて重要な課題であることをあらためて喚起することになった歴史的事件である。

6 大規模地震火災への対応という新たな課題への挑戦

平常時の火災を防ぐための消防力の基準、およびそれに基づく消防力の整備のおかげで、平常時の都市大火に対する懸念は、現在、皆無とはいえないまでも大幅に減少したといってよい。しかしながら、大規模地震時に、もし消防力を上回る同時多発火災が発生すれば果たして現在の消防体制で火災被害を抑えることができるのだろうか。

多くの市町村消防本部では、大規模震災時の同時多発火災に備えて、平常時の消防力運用とは異なる震災時の消防計画[15]をたてているが、それはたとえば一カ所の火災現場には必要最小限の消防部隊しか出場させないなど、通常の消防力運用とは出場部隊編成を変えるものであって、必ずしも十分な体制を保障しているものではない。

実際に、国が示す現在の消防力の基準（二〇〇〇年以降「消防力の整備指針」（平成一二年消防庁告示第一号）と名称変更）には、地震時の同時多発火災を想定しての延焼防止などに足る消防力整備の基準や指針は示されていない。要するに、現時点では、震災時における同時多発火災に対する消防力運用の方法や消防力整備の目標に関しての技術的な基準はまだ確立していない。

一方で現実の問題として、地震時の火災に対する消防機関による延焼防止活動の成否を左右するのは、地震直後における同時多発火災発生件数と、これに対する消防署管内における初動時の消防活動能力、すなわちすぐに出動できる消防ポンプ車数とのバランスである。問題は、そのバランスが消防力劣勢に傾き始めるのはどのような条件かということである。

平常時には、同じ地域で同時に火災が多発することは連続放火以外にはきわめてまれであり、通常は第一出場でも火災に対して多数の消防車が駆けつけて、圧倒的優勢の消防力により火災初期のうちに消火することが可能である。しかし、大規模地震時に、消防本部の有する消防車数を上回る火災件数が同時に発生すると、当然すべての火災に対応できないために消防力が劣勢となり、一部の火災は否応なしに延焼してしまう。このような事態が、実際に、一九九五年の阪神・淡路大震災時の神戸市で発生した。

表3・1は、西宮市、芦屋市、神戸市において、地震発生当日の一月一七日午前七時までに発生した

建物火災状況とこれらに対する初動時の消防活動条件をまとめたものである[16]。

神戸市では朝七時までに、地震直後に出動可能であった四〇の消防ポンプ車隊数を上回る六三件の同時多発火災が発生していた。これをさらに区別にみれば、垂水、北、西の三区は少なくとも火災に関し

表3・1　西宮市、芦屋市、神戸市における初動時の火災発生状況と消防

市　区	管轄域内世帯数	全焼損棟数	火災1件当たり平均焼損棟数	17日7：00までに出火した建物火災* 出火件数	1000 m² 以上焼損の件数、割合（%）	1棟火災（　）内はRC	地震直後に出動したポンプ車数（可能だった隊数）	消火栓使用の可否状況	防火水槽の数（公+私）
西宮市	163,785	90	2.4	16	2（13%）	7（3）	21**	使用不能	927
芦屋市	33,906	23	1.8	7	0（0%）	5（4）	8**	使用不能	60
神戸市	581,700	7,326	53.5	63	37（59%）	18（15）	40	ほぼ使用不能	1,303
東灘	77,000	367	16.0	9	4（44%）	3（3）	5	最長2時間	38
灘	55,000	559	29.4	13	7（54%）	2（2）	4	使用不能	100
中央	56,000	107	4.1	9	2（22%）	6（5）	5	一部可能	147
兵庫	53,000	1,038	45.1	11	6（55%）	3（2）	5	使用不能	104
長田	53,000	4,814	218.8	13	11（85%）	2（1）	5	使用不能	93
須磨	66,000	432	27.0	7	4（57%）	1（1）	4	使用不能	129
垂水	87,000	6	1.0	0	0（0%）	0（0）	4	使用不能	77
北	71,000	2	2.0	0	0（0%）	0（0）	5	——	259
西	63,700	1	1.0	1	0（0%）	1（1）	3	使用不能	356

*ぼや火災で事後に消防機関に報告されたものを除く（1995年11月現在のデータ）。
**消防団のポンプ車を含む。

ては大きな被害はほとんどなく、地震直後の署別運用の時点では余裕があったとみてよい。これらの三区を除いて考えると、同時多発火災六二件に対して出動可能なポンプ車隊数は、火災件数をはるかに下回る二八隊しかなかったことになる。つまり、一件の火災に対して消防隊一隊が出動するという計算でも単純な計算として、三四件の火災にはすぐには対応できなかったのである。

とくに、灘区や長田区では火災約三件に消防車一台の割合であり、このような状況下では仮に消防水利が確保できたとしても、すべての火災を早期に鎮圧することはきわめて困難である。一方、西宮市および芦屋市の場合は、消防団の消防ポンプ車も含めた数ではあるが、火災一件当たり一台以上の消防ポンプ車があった。このことが、出火率がけっして低くなかったにもかかわらず大規模延焼火災が少なかった理由の一つである。

阪神・淡路大震災の神戸市で実際に起きたように、大規模地震時に現有の消防力を上回る同時多発火災が発生した場合、初期段階で消火できなかった火災が市街地延焼火災となって成長拡大していくことは、今後も起こり得る事態である。いったん、市街地火災として成長した火災は消防力だけではなかなか延焼阻止することは難しく、市街地延焼火災の局限化のためには、本来は道路の拡幅や沿道の不燃化による延焼遮断帯の構築や、木造建物密集市街地の再整備という都市防火的な根本的対策を進めることが必要である。

もちろん、その一方で、明日起きるかもしれない都市直下地震や南海トラフ地震に備えて、少しでも火災リスクを軽減するための身近にできる対策も進めることが必要である。たとえば、さまざまな耐震装置付き機器の使用、マイコンメータや感震ブレーカなどの設置による出火防止の努力、消火器や消火水の備え、住宅の耐震化、家具転倒防止などは各家庭でも行える効果的な防災対策である。また、地域では、消防団、自主防災組織などの活性化、地震時にも使える消防水利の確保と住民が使える可搬式ポンプやスタンドパイプのような消火器具の整備と習熟なども地域防災力向上にとっては重要である。

しかしながら、以上に述べたような対策は、いわゆる消防の技術や設備、装備などの範疇を超えた内容のものといえる。現状では、大規模地震時の火災に対応するには、公設消防力の整備に頼るだけではなく、都市の不燃化推進のような中長期的対策（公助）、地域の自主防災組織の育成（共助）、そして、各家庭で行える出火防止や初期消火の努力（自助）をあわせて多角的に進めていくことが求められている。

（1）鈴木淳『町火消たちの近代——東京の消防史』吉川弘文館、一九九九年。
（2）George W. Angell『日本の消防』日光書院、一九五〇年。
（3）財団法人日本消防協会『日本消防百年史（第三巻）』全国加除法令出版、一九七四年。
（4）Angell、前掲書。
（5）小林恭一「消防行政半世紀の歩みを振り返って（その1）」『火災』二三四号、第四八巻第三号、一九九八年、二頁。
（6）堀内三郎『私の八十年の記録』井上デザイン事務所、一九九六年。
（7）浜田稔「火災の延焼速度について」『火災の研究Ⅰ』損害保険料率算定会、一九五一年、三五—四四頁。
（8）堀内三郎「都市消防力の決定方法に関する研究」『日本火災学会論文集』第九巻第二号、一九六〇年。
（9）朝日新聞社『週刊朝日百科　日本の歴史　12　現代122号・敗戦と原爆投下』一九八八年。

(10) 消防庁『消防力消防水利の基準解説』近代消防社、一九八〇年。
(11) 同書。
(12) 横浜市消防局「横浜市消防力の整備指針」二〇一二年。
(13) 関澤愛「火災学会との関わり35年を振り返る」『火災』三〇九号、第六〇巻第六号、二〇一〇年、一九頁。
(14) 浜田稔『東京大震火災への対応——主として現状および将来の避難計画』日本損害保険協会、一九七四年。
(15) 神戸市消防局「震災消防計画」一九九九年。
(16) 関澤愛「阪神・淡路大震災による市街地火災と喚起された課題——大規模地震によって惹き起こされる市街地火災の危険を忘れるな」『建築防災』通巻四四三号、二〇一四年、四頁。

第4章　日本とオランダの治水計画
——確率論と基本高水

河川に普段より多くの水が流れることを洪水と呼び、洪水が河川からあふれて氾濫し、人家や田畑が水浸しになると水害を生じる。日常会話では「洪水」「氾濫」「水害」は区別なく用いられるが、河川の専門家はこの三つを区別する。洪水が川からあふれない限り水害を生じることはないとすると、河川が流すことのできる洪水の量が河川の安全性を決めることになる。河川が安全に流せる洪水の量を決定する第一の要素は河川の幅と川の深さ、そして堤防の高さであるが、これらは古い時代には慣習的に決まっていたと考えられる。

ヨーロッパでは一七世紀ごろから「与えられた河道断面を一定時間に通過する水の体積」あるいは「平均流速×河道断面積」として定義される流量の概念が河川管理に導入され、対象とされる流量に基づいて河道の断面積を決定し、河川改修の計画を立てるという手続きが一八世紀末から一九世紀初頭にかけて確立された。日本でも明治初年にはヨハネス・デ・レーケやコルネリス・ファン・ドールンらオランダ人技師によって淀川の毛馬と利根川の境町に量水標が設置され、近代的な河川管理の手法が導入された。

それではどの程度の洪水量を流せれば河川は安全といえるのだろうか? 今日では、「基本高水」という概念が河川の治水計画を立てる際の基準として中心的な役割を果たしている。これは対象河川が治水ダムや放水路の助けを借りつつ安全に流すべき洪水の流量を示したもので、河川の重要度に応じて定められた降雨量の年超過確率に基づいて決められている。たとえばA級河川である利根川の場合、二〇〇年に一度の確率で起こる大雨が対象となっており、それに応じて毎秒二万二〇〇〇立方メートルという基本高水が設定されている。

このように基本高水というのは本質的に確率論に根差した概念だが、これが日本の河川行政に導入されるのは一般には戦後のことで、それ以前は既往最大流量(それまでにその川で観測された最大の洪水)を計画の基準としていた。基本高水の導入は、当初は戦後の逼迫した財政事情のもと、費用便益分析によって河川事業の社会的コストを合理化する必要性から行われたものであったが、所得倍増計画のころから日本全国を対象とするマクロ経済的な視点が導入され、確率主義は、国家財政のマクロ経済的考量のもとに確立されることとなった。

一方、デ・レーケらの故郷であるオランダでも、ほぼ同時期に確率論が河川計画に導入されていた。そのきっかけとなったのは一九五三年の冬に北海沿岸を襲って大きな被害をもたらした高潮である。それまではオランダでも日本と同様に既往最大流量ないし高水位が治水における安全基準の出発点とされていたが、この水害をきっかけに策定されたデルタ・プランでは従来のやり方が見直され、確率論に基づく基本高水（Maatgevende hoogwaterafvoer: MHW）が導入された。
以下本章では、確率に基づく治水の安全基準（治水安全度）導入の経緯について、日本とオランダの事例を比較してみたい。

一　日本の確率論導入と基本高水

中村晋一郎

1　基本高水とは何か

日本の治水事業では、計画の際に「基本高水」と呼ばれる目標の流量（m^3/s）が設定されている。基本高水は、河川法施行令において「洪水防御に関する計画の基本となる洪水」と定義され、全国の河川で設定が義務づけられている。また基本高水の設定には、年超過確率で表される計画規模に相当する降雨を推定し洪水流出モデルによって流量へと変換するという一連の科学的手法が用いられている。

計画規模とは計画対象地域の洪水に対する安全度の度合いを表す指標であり、流域の大きさ、地域の社会的経済的な重要性、想定される被害の量と質、過去の災害の履歴などを考慮して、全国の河川を重要度に応じてA級からE級の五段階に区分し、それぞれの区分に応じた降雨の年超過確率が設定されている[1]。たとえば、利根川や淀川、木曽川の下流部などの重要区間はA級で計画規模二〇〇年、その他の一級河川の主要区間については B 級で概ね一〇〇年から一五〇年が設定されている。このような年超過確率で表される計画規模に基づいて基本高水を設定する考え方を「確率主義」と呼ぶ。

一方、世界に目をやると、たとえばオランダやフィリピンは日本と同じ確率主義によって基本高水を設定しているが、オランダは計画規模を設定する際に流量を、日本やフィリピンは降雨量を基礎データとして用いており、その計画規模もフィリピンの二五年からオランダの一二五〇年まで国によってさまざまである。さらにアメリカや中国では、日本やオランダ、またはフィリピンと異なり、過去に起こった最大の洪水流量を基本高水として設定する「既往最大主義」がとられている。このように、基本高水の設定手法や基礎とするデータ、そしてその規模は国ごとに異なる。

ではなぜ日本では、確率主義によって基本高水を設定しているのだろうか？　本節では、この問いに答えるために日本の確率主義が構築されるまでの経緯について述べる。日本の基本高水の歴史は大きく二つに分けられる。それは既往最大主義の時代と確率主義の時代である。実は日本でも、アメリカや中国のように既往最大主義によって基本高水を設定していた時代があった。以下では、既往最大主義の時代の計画対象流量の設定手法を概観した上で、終戦直後を中心に日本の確率主義構築の過程を追う。

2　既往最大主義の時代

一八六八年、明治維新が成立し明治新政府が樹立されたことを契機に、日本では河川改修にかかわる体制の構築が始まった。一八七〇年に「治水策要領」が示され、この中で計画対象流量の設定に不可欠な量水標（水位計）の設置と測量の実施が指示された。そして一八七二年にはオランダ人技術者が来日し、利根川、淀川を中心に河川調査が開始された(2)。この調査を踏まえて、一八七三年にファン・ドールンによって河川改修に関する指南書である『治水総論』(3)が発刊された。この中で計画対象流量の算出に必要な流量の推定方法が示された。

明治初期の河川事業はもっぱら低水事業が中心であった。一八七三年八月、大蔵省通達により「河港道路修築規則」が制定され、一三の直轄河川で低水事業が開始された。しかし、地方からは洪水対策への要望も多く、大井川、木曽川、信濃川などの河川では単独事業として低水計画に合わせて高水工事も実施された。そして地方からの要請の盛り上がりを契機として、一八九六年には日本最初の河川法が制定され、河川政策は高水事業へと舵が取られた(4)。その後、一九一〇年には日本最初の治水長期計画である「第一次治水計画」が策定された。河川法制定から第一次治水計画までに直轄事業として高水事業が着手された河川は、淀川、筑後川、利根川、庄川、九頭竜川、遠賀川、信濃川、吉野川、高梁川、そして河川法制定以前に高水事業に着手していた木曽川の一〇河川である(5)。これらの計画立案は、主にデ・レーケらお雇い外国人の手によって行われていたが、明治後期になると沖野忠雄を中心とした日本人技術者がその役割を担った。この頃にはすでに近代治水計画の立案に耐えうる河川・水文技術が日本人技術者へと浸透していたことがうかがえる。

この当時の基本高水は計画対象流量、計画高水流量と呼ばれ（以下では計画対象流量と呼ぶ）、すべて過去に起こった洪水の流量をもとに設定されていた。たとえば木曽川では、一八八五年の洪水をもとに表面流速の観測を行い、得られた表面流速から鉛直流速分布公式を用いて平均流量を算出、あわせて水位、川幅の実測データから流量を推定するという方法が採られた。他河川についても、おおよそ木曽川と同様の手法に基づき実績流量が算定されたと考えてよい(6)。

計画対象流量の設定に用いられた洪水は、利根川を除くすべての河川で既往最大洪水が用いられた。しかし、この既往最大洪水の流量を得るには大変苦労したようで、たとえば沖野が策定した淀川では、「高水流量ニ付キテハ未ダ曾テ実測ヲ試ミタリコト無キカ如シ。依テ去24年中諸所ニ洪水量水標ヲ建設シ以テ水面ノ勾配ヲ観測シ、又臨機人ヲ派シテ流速ヲモ実測セシメン為メ其準備ヲ為シタレ共、25・6両年間ハ各別ノ出水ナクシテ止ミ、爾来今日ニ至リ未タ実測ニ好機会ヲ得ス(7)」と、観測に備えて準備をしていたもののその機会に恵まれず、水面勾配のデータが存在した一八八五年および一八八九年の洪水から流量を算定した。同じく沖野がかかわった吉野川においても、「本川ニ対スル流量実測ハ卅三年八月ノモノヲ以テ最大トシ本川ノ所謂最大洪水ナルモノニ対シテハ未ダ実測ニ及ブノ機ニ接セス(8)」と、最大流量での計画対象流量設定を断念し一九〇二年洪水の水面勾配より推定を行っている。

観測体制が整っていなかった当時において、既往最大流量とみられる洪水が近年存在していても流量の観測値がないため、直近の観測が実施された洪水をしばしば計画対象流量として採用していたことがわかる。そのため、当時の計画対象流量の年超過確率は、遠賀川の七五分の一～一〇〇分の一から、利根川の二分の一までばらつき、その計画規模は河川によって大きく異なっていた(9)。観測期間および体制の不備による観測データの制約が当時の計画対象流量に大きく影響していたことがわかる。

以上のような既往最大洪水を計画対象流量として用いる既往最大主義は、当時の全国の治水計画でも一般的に用いられていた。しかし、第二次世界大戦を経た一九四〇年代後半になり、その考え方は大きな転換を余儀なくされることになる。

3　治水計画への確率の導入の試み

基本高水を設定する際に用いられている流出解析学や水文統計学などの学問は水文学《すいもんがく》と呼ばれる。日本で最初に水文学を体系的に論じたのは、当時京都大学教授であった石原藤次郎と同研究員の岩井重久であった。石原らは一九四六年に発表した論文の中で「敗戦の冷厳な事実に直面し、茫然自失一時は為す所を知らなかった我々は、速やかに旧套を脱し一刻も早く国土復興の再出発をなさねばならぬ」と、日本における水文学の確立の必要性を説いた[10]。

石原らがとくにその重要性を強調したのが降雨や水位または流量などの水文量を統計的に扱う学問、「水文統計学」であった。水文統計学は二〇世紀前半からアメリカ、ドイツ、フランス、ロシアといった欧米諸国において研究が進んでいた。戦前の日本でも洪水現象を確率的に扱う試みはみられるものの[11]、石原ら曰く「単に数字を羅列する如き集計的に過ぎたり、又無暗に統計公式を用い勝ち」であった。この状況に対して石原らは、海外での進捗を紹介しつつ「水文統計学としての独自の研究法」の構築を目指した[12]。

そして一九四七年には、岩井が日本独自の水文統計手法である岩井法の開発に成功する。一九四九年に発表した論文では、海外のいくつかの統計手法と岩井法を、利根川における過去二五年間の流量記録に適用し、年超過確率に基づく洪水流量の評価を行った。そして、当時の計画対象流量が「漠然たる安全率」や日本への適合性があやしい経験式から設定されており、利根川などの重要な河川が他河川と比べて低い年超過確率しか有していない状況を指摘した[13]。

さらに岩井は、それまでの既往最大主義に基づく方法を「古老の記憶や洪水の痕跡などと大胆な安全率」などから設定される「信頼のおけないもの」であるとし、「計画高水流量を合理的に決定することは治水計画の根本をなすものである」と考えた[14]。そして岩井は次のように続ける。

この方法（筆者注：水文統計）によれば、治水工事の工費と利息支梯の関係を一旦破壊氾濫した時の受災額とにらみ合わせつつ、河川の重要度に応じた妥当な超過確率を推定し、それに対応する洪水量を用いることによつて、従来の漠たる安全率の考えから解放された信頼すべき治水計画が樹立されるはずである[15]。

そして、

この確率洪水理論によれば、個々の河川についても災害時の被害額を見積り治水工事費とその利息及維持管理費とをにらみ合せつつ、最も妥当な超過確率を決定し、それに対応する確率洪水流量を計画高水流量として最も経済的な治水計画を樹立することが出来る[16]。

治水事業費と受災額の比較、つまり費用対効果に基づいた「経済的な治水計画」の樹立こそが、岩井が水文統計学研究に邁進した理由であった。

岩井によって日本へと導入された水文統計学はすぐさま、実用に向けた応用研究へとつながる。中でも、実用に向けて真っ先に動いたのが、石原の直弟子であり当時建設省千代川河川事務所長であった中安米蔵であった。中安は石原の指導のもと水文統計学を千代川へと適用し、既往最大主義に代わる新たな計画対象流量の設定方法と治水理論の構築を目指した。一九五〇年にはこの成果をまとめた博士論文を京都大学に提出し、この中で経済的指標に基づく年超過確率を用いた計画対象流量の設定手法を提案した。

中安は治水計画に「単純な技術的理想論は許されない」とし、岩井と同じく「今後の治水計画の基本方針は現実的、且つ科学的」であり「経済的諸関係の調査の上に立たなければならない」と考えた。その上で、既往最大主義に対抗する合理的な設定手法を構築するために「計画洪水流量は計画せんとする構造物の強度や其れが有する重要性の程度と調和しなければならない。又其が一国の経済力とも合せ考えられねばならない」との課題を提起した。[17] 経済的合理性という基本思想は岩井から引き継ぎつつ、現場に直面する技術者としてのより一層の危機感を読み取ることができる。中安はこの課題に対して、ある年超過確率をもった流量（氾濫域）を防御することによって得られる利益の年平均値（期待値）である「防災利益率」を考案し、経済的根拠に基づいた治水事業の優先順位を決定する手法の構築に成功した。

石原や岩井、そして米田らが抱いていた使命とは、治水計画、そして計画対象流量への経済合理性の追求であったといえよう。ではなぜ彼らはこの当時、計画対象流量に経済的合理性を追求する必要があったのか。そこには当時の時代背景が密接に関係する。

4　治水計画への確率導入の背景

一九四五年八月一五日、日本は終戦を迎え、連合国最高司令官総司令部（以下、ＧＨＱ）の統治下に置かれた。ＧＨＱは労働改革、財閥の解体、農地改革といった経済民主化政策を強力に推し進め、この中で厳しい経済統制を敷いた。公共事業も例外ではなく、一九四六年五月二二日の「一般会計に公共事業費を一括六〇億円計上し、これによって一〇〇万乃至一二五万人の失業者を吸収し得るようにせよ」との指令に始まり、同年には「公共事業計画原則」が提示された。一九四六年九月には「公共事業処理要綱」が閣議決定され、「経済安定本部は国費に依り行わるる一切の公共事業の計画及び一般的監督の責に任ずる」[18]ことになった。この一連のＧＨＱによる公共事業政策によって、すべての事業は厳しい監視下に置かれ、予算申請には事業の「合理性・経済性」が追求された。

一方、終戦直後には、枕崎台風、カスリーン台風、アイオン台風といった多くの歴史的大型台風が日本に上陸し、全国の河川で大水害が発生した。戦後一〇年間の水害による死者・行方不明者数は一万二四五六名にも上り、終戦から現在までの水害による死者・行方不明者数全体の約四割がこの時期に集中している。この時期は日本河川史においてきわめて特殊な時代として記憶されている。この相次ぐ大水害の発生により、災害復旧費が治水事業に関する予算の大部分を占めるようになってしまった。たとえば、カスリーン台風後の一九四八年には災害復旧費の治山治水対策費に占める割合が七〇パーセントを超え、戦後の厳しい国家予算から捻出された二一億円程度の直轄河川事業費が七八の河川にばらまかれるという事態であった。毎年のように発生する大水害を前に、長期的な計画に基づいた事業の推進が不可能となり、治水事業は水害に対して後追い状態となった。

さらに終戦直後の計画対象流量は既往最大主義に基づき設定されていたわけだが、一連の大型台風によって、利根川、荒川、北上川などの日本の主要河川を含む全国の河川で既往最大洪水が軒並み更新された。既往最大主義に従い、全国の河川で一斉に計画対象流量を引き上げるのは、当時の予算規模からして不可能であることは明らかであった。

5 確率主義の誕生

終戦直後の厳しい予算状況とＧＨＱによる統制、そして相次ぐ既往最大洪水と大水害の発生を前に、治水の現場では既往最大主義に代わる計画対象流量の設定手法の構築、つまり経済的合理性に基づいた治水計画の構築が焦眉の課題となった。

一九四八年に建設大臣へと答申された「水害防止の根本対策」では「（筆者注：事業を実施する）河川の選定に当たっては経済的効果主義を遵守し、治水委員会の如き諮問機関に諮り決定すること」として「経済的効果主義」の重要性が強調された。[19] さらに一九五三年に開催された「治水治山対策協議会」では建設省技術者と学識者間で計画対象流量について具体的な議論が繰り広げられた。学識者からは「国土を徹底的に保全すると云う事は不可能である。例えば最大可能洪水量と云うようなものは我国では土地利用上からも不可能である。経済的な考慮が必要であろう」と既往最大主義の限界が指摘され、これに対して建設省は「全部について確率計算を採用するとは考えていないがそう云う方向に持っていきたいと思っている。実績流量では一般に不合理なアンバランスが来るものがある、確率計画洪水流量も実績とのからみで見てゆきたいと思っている」と新たな治水計画論と確率主義の構築に向けた見解が示された[20]。

これは河川行政内の組織改革にも反映される。戦前の河川行政の中心は内務省であった。一九四七年に「内務省の機構に関する勅令等を廃止する法律」が公布されるとともに内務省が解体され、建設院を経て一九四八年に建設省が誕生し、河川行政を担当する河川局が設置された。そして昭和二八年四月には、河川局内に河川計画の立案と調整を担当する計画課が設置された[21]。そして計画課が最初に手掛けた重要課題の一つが、全国の河川技術の制度化を目指した「河川砂防技術基準」の策定であり、この中での確率主義の構築であった。昭和三三年に公刊された『河川砂防技術基準』では、これまでの既往最大主義に合わせて「河川の重要度」と「経済効果」という二つの経済指標が基本高水の設定手法へと導入され[22]、日本の確率主義が誕生した。

6　新たな転換期の到来

以上の通り、明治期に既往最大主義によって設定されていた計画対象流量は、第二次世界大戦後の逼迫した経済状況とGHQによる厳しい公共事業統制、そして全国での大洪水の多発という、社会経済、自然環境の両面の要請からその転換が求められた。この状況に危機感をもった研究者は、経済性を考慮した治水計画を構築するとの明確な目標の下、海外から水文統計学を導入し、それはすぐさま現場技術者によって実用に向けた研究へとつながった。そして被害量と水文量の年超過確率を結び付ける新たな設定手法が構築された。一方、行政においては河川計画の立案と調整を担当する計画課が建設省河川局内に設置され、同課を中心に河川砂防技術基準が策定され、この基準において確率主義が誕生した。

確率主義は、当時の骨格をほぼそのままに現在へと引き継がれている。だが、当初、八〇年から一〇〇年だった計画規模は、高度成長期を経て上方修正が繰り返された。一九七〇年代以降は、一級河川で二〇〇年から一〇〇年という計画規模に基づいて基本高水が設定されている。しかしその整備達成率は低く、かつ今後人口減少・少子高齢化による公共事業費の減少が見込まれる現在、一部の住民や学識者からは実現不可能な基本高水は見直すべきとの声も出ている。一方、近年研究が進む気候変動の分野においては、今後の日本の雨の降り方が変わると予測されている。基本高水は、戦後と同様、社会経済、自然環境の両面の要因によって、再び大きな転換期を迎えている。今後あるべき基本高水とはどのようなものなのか、今まさに議論が進んでいる。

(1) 国土交通省河川局監修、社団法人日本河川協会編『国土交通省　河川砂防技術基準　同解説』山海堂、二〇〇五年。

(2) 武井篤「わが国における治水の技術と制度の関連に関する研究」、京都大学博士論文、2-31-2-54頁、一九六一年。
(3) ファン・ドールン『治水総論』一八七三年。
(4) 西川喬『治水長期計画の歴史』財団法人水利科学研究所、一九六九年、一二—一七頁。
(5) 同書、一九頁。
(6) 中村晋一郎・沖大幹「明治期における既往最大主義の新解釈」『土木史研究、講演集』第三四巻、二〇一四年、五七—六二頁。
(7) 淀川百年史編集委員会『淀川百年史』建設省近畿地方建設局、一九七四年、三五〇頁。
(8) 建設省四国地方建設局徳島工事事務所『吉野川百年史』建設省四国地方建設局徳島工事事務所、一九九三年、三三六頁。
(9) 中村・沖、前掲論文。
(10) 石原藤次郎・岩井重久「水文学・水文図学・水文統計学」『土木技術』第一巻第四号、一九四六年、一〇—一六頁。
(11) 一九四二(昭和一七)年には内務省技師富永正義が「数十年に一回起る程度の洪水」といった頻度によって洪水の分類を行っており、同じく内務省技師であった福田秀夫も、著書の中で他の計画対象流量の設定手法と比較しつつ、矢作川の過去二五年の水位と流量値から当該洪水の超過確率を算定している。
(12) 石原・岩井、前掲論文。
(13) 岩井重久「確率洪水推定法とその本邦河川への適用」『統計数理研究』第二巻第三号、一九四九年、二一—三六頁。
(14) 同論文、二一頁。
(15) 同論文、二二頁。
(16) 同論文、三四頁。
(17) 中安米蔵『治水計画における洪水流量について——千代川を中心として』建設省中国地方建設局鳥取工事

事務所、一九七二年。
(18) 鹿野義夫編『公共事業――戦後の予算と事業の全貌』港出版合作社、一九五五年、七頁。
(19)「戦後における水関係公共事業」『水経済年報　一九五四年度版』一九五五年、一五一頁。
(20)「治水治山対策協議会」『河川』一九五三年、三〇―三四頁。
(21) 建設省河川局河川計画課編『日本の河川像を求めて――河川計画課30年の歩み』山海堂、一九八三年。
(22) 建設省『河川砂防技術基準』日本河川協会、一九五八年。

二　デルタ・プラン以降のオランダ――社会費用便益分析と許容リスク

中澤聡

確率とリスクの概念に基づく安全基準がオランダの治水行政に導入される過程には大きく二つの転機があったと考えられる。一つは二〇世紀半ばに始まったデルタ・プランで治水計画に確率論と計量経済的分析が導入された時期、もう一つは許容リスクの概念が採り入れられた二〇世紀末から現在までに至る期間である。以下ではこの二つの時期に焦点を当ててその過程を検討していきたい(1)。

1　デルタ・プラン

オランダにはドイツからライン川、フランスからマース川が流れ込み、南西部でデルタを形成し北海に注いでいる。デルタ・プランとはこのデルタ地帯の河口を締め切るという巨大国家プロジェクトであ

図４・１　東スヘルデ河口堰（1986年竣工）
出典：https://beeldbank.rws.nl, Rijkswaterstaat/Rens Jacobs

る（図４・１）が、これが実現する直接のきっかけは一九五三年に起こった大水害であった。

この年の冬、北海では低気圧と大潮が重なって異常な高潮が引き起こされ、オランダ沿岸、とりわけ南西部で海岸堤防が次々に決壊し、甚大な被害をもたらした。破堤氾濫の結果、冠水面積一五万ヘクタール以上、死者一八三五名の被害を出し、経済損失は直接的な被害によるものだけでも当時の物価で一五から二〇億ギルダーと見積もられた(2)。

洪水から三週間後オランダ政府は将来起こりうる同様の災害への対策を検討させるため学識経験者による委員会（デルタ委員会）を立ち上げた。委員会は一週間後に暫定計画を提出し、堤防が必要な海岸線を短縮するため、北海に面した感潮河口域を、一部を除き、すべて締め切ることを勧告した(3)。同時にこの計画で新たに建造される治水施設の安全基準策定においては、従来の既往最大の流量ないし高水位に代わる、より科学的な方法論

をとる方針が決定された。(4)

そのためまず起こりうる高潮の水位についての検討が行われた。一九五三年の高潮では基準観測地点で標準アムステルダム海水面（NAP）(5)＋三・八五メートルの最高潮位が観測されたが、このうち〇・八一メートルは大潮によるもので、残りの三・〇四メートルは低気圧によるものと見積もられた。潮位表によると冬期に発生しうる大潮は最高潮位一・二五メートルであり、一方低気圧による吸い上げは高潮全体より前にピークに達していて、その高さは三・二五メートルであった。したがって大潮と低気圧の可能なピークの合計は四・五メートルとなり、これに五〇センチメートルの余裕をとってNAP＋五メートルが基準水位のたたき台とされた。(6)

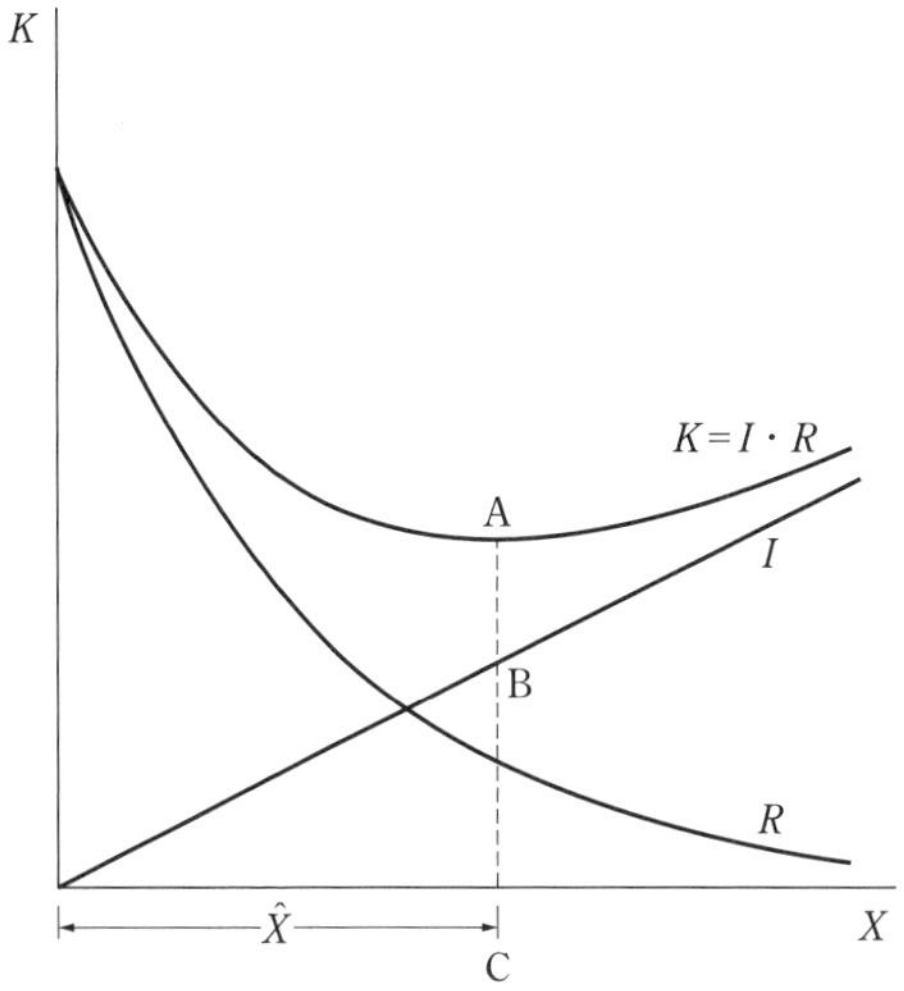

図4・2 *X* メートルの嵩上げに対する総コスト *K* のグラフ
出典：*Rapport Deltacommissie, Bijdrage* II(7), p. 75.

続いて、このたたき台の基準水位を超える高潮が発生しうるかどうか、その場合その確率はどの程度かが検討された。その結果、NAP＋五メートルを超える高潮が発生しないと断言できる科学的な根拠は存在せず、その年超過確率は一万分の一と推定された。

さらにこの安全基準の妥当性を検討するため、施設の建設コストと、水害によって生じうる損害のコストとを比較する計量経済学的分析が行われた。この分析において、適切な治水安全度の決定は、堤防の嵩上げ高をX、嵩上げ費用の合計額をI（X）、将来にわたる水害損失に支払われる保険金額の現在価値をR（X）としたとき、IとRの合計Kを最小にするようなXの極値（C）を見いだす問題として定式化された（図4・2）。一九五六年時点での氾濫区域内資産のデータを用いた分析の結果、北海沿岸の中核地域に対する最適の安全度は一二万五〇〇〇分の一と算定された。[7]

しかしこの数値は以下の理由からそのまま実際の基準として使用するには不適当であると考えられた。第一に、計量経済的分析で用いられた仮定にはさまざまな不確実性が含まれており、それらを考慮すると、算定された確率は低すぎる恐れがあると考えられた。

第二に、この数値が表しているのは治水施設の決壊とそれにともなう氾濫の確率であるが、実際の決壊確率を正確に見積もることは難しいと考えられた。そのため当時は治水安全度を基準水位の年超過確率で表す手法が採用された。この手法では、基準水位に対して一定の余裕高を有し、構造的な要請事項を満たす治水施設は、基準水位の水の圧力および波の衝撃に安全に耐えることができるものと仮定された。

以上の検討を踏まえ、中核地域に対する治水安全度としては、結局NAP＋五メートルという基準水位の年超過確率一万分の一が採用された。最適値との間にある一桁のオーダーの違いは堤防の余裕高、あるいは超過確率と氾濫確率の違いとして説明されることとなった。[8] 一方、沿岸部でも経済的重要度が比較的低い地域に対しては、年超過確率四〇〇〇分の一が採用された。

2　河川の治水安全度

一九五六年以降は海岸堤防だけでなく河川堤防も強化されることになった。新たな基準としてライン川については年超過確率三〇〇〇分の一という指針が示され、これに基づいてライン川がオランダに入る地点での計画流量毎秒一万八〇〇〇立方メートルが採用された[9]。

しかし工事の進捗につれ、新基準に従って拡幅、嵩上げされた堤防は伝統的な景観を損なうとみなされ不評を買うようになった。一九七〇年代になると反対運動の嵐が吹き荒れ、工事は遅々として進まなくなった[10]。

この問題を検討するため、運輸水政大臣は一九七五年河川堤防委員会（ベヒト委員会）を立ち上げた。同委員会は一九七七年に報告書を提出し、基準水位の年超過確率を一二五〇分の一に引き下げるという妥協案を提出した。これを受けてライン川の計画流量は毎秒一万六五〇〇立方メートルに下方修正された。しかしこの勧告は反対派から十分な支持を得ることができず、国が河川堤防のため十分な予算を割けなくなったこともあり、河川改修事業はその後も停滞した[11]。

このため運輸水政大臣は一九九二年に「河川堤防強化に関する前提検討委員会」（ブルティン委員会）を立ち上げた。同委員会はデルフトの水流学実験所と米国のランド・コーポレーションに調査研究を委託し、両機関は翌年報告書を提出した。同報告書は一二五〇分の一の治水安全度は保持する一方、これに対応する計画流量については毎秒一万五〇〇〇立方メートルに下方修正することを推奨した[12]。この治水安全度は九〇年代にオランダの河川を襲った二回の洪水の結果、河川改修のための法的基礎として採用されることになる。

3　九〇年代の洪水

一九九三年と九五年にライン・マース両河川では記録的な高水位が観測された。一九九三年の洪水ではとくにマース川沿岸のリンブルグ州が水害に見舞われた。同州では総面積の七パーセントに当たる一万八〇〇〇ヘクタールが冠水し、六〇〇〇棟が浸水、約八〇〇〇人が避難した。(13) 一九九五年に再来した洪水は九三年のものよりさらに大きく、ライン川では基準地点で流量毎秒一万二〇六〇立方メートルを記録した。一九二六年の既往最大流量毎秒一万二六〇〇立方メートルは辛うじて下まわっていたものの、沿岸では長時間洪水にさらされて飽和した堤防の安定性が危ぶまれたため、一週間足らずの間に約二〇万人以上の住民が避難した。(14) どちらの場合も被害は限定的で死者などは出なかったが、情報の混乱のためパニックが生じ、人々に大きな衝撃を与えた。

二回の水害を受けて政府は「河川堤防強化臨時処置法」を成立させた。同法はライン川の計画流量として毎秒一万五〇〇〇立方メートルを採用し、四月以降はこれに基づいて堤防の強化が進められた。この治水安全度は高水防御政策の法的基礎として一九九六年に公布された治水施設法でも踏襲された。(15)

一方、九三年と九五年の洪水のデータを入れて再計算した結果、年超過確率一二五〇分の一に対応する流量は毎秒一万六〇〇〇立方メートルに上方修正された。この増加分をこれ以上の堤防嵩上げによって処理することは根強い反対運動を考慮すると困難である。このため政府は、計画的な土地利用によって洪水のリスクを低くする「河川のためのゆとり」政策を打ち出し、遊水池の設置、川幅の拡幅などの計画を進めていった。

4　安全性概念の見直し

一方これと相前後して、デルタ・プラン以来の安全性概念そのものの見直しも進められていた。

第一に、デルタ・プランで採用された計量経済的な分析を補完する原理として、許容リスクの概念に焦点が当てられるようになった。許容リスク概念は八〇年代からオランダの環境政策に取り入れられはじめ、一九八九年にはその後の環境リスク政策の出発点となる指針『リスクとつきあう』が公刊されていた[(16)]。『リスクとつきあう』では、人命損失リスクのカテゴリーを大事故、有毒物質および放射線の三つに分類し、これらの三つの領域のいずれにおいても、年死亡確率10^{-5}を合計リスクの許容最大水準とすること、そして、それぞれの領域に属する個別の活動ないし物質ごとでは最大許容水準は年10^{-6}とすることが原則とされた[(17)]。

第二に、デルタ・プランで採用された超過確率に対し、実際の破堤氾濫および水害発生確率の算定手法が開発されていた。オランダの技術者たちは航空宇宙や原子力の分野で開発された信頼性工学、あるいは確率論的リスク開発の手法をいち早く化学プラントの設計などにも取り入れていたが、これは水害防御施設の設計にも応用された[18]。そのための研究は一九九七年より進められ、その成果は二〇〇〇年に『超過確率から氾濫確率へ』として出版された[19]。

こうして世紀の変わり目までには、デルタ・プラン以来の治水安全度の枠組みを再検討する前提は整えられていたといえる。

5　二一世紀の治水政策

二〇〇二年五月の総選挙の結果行われた政権交代以降、治水安全度の見直しは目に見える動きとなって現れた[20]。

その第一段階として、二〇〇四年にオランダ国立厚生環境研究所（ＲＩＶＭ）の環境自然計画局（ＭＮＰ）から報告書『堤防内のリスク』が公刊された。この報告書では、一九五三年以来水害による個人死亡リスクは大幅に減少したが、近年ではグループリスクが上昇していること、今日の法定安全基準に達している施設は全体の半数に過ぎず、そもそもこの基準は経済的価値の今日の空間的分布に対応していないこと、そしてオランダ人は水害をもはや自然現象ととらえておらず、そのリスクは工業施設や空港、鉄道などのリスクと比較されるべきことなどを指摘し、抜本的な改革の必要性が勧告されている[21]。

また同年には、氾濫確率に基づく局所的個人リスクの観点からオランダ全国の治水安全度を再検討する「オランダ安全度地図」プログラムも始まった[22]。

二〇一〇年から新たに開始されたデルタプログラムでは水害による個人死亡リスクの目標値として年

10^{-5}以下が採用されている。[23] 従来の全オランダに対する基本安全度目標は年死亡率10^{-6}であったが、年10^{-6}の目標値のもとでの投資額は年10^{-5}の場合よりかなり高くなるのに対し、投資の増加に比べた効果の増大はかなり少ないため、最終的に基本安全度は最大氾濫確率年10^{-5}を出発点とするという行政上の選択がなされたのである。ただし実際には氾濫地域の住民の死亡リスクは避難によって減少する可能性があるので、氾濫確率年10^{-5}は死亡リスクの上限を画するということが前提とされている。[24]

6　確率とリスクで表現された政治的判断としての治水安全度

以上で概観したように、オランダでは二〇世紀後半から確率とリスクに基づく全国的な治水安全度が導入され、その後の社会情勢の変化とともに変遷を繰り返してきた。とりわけ九〇年代の洪水以降は気候変動との関連でリスク評価の枠組みは目まぐるしく変化している。

一方で、その時々の政治状況に翻弄されてきた河川沿岸住民たちは治水安全度の度重なる変更に辟易しているというのが実情のようだ。水害に対しどのようなアプローチをとるにせよ、政策が変わるたびに彼らの土地や周囲の環境は新設ないし嵩上げされた堤防や自然公園に変えられることになるからである。

「リスクのみでは国家規模の安全基準を論じるには不十分である。基準の設定とは本質的にリスクの許容度ないし受容度に関する（政治的）判断の表現である……目標は適切なセーフティー・マネージメントであり、社会的リスクはそのためのツールにすぎない」との指摘もあるが、[25] 新たな治水安全度の枠組みがその目標に資することができるのか、今後とも注視していく必要がある。

（1）本稿執筆に当たって Ton Burgers, 水島治郎、G. P. van de Ven 各氏より貴重な助言を賜った。また村上道夫氏には日本リスク研究学会の企画セッションでの発表の機会をいただいた。ここに記して謝意を表したい。

（2）David van Dantzig, "Economic Decision Problems for Flood Prevention," *Econometrica*, 24（1956）: 276–287.

（3）W. E. Bijker, "The Oosterschelde Storm Surge Barrier: A Test Case for Dutch Water Technology, Management, and Politics," *Technology and Culture*, 43（2002）: 569–584.

（4）R. E. Jorrissen, "Flood Protection, Safety Standards and Societal Risk," in R. E. Jorrissen and P. J. M. Stallen eds., *Quantified Societal Risk and Policy Making*（Boston: Kluwer Academic Publishers, 1998）, 21–33.

（5）標準アムステルダム海水面（ＮＡＰ）はオランダにおいて標高の基準となる水平面であり、二〇世紀のゾイデル海締め切りによって外海から切り離される以前のアムステルダムにおける平均海面にほぼ等しいとされている。一九世紀には鉄道建設に伴いベルギーやドイツでも標高の基準点としてＮＡＰが用いられるようになった。今日、欧州連合加盟諸国の標高の基礎となる欧州垂直座標系（European Vertical Reference System, EVRS）においてもＮＡＰが基準点として採用されている。P. I. van der Weele, *De geschiedenis van het N.A.P.*（Delft: Rijkscommissie voor geodesie, kanaalweg 4, 1971）; Stichting Normaal Amsterdams Peil, "NAP en Europa," http://www.normaalamsterdamspeil.nl/nl/wat-is-het-nap/nap-en-europa/（二〇一七年四月八日閲覧）

（6）Deltacommissie, *Rapport Deltacommissie. Eindverslag en Interimadviezen*（'s-Gravenhage: Staats- drukkerij- en Uitgeverijbedrijf, 1960）.

（7）D. van Dantzig en J. Kriens, "Het economisch beslissingsprobleem inzake de beveiliging van Nederland tegen stormvloeden," in Deltacommissie, *Rapport Deltacommissie. Bijdrage II*（'s-Gravenhage: Staats- drukkerij- en Uitgeverijbedrijf, 1960）, 57–110.

（8） MNP-RIVM, *Risico's in bedijkte termen: een thematische evaluatie van het Nederlandse veiligheidsbeleid tegen overstromen*, RIVM rapport 500799002（Bilthoven: Rijksinstituut voor Volksgezondheid en Milieu, 2004）, 107.

（9） G. P. van de Ven en A. M. A. J. Driessen, *Niets is bestendig…: De geschiedenis van de rivieroverstromingen in Nederland*（Utrecht: Matrijs, 1995）, 42. それまで河川堤防は既往最高水位より一メートル高く建設することが慣例になっていた。Ton Burgers, *Nederlands grote rivieren. Drie eeuwen strijd tegen overstromingen*（Utrecht: Matrijs, 2014）, 259.

（10） 同時期にはデルタ・プランの最後の山場となった東スヘルデ河口の締め切りに対しても反対運動が巻き起こり、国民を二分する議論となった。最終的に東スヘルデ河口堰は可動式にして高潮の時だけ閉鎖することになり、同可動堰は一九八六年に完成した。Bijker, *op. cit.*

（11） Alex Heezik, *Strijd om de rivieren*（Haarlem/Den Haag, 2008）, 218–222. 国が河川堤防のため十分な予算を割けなくなった原因の一つには、デルタ工事、とりわけ東スヘルデ可動堰のため追加で必要になった一〇億ギルダーがあった。Ven en Driessen, *op. cit.*, 43–44.

（12） Ven en Driessen, *op. cit.*, 45–46; Heezik, *op. cit.*, 233; Burgers, *op. cit.*, 265.

（13） Ven en Driessen, *op. cit.*, 85; Burgers, *op. cit.*, 266. とりわけ被害が大きかったのは、河川の高水敷に建設された新興住宅地で、そこでは建設にあたって冠水のリスクには注意が払われておらず、住民もそのことをまったく考慮していなかった。

（14） Ven en Driessen, *op. cit.*, 87–96; Burgers, *op. cit.*, 266–269.

（15） G. P. van de Ven, *Verdeel en beheers!*（Diemen: Veen Magazines, 2007）, 161; Heezik, *op. cit.*, 250; Burgers, *op. cit.*, 269–270.

（16） VROM, *Nuchter omgaan met risico's: Beslissen met gevoel voor onzekerheden Hoofddocument*（ndsvrom040397-b2, 2004).

(17) Tweede Kamer, *Omgaan met risico's; de risicobenadering in het milieubeleid* (Den Haag: SDU, 1989).

(18) J. K. Vrijling, "Probabilistic Design of Water Defense Systems in The Netherlands," *Reliability Engineering and System Safety*, 74 (2001): 337–344.

(19) TAW, *Van overschrijdingskans naar overstromingskans* (Delft, 2000). Cf. Heezik, *op. cit.*, 251.

(20) この総選挙がオランダ社会全般にもたらした変化については、水島治郎『反転する福祉国家——オランダモデルの光と影』岩波書店、二〇一二年を参照。

(21) MNP-RIVM, *Risico's in bedijkte termen*, 11. この報告書で提言された改革の前提には、やはり環境自然計画局によって作成された報告書『醒めた目でリスクとつきあう』(*Nuchter omgaan met risico's*)の内容がある。同報告書では、第一段階では、『リスクとつきあう』で確立された個人死亡リスク年10^{-6}が出発点とされるものの、デファクトなリスクの差別化が何らかの合理性を示唆していると指摘し、オランダ人一人一人に対して決定されている安全基準を保証することが「非常に高くつく」場合、政治はより費用のかからないリスク軽減の形式を探るか、特定の種類のリスクに対してはより大きなリスクを受け入れるかを決定することができると、許容リスク概念の弾力的運用を提言している。MNP-RIVM, *Nuchter omgaan met risico's*, RIVM rapport 251701047 (Bilthoven: Rijksinstituut voor Volksgezondheid en Milieu, 2003), 3.

(22) Deltaprogramma, deelprogramma Veiligheid, *Synthesedocument Veiligheid: Achtergronddocument B1* (2014).

(23) *Ibid*.

(24) *Ibid*. ただし、基準水位の年超過確率から氾濫確率への移行はまだ実現していない。社会基盤・環境省(住宅・国土計画・環境省の後身)は氾濫確率に基づく新基準のための法案を二〇一七年一月一日付で提出し、それに基づく水防施設の評価が二〇二三年までかけて行われる予定である。Ton Burgers氏よりの情報および同氏より提供された De brief van de minister van Infrastructuur en Milieu aan de voorzitter van de Tweede Kamer der Staten-Generaal, 25 november 2015 に基づく。

(25) Jorrissen, *op. cit.*, 33.

第5章　原子力分野における確率論的安全評価の導入
――日本の事例

岡本拓司

1　確率論的安全評価とリスクへの意識

原子力施設における安全は、第一義的には、設計基準事象を考慮し、それらが生じても施設の安全を十分保ちうる防備を多重に備えるよう設計を行うという方法（多重防護、深層防護）により確保されている。この方法では防ぎきれない理由で生ずる過酷事故（severe accident）と呼ばれる事態にも備える必要は理解されており、きわめて低い確率で生ずるこうした状況による被害の算定法も、そうした事態への対応策も存在する。前者が確率論的安全解析（Probabilistic Safety Analysis: PSA）であり、後者が過酷事故対策（accident management）である。

確率論的安全評価の具体的内容については、次節以降でその展開の概要を記すが、基本的には、事態の進展に応じて生ずる多様な出来事の確率を算定し、それをもとに、そうした出来事がつながった結果として生ずる事故の一つ一つについて、リスクを算出する方法である。具体的なリスク算出のためには、機器や部品の故障率、これを求めるためのデータベースや専門家の判断、設計基準事象を超える災害の起こる頻度に関する専門家の判断などが必要になる。ただし、大事故をもたらす事態は頻繁に起こらず、統計が成立するほどには標本数は得られないため、個々の対象に応じた工夫も重要である。確率論的安全評価は、原子力産業以外でも、航空宇宙分野、化学プロセス分野など、発生確率は低いがいったん起これば甚大な被害をもたらす事態の予想される領域で利用されている。

原子力分野では、確率論的安全評価は過酷事故が強く意識される以前には重要視されていなかったが、一九七九年にスリーマイル島の事故で炉心溶融が起きると、これに先立って米国でノーマン・カール・ラスムッセンらのグループによって行われていた原子炉安全研究（Reactor Safety Study. より広くはその成果である「ラスムッセン報告」[1]の名で知られる）が国際的に関心を集めるようになった[2]。

原子炉安全研究は、原子力損害賠償に関わるプライス・アンダーソン法の改正・延長に備えることと、大型原子炉における非常用炉心冷却装置の実効性への疑念に対処することを目指して、一九七〇年代初めに米国原子力委員会（Atomic Energy Commission）によって計画された。当初は、著名な原子力工学者であったマサチューセッツ工科大学のメーソン・ベネディクトが研究の指揮を依頼されたが、ベネディクトは自身に代わって、確率・統計を用いたリスク評価に関心を抱いていた同僚のラスムッセンを推薦した。原子炉安全研究は、このラスムッセンを中心に一九七二年に開始し、一九七四年に最終報告の草稿、翌年に最終報告が発表された[3]。以後、確率論的安全評価とは、より具体的には、この研究によって確立された手法を指すこととなった。日本でも一九八〇年代には研究や導入が進み、二〇一三年には確率論的安全評価を用いた規制基準が成立した。

本章では、日本の原子力分野における確率論的安全評価の導入の具体的な経緯を追い、どのような動機や原因に基づいてどのような研究・利用がなされたか、その背景にあった意識はどのようなものであったかを明らかにしたい。確率論的安全評価を取り上げるのは、これが、発生確率の低い事象を扱う手法であり、そうした事象への対応でとくに明確になるリスクへの感覚の原子力分野における変遷を、その導入の経緯を辿ることで知る手がかりが得られると考えられるためである。

本章は、ただし、一九八〇年代以降多様な進展を見せたその具体的手法などの詳細については、概要を紹介するにとどめる。確率論的安全評価に対する批判についても、ラスムッセン報告が発表された当時に実際に現れたものに触れる程度とする。また、米国を含む他国の状況全般については必要に応じて参照するのみとする。確率論的安全評価の誕生や展開についてはすでに研究も存在している[4]。さらに、二〇一一年三月以降の事態の進展は、確率論的安全評価と具体的な事故の関わりを考察する上で興味深いが、十分に検討するには紙幅が足りないため、最終節で短く論ずるのみとする。

なお、とくに米国ではPRA（Probabilistic Risk Assessment, Probabilistic Risk Analysis, 確率論的リスク評価）の語がより多く見られ、日本でも二〇一三年以降はPRAの方が優勢であるが――PRA、PSA間の揺れ事態が興味深い現象である――、本章では呼称を問題としない箇所では確率論的安全評価で統一し、適宜PSAの語（たとえば「レベル1PSA」などとして）も用いる。

2　確率を用いた安全評価の試み

確率論的安全評価の登場以前にも、原子力安全研究において確率の概念が用いられた例はある。日本における試みとして最も早い例は、電気試験所の山田太三郎の国際原子力機関における発表に結実した、通商産業省（通産省）原子炉安全基準委員会・事故評価小委員会による検討である[5]。一九六二年の発表当時は、これは世界的に見ても野心的な試みであったが、やや非現実的な計算結果が出るなど、手法やデータベースの不完全さもあり、研究が実用化へと進むことはなく、国際的な関心が大きく高まることもなかった[6]。

一九六五年には、科学技術庁（科技庁）・通産省共管の財団法人の原子力安全研究協会（原安協。一九六四年設立）に「原子力発電所の安全施設の信頼度小委員会」が発足し、原子力発電所の安全施設の信頼度の検討の準備として確率を用いた検討を試み、一般的な信頼度や他産業における安全信頼度に関する調査、内外の資料の検討を行ったほか、具体的に日本原子力研究所（原研）の動力試験炉のスプレイ系をモデルとする研究も実施するようになった。以後も、具体的な組織は変更されながらも確率を用いた手法についての検討は続き、東京大学工学部原子力工学科の都甲泰正がこれを主導した。一九七〇年代に確率論的安全評価に注目が集まり始めると、原安協はその具体的手法などについての報告を刊行するようになり、一九七二年三月には、リスク研究の専門家である英国原子力公社（Atomic Energy Authority）のフランク・レジナルド・ファーマーを招いた講演会・懇談会を開催し、英国の安全審査や確

率論的安全評価についての情報の普及を図っている。(7)

日本で最初に確率論的安全評価への関心が高まったのは、米国で原子炉安全研究の計画が発表された一九七二年夏からであり、より具体的にはラスムッセン報告の草稿が一九七四年八月に発表される前後のことであった。原安協は、これに先立って、一九七四年五月にラスムッセンの特別講演を企画し(急病のため論文の代読のみ)、九月にはラスムッセン報告の草稿の調査のために検討グループを発足させた。大学、官庁、研究所、電力関係者、メーカーなどから約二〇名を集めて成立した同グループは、約三〇のコメントと質問を作成して米国原子力委員会およびラスムッセンに送付し、また一一月には都甲を団長とする原子炉安全研究調査団がパリで開催された同報告の検討会に派遣された。(8) ラスムッセンの来日は一九七六年五月になって実現し、講演・パネル討論会が行われたほか、(9) 科技庁原子力局主催の講演会も開催された。(10)

3　ラスムッセン報告の紹介

都甲らによるラスムッセン報告の草稿の検討や訪米の成果は、一九七五年になると発表されるようになった。(11) このうち『日本原子力学会誌』に掲載されたものが最も詳細である。以下、都甲の解説を用いてラスムッセン報告の概要を記し、併せて同報告がどのように日本に紹介されたかを確認する。

(一)　都甲はまず原子炉安全研究の手法を以下のように解説する。

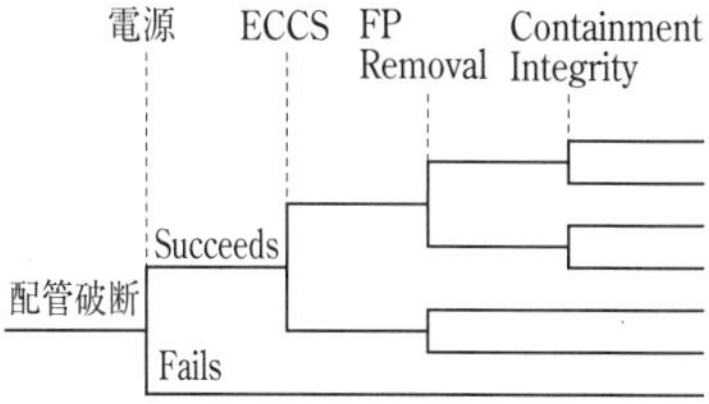

図5・1　簡単化された冷却材喪失事故のイベント・ツリー
出典：都甲泰正「ラスムッセン報告書の概要」(8)、第2図

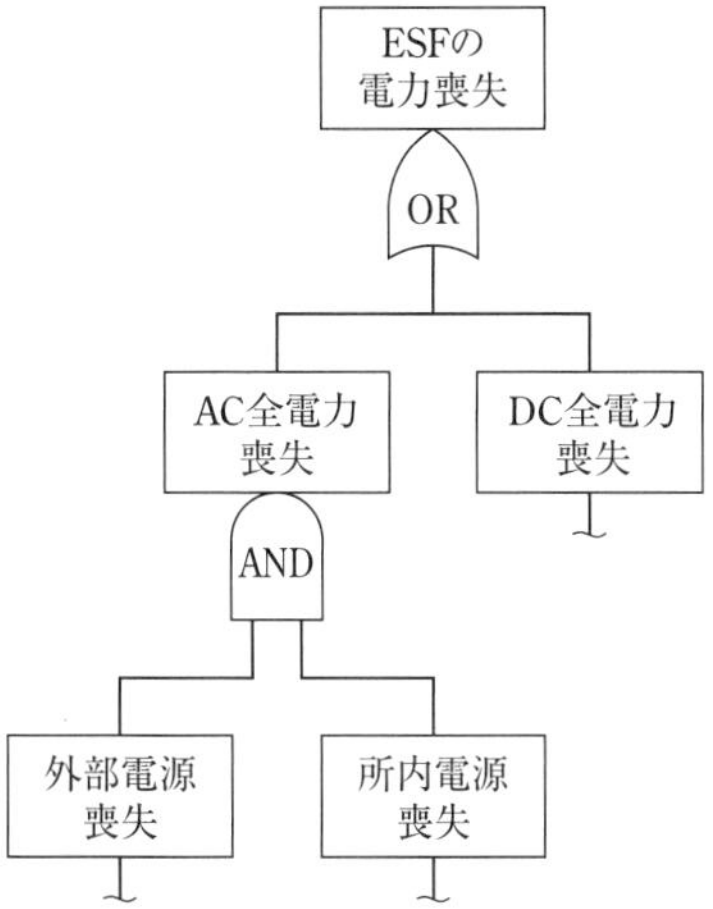

図5・2　工学的安全施設（ESF）への電力喪失のフォールト・ツリー
出典：都甲泰正「ラスムッセン報告書の概要」(8)、第3図

解析の第一段階では、公衆にリスクを与える可能性のある原子力発電所の故障が決定される。そのために、プラント内の放射能の存在量と、その放出の原因となる可能性のある機器故障と人的過失の組合せが求められる。後者は事故シーケンスと呼ばれ、事故に至る過程でそれを防ぐために設けられた各機能を記し、それが働くか否かで枝分かれしていくイベント・ツリー（図5・1）によって図示される。その作成に当たっては、非論理的または無意味な経路は排除され、各機能の相互関係の考慮に基づき簡略化も行われる。見落としを少なくし最良の工学的判断を得るため、多くの専門家の見解も求められる。事故シーケンスの決定では、炉心中での燃料溶解が主要な検討の対象であり、これを起こす過大な発熱率や熱除去系の故障、具体的には配管破断などが初期事象とされる。

第二段階では、事故シーケンスの発生確率とその事故シーケンスにより放出される放射能の量が評価される。事故確率の評価には、イベント・ツリー内の各事象（たとえば電力喪失など）を、その発生をもたらす諸要因の組合せとして記したフォールト・ツリー（図5・2）と、機器の故障率データが用いられ、共通モード故障の検討も行われる。具体的な機器や装置の故障率を求めるため、類似の化学プラントのものが使われることもある。また、フォールト・ツリーの各点での確率が独立であるか相関をもつかも検討される。放射能放出は、実験データと具体的な事故の後の燃料の状態から評価される。

第三段階では放射能の環境への放散が計算され、ここでは確率論的モデルが用いられる。放散放射能による人体への影響と財産損害の計算も行われる。環境に放出される放射能量の計算にはＣＯＲＲＡＬコードという計算コードが用いられた。計算コードとは、物理的な条件・モデルの設定や計算手法の選定などを含む、検討対象の性質に即した計算の具体的な方法であり、ＣＯＲＲＡＬは多様な事故シーケンスにおける核分裂生成物の各核種の放出量の算出を可能にする。重要な放射能放出を起こすすべての事故を明らかにすれば、放射能放出量と、その規模の放出を起こす事故の確率の関係は、ヒストグラムによって表すことができる。

放出量の確率が計算できれば、これに気象条件（原子炉安全研究の場合は二五条件）や人口密度に関する情報（同一三ケース）を組み合わせて、公衆への影響が計算できる。具体的には、通過雲や、地上への沈着放射性物質からの外部線量、吸入による内部線量が求められる。これらの健康への影響は、急死・急性疾患・晩発性効果に分類されて算出される。また、財産損害としては、再生産財に近寄れない損失、土地が利用できない期間の損失、住民の一時的な移転に伴う諸費用、食物連鎖による汚染を防ぐための費用などが想定されている。

（二）さらに都甲は、原子炉安全研究独自の工夫について以下のように述べる。

事故シーケンスとその確率の計算には、最初、フォールト・ツリーの利用が試みられたが、全体の把握のためには現実的ではなく、結局イベント・ツリーが使われ、フォールト・ツリーはイベント・ツリー内の各機能の作動確率を求める際に利用された。機器故障率と人の過失率に関して適切なデータが得られるかについては疑問があったが、感度解析によって、リスク評価においては、原子力事故のように発生確率の小さい対象の場合は一〇倍あるいはそれ以上の誤差も結果には大きく影響しないことが確認された。系の故障率の解析では、機器の故障率、保守間隔、保守時間などをすべて対数正規分布と仮定し、三倍から三〇倍という適当な誤差幅を与え、モンテカルロ法で中間値と誤差幅を得た。さらに、共通モード故障の取扱いにも、故障率の中間値の算出や誤差幅の設定について工夫がなされ、より現実に近いと判断される値が得られるようになった。

（三）原子炉安全研究は、後にも広く言及されることになる特徴的な結論を提示していたが、都甲によるそれらの紹介は以下の通りである。

原子炉に起因する死者数や財産損害のリスクは、多くの人的または天然のリスクよりも小さく、一〇〇の原子力発電所のリスクは隕石落下のリスクと同程度であって、既存リスクに有意の増加をもたらさない。原子力事故による急性疾患、晩発性疾患、遺伝効果および晩発がんについても計算したが、他の人的または天然の災害に起因する同種のリスクについてのデータがなく、比較はできなかった。

炉心溶融事故の発生確率は約6×10^{-5}/yrと計算されたが、一九七四年当時までに二〇〇〇炉・年の経験があり、その間炉心溶融が起きていないことから、炉心溶融事故の発生確率は10^{-3}／炉・年より小さいと考えられる。また、炉心溶融よりも影響が小さく、発生頻度が高いと考えられる燃料温度の異常上昇も報告発表の時点で起こっておらず、したがってその発生確率も10^{-3}／炉・年より小さいといえるが、そこから考察すれば炉心溶融の確率はこの値よりさらに小さいと考えられ、6×10^{-5}/yrより大幅に大きくなることはない。

（四）都甲はさらに、既述の日本の検討グループの指摘した疑問点も列挙している。具体的には以下のようなものである。「すべての事故が包含されていることは確かめられるか」。「発生確率の小さい事故が無視されているが無視する基準が明確でない」。「故障率データの不明確さなどが誤差幅で処理されているが、感度解析により誤差が結果にどう影響するかを明確にすべきである」。「共通モード故障の扱いに改善の余地がある」。「地震、とくに設計地震を超えるものについての評価が必要である」。「保守間隔と期間が結果を左右しているが、これらのデータは不十分である」。「原子炉停止機能喪失事象の扱いはどうか」。「事故条件下の機器の故障率データを得た方法」。「気象条件のうち雨の取扱いが不十分である」。「解析結果は安全度を持つと思われるが、最も確からしい値に比べて、どの程度の安全余裕があるか定量的に示すべきである」。「この手法を飛行機・鉄道の事故に適用し、統計データと比較することで、手法の妥当性が確認できる」。「最近の軽水炉プラントに適用するとどうなるか」。これらの課題の大半は、以下で見る通り、以後、国内外の研究によって取り上げられることになる。

（五）パリで一九七四年一一月に開催された検討会で提示された論点については、都甲の記述は以下の通りである。

研究の結果が原子炉の安全審査などに用いうるかという点については、米国が計算に必要な情報が十分ではないことから否定的であったのに対し、英国は同様の手法を数年間にわたって利用していると主張した。またフランスが独自に行っている同様の計算の結果は、三〜一〇倍の精度で米国の結果と一致した。米国ではすでに三〇名ほどのスタッフを擁しており、最初の一〇〇原子炉について評価を続けるとの意志も明らかにした。

（六）ラスムッセン報告には草稿の段階から批判が寄せられた。都甲は「憂慮する科学者同盟」（Union of Concerned Scientists: UCS）とシエラクラブ（Sierra Club）に所属する科学者・技術者からなる委員会が作成したもの[12]を紹介している。

同委員会による主な批判は、事故シーケンスをすべて決定することは不可能である、故障の確率データが十分でない、健康への影響と財産損害の見積もり方に弱点があるといったもので、その上で、原子炉安全研究が従来信じられていたよりも原子炉リスクが大きいことを示したと論じている。同委員会はまた、独自に再計算を行った上で、一千万年中に起こる最大の事故で生ずる死者・急性疾患を、ラスムッセン報告がそれぞれ二三〇〇人、五六〇〇人と見積もっているのに対し、それぞれ三万六八〇〇人、九万人とした[13]。

都甲のラスムッセン報告への評価は中立的であるが、「どの程度安全ならば社会が十分安全と認めるか」という問題について国民的合意を得るためには社会科学的手法が必要であり、確率論的リスク評価の重要性は今後増すと見込んでいる。同様の主張はその後も繰り返され、都甲は、確率論が公衆に誤解されやすいこと、反対派に論争点を提供することを認めつつ、原子力の安全評価には確率論の導入が避けられないと指摘した[14]。

以後、ラスムッセン報告の紹介は都甲以外の人々によっても行われた。また、一九七五年には、原安協において解析を実施するための五カ年計画が立案され、一九七七年には原研内のグループが手法の調査を開始した。さらに都甲らは、一九七八年五月にロサンゼルスで開催された「原子炉安全の確率論的解析」に関する会議で、日本の安全審査における確率論の適用の試みについて発表している[15]。

4　ラスムッセン報告への批判

都甲が伝えていた通り、米国ではラスムッセン報告批判は盛んに行われており、日本でもその動向は報じられていた。一九七五年から一九七七年にかけて、米国の原子力関係者であるアーサー・R・タンプリン、アポロ計画に携わったウィリアム・ブライアン、環境保護庁、シエラクラブ、憂慮する科学者同盟、経済学者の活動家ダニエル・F・フォードらによる批判などが翻訳・紹介された[16]。一九七九年のスリーマイル島事故の後には、憂慮する科学者同盟や米国物理学会の批判が翻訳された[17]。

影響力の強い物理学者、武谷三男らを著者とし、一九七六年に刊行された『原子力発電』は、上述のブライアンの主張に拠りつつ、ラスムッセン報告の示す事故の確率の値そのものは信用できないと指摘した。その一方で、事故シーケンスを網羅的に明らかにし、一次冷却水用のメイン・パイプの破断よりも、直径二―六インチの中パイプやそれ以下の小パイプの破断の方が空炊きに至る確率の高い事故であることや、温度・圧力・出力の急激な変動が炉心溶融をもたらしうることを示した点は評価している[18]。

一九七六年五月に来日したラスムッセンは、原子力局主催の講演会において、地方自治体・電力関係者などの質問に応じた[19]。ここでは、武谷編『原子力発電』に依拠した、機器の故障率や放射線の影響の見積もりが過小であるとの指摘も寄せられている。ラスムッセンは同書の要約を英語で読んだと述べ、部品の故障率は個別に詳細に検討していること、急性障害のみならずがんなど晩発性障害についても原子力と他領域を比較したかったが原子力以外の分野での調査がなく情報が揃わなかったと述べた。事故の確率の見積もりが過小であるという指摘に対しては、個別の事象の確率を多少大きく見積もってもなお、原子力発電のリスクは小さくなるという結果が得られる旨を主張している。

高木仁三郎が、一九七九年、スリーマイル島の事故の直前に刊行した『科学は変わる』では、より詳細な解説に基づく批判が展開されている。高木は、ブライアンやフォードの議論に基づいて、原子炉安全研究は「原子炉の事故はめったに起こらない」との結論を導くことが当初より目標とされていたと指摘している[20]。武谷とは異なり、高木は確率論的評価の困難を強調し、この手法そのものを疑問視した。

米国内でラスムッセン報告に対して多くの批判が寄せられていることは、原子力推進側の山田太三郎によっても紹介され[21]、とくに、一九七八年九月に発表された、当事者である原子力規制委員会（Nuclear Regulatory Commission）による再評価の結果（「ルイス報告」[22]）は注目されている。ルイス報告の結論の大要は、ラスムッセン報告が算出した数値自体は誤差が大きく信頼性を欠くものの、その手法は、より整備されたデータベースとともに今後も活用されるべきであるという中立的・常識的なものであったが[23]、ラスムッセン報告の「概要」（Executive Summary）については、原子炉容認を目的としており、報告本体の内容を正確に反映していないと批判していた。

原子力規制委員会は、一九七九年一月になると、基本的にはルイス報告に依拠しつつ、ラスムッセン報告が方法論を確定した点は評価するが「概要」への賛意は撤回すること、同報告が記すリスクの絶対値は使用すべきでないと判断していることなどを声明（Policy Statement）として報道発表した。[24] 影響は大きく、米国でも日本でも、原子力規制委員会は同報告を改訂する意志を示した、あるいは報告を撤回したと理解された。[25]

5　スリーマイル島事故と確率論的安全評価研究の実質化

一九七九年三月、原子力規制委員会によるラスムッセン報告「概要」撤回の約二カ月後、米国ペンシルバニア州スリーマイル島原子力発電所の二号炉が炉心溶融に至る事故を起こした。同事故はラスムッセン報告や確率論的安全評価への関心を高める効果をもたらした。事故の四カ月後に米国の産業界によって独立に発表された同報告の検討結果[26]は、その方法論を評価している点でルイス報告を支持し、さらにラスムッセン報告はむしろ原子力発電のリスクについて悲観的すぎると論じた。事故の報告書としては、「ケメニー報告」[27]や「ロゴビン報告」[28]があるが、一九七九年一〇月に提出されたケメニー報告には多くの附録があり、ラスムッセン報告を検討したものは、同報告が、スリーマイル島で起きた復水ポンプの停止や逃し弁の開固着などを取り上げていたこと、同島型の事故の原因や影響について的確な描写を行っていたことなどを評価していた。[29] ロゴビン報告もまた、冷却材喪失事故が大きな危険をもたらすと指摘していた点でラスムッセン報告を評価し、確率を用いた定量的な安全評価が行われることを推奨した。

一九七九年一一月には、スリーマイル島事故後の動向を懸念した米国原子力学会（American Nuclear Society）が機関誌の *Nuclear News* に声明[30]を発表し、原子力の危険性は他の発電方法に比べて小さいと主張しつつ、産業界によるラスムッセン報告への評価を支持した。さらに翌年六月にも、同報告がスリーマイル島事故のような事象の記述を正確に行っており、同様の事故が起こりうることを示唆していた点を評価し、原子力規制委員会による一九七九年一月の批判は混乱や誤解を生むと批判した[31]。

日本では、事故直後の一九七九年五月には武谷らによる批判[32]も現れたが、原子力行政・原子力研究においては、現実の事故シーケンスをラスムッセン報告が扱っていたことが評価され、同報告の方法論である確率論的安全評価への関心は高まった[33]。

一九七九年一一月には、原子力安全委員会（原安委）と日本学術会議の共催で学術シンポジウムが行われ、スリーマイル島事故の概要が報告されたのち、都甲や、原研安全性コード開発室長の佐藤一男を含む六名のパネリストなどが議論を行った。コメントの一つには「現行の原子炉施設の決定論的安全評価に対する確率論的手法の補完の必要性」を指摘するものがあった[34]。

原安委は、一九七九年一月に設置されていた原子力施設等安全研究専門部会に原子力施設等安全研究年次計画を策定させ、一九八〇年六月に「原子力施設等安全研究及び環境放射能安全研究について」を決定した。ここに記された安全研究に関わる八分野の一つは「原子力施設の確率論的安全評価等に関するもの」であった。原子力施設等の信頼性に関する研究を原研と電力中央研究所（電中研）が、原子力施設等の確率論的安全評価に関する研究を原研が、原子力施設等の状態把握に関する研究を原研が行うとされている。[35] この規定は一九八一年度から一九八五年度までの年次計画に反映された。

原研は、既述の通り一九七七年から確率を用いた安全評価手法の開発の準備を進めてきたが、一九八〇年に至ってこれを本格化させ、原子炉施設の信頼性解析と炉心溶融に至る事故事象解析を進めた。[36] 一九八一年に原研の飛岡利明が発表した解説によれば、応用面で期待されていたのは、稼働中の原子炉のリスクの総合評価、システムの弱点の発見やその対策の検討、規制における意思決定への応用（安全目標の設定への利用を含む）などであった。[37] 具体的な研究としては、プラント内の機器故障や人的過誤に起因するリスクの解析のための計算コードの開発や機器故障率の収集などが行われ、以後五年程度のうちに、一次冷却材の喪失から炉心の温度上昇・溶融落下、圧力容器の溶融貫通、格納容器破損に至る事故進展を解析する計算コード、THALESなどの成果を生んだ。[38]

手法の開発が進展した一九八五年度以降は、原研は応用・実用化に取り組むようになり、一九八三年からこれを見越して検討の進められていた原子力プラントの耐震性の確率論的評価の手法の開発を始めた。原子炉の耐震性に関する本格的な確率論的検討としては、原研のものがほぼ日本初の試みであった。[39]

動力炉・核燃料開発事業団（動燃）においても、確率論的安全評価の適用は試みられていた。一九八二年七月には動力炉研究開発本部に確率論的安全評価タスクフォースが設けられ、高速増殖炉原型炉「もんじゅ」を対象とするシステム安全解析が開始し、一九八七年三月までには、設計・運転面での改善方策の検討に用いる段階にまで達した。解析コードネットワークの整備や、高速増殖炉固有の機器の信頼性データベースの構築も進められ、[40] 一九八四年にはフルスコープの確率論的安全評価の実施を目指す準備も始まった。地震の影響の評価の準備も一九八六年から開始し、地震危険度・損傷度・システム信頼度の評価が一九八七年四月より実施された。一九八四年から一九八七年にかけては、高速増殖炉に次いで新型転換炉実証炉の安全性研究開発においても事故の発生・影響などを確率論的に求める手法が開発された[41]。

確率論的安全評価研究の進展を反映し、一九八六年一二月の『日本原子力学会誌』には「原子力発電所の確率論的安全評価」という特集記事が発表された[42]。基本的手法が解説されたほか、原子力工学試験センター（一九七六年設立の通産省所管の財団法人）や電中研などによるプラント経験データの収集・分析、米国原子力規制委員会や原研の総合的炉心溶融事故解析コード、確率論的安全評価の適用に伴う不確実性と不確定性の検討などが紹介された。設計・運転・規制への確率論的安全評価の利用については展望が述べられるのみであったが、新型軽水炉の設計において、安全上の性能が従来プラントと同程度かそれ以上であることを確認するため、簡素化された確率論的安全評価の評価手法が用いられ、相対的な評価が行われたことが記されている。高速増殖炉については、動燃によるシステム安全解析の実施のほか、電力会社による実証炉概念設計研究の中で、仮想的炉心崩壊事故防止対策の有効性の評価のために、一〇〇万キロワット級ループ型プラントでの炉心損傷に至る事象シーケンスの摘出と発生頻度の評価が行われていることも紹介されている。

6　研究から実施へ――過酷事故研究の促進とチェルノブイリ事故の影響

スリーマイル島事故ののち、同事故のように設計基準事象を超えて炉心損傷に至る事故は、国際的には過酷事故と呼ばれるようになり、確率論的安全評価も、具体的には過酷事故対策の一環、すなわち過酷事故を念頭に置いた安全評価として開発・利用された。日本でも、一九八五年に安全研究年次計画が見直された際、過酷事故研究とその一環としての確率論的安全評価の研究が重点分野とされ、原安委・原子力施設等安全研究専門部会には確率論的安全評価等検討会が設けられた。一九八六年度からの年次計画では、「世界の動向に沿って」過酷事故研究が重点分野とされたほか、六つの主な研究領域の一つに「原子力施設の確率論的安全評価等に関する研究」が掲げられ、具体的には、信頼性評価のための手法等の確立など五つの課題にわたって研究テーマが設定された。従来の研究開発の実情を反映し、手法の開発・改良・整備には原研が当たり、高速増殖炉など特定のプラントに対する確率論的安全評価の適用は動燃が行う体制がとられたが、新たに、いわゆるヒューマン・エラーが取り上げられ、また動燃の管轄する対象に核燃料サイクルにおける輸送や再処理施設が加わった(43)。

新たな安全研究年次計画が開始した一九八六年四月、ソ連ウクライナ共和国のチェルノブイリ原子力発電所において事故が発生し、放出された放射性物質は日本でも観測された。原安委は五月にソ連原子力発電所事故調査特別委員会（調査委）を設置し、翌年五月には最終報告書が取りまとめられた。事故後、過酷事故研究に対する国際的な関心が高まったが、調査委はその重要性を指摘し、格納容器の安全機能、ソースタームといった課題に加えて、確率論的安全評価手法の研究の推進の必要性を主張した。[44]

より敏感な対応を見せたのは通産省・資源エネルギー庁（エネ庁）であり、一九八六年八月一四日には安全確保対策の充実を目指して安全性高度化計画「セイフティ21」を決定した。円城寺次郎を長とする「セイフティ21」推進委員会は、翌年三月に初会合を開き、一九八七年度の活動内容を検討した。[45] セイフティ21は人的要因の分析を取り上げた点で注目を集めたが、当時通産省に在籍していた西脇由弘によれば、確率論的安全評価手法を用いた原子炉の挙動等の研究を行う計画もあり、国際的に進展している過酷事故対策や確率論的安全評価を規制当局（エネ庁）に導入することが目指されていたという。[46]

原安委も、一九八七年七月には原子炉安全基準専門部会に共通問題懇談会を設け、過酷事故や確率論的安全評価について検討を開始した。同懇談会が中間報告書を提出した一九九〇年二月時点で、原研、動燃、原子力工学試験センター、産業界などにおいて、加圧水型原子炉・沸騰水型原子炉の代表プラント五基についてレベル1PSAが実施済、レベル2PSAは実施中であった。中間報告書におけるレベル1PSAの結果の評価には、代表的な軽水炉の重大な炉心損傷事象の発生確率は数値の不確かさ等を考慮しても10^{-5}／炉・年を下回ること、こうした良好な結果が得られたのは日本の外部電源と非常用ディーゼル発電機の信頼性が高く起因事象の発生が少ないという実績をもつためであること、工学的知見からは過酷事故は起こりえないとするに十分な結果であることなどが記されている。[47]

なお、既述の一九八六年の『原子力学会誌』の確率論的安全評価特集には「レベル」の語は現れない。一九九〇年初頭に刊行された近藤駿介の『原子力の安全性』には、「作業を炉心損傷の発生頻度の評価にとどめるのをレベル1、格納容器からの放射性核種の放出状況まで解析するのをレベル2、被害も算定するのをレベル3、そして地震など外的事象の影響も考慮するのをレベル4」[48]とする記述がある。確率論的安全評価の実施が進むにつれ、必要な概念の導入が進んだことがわかる。近藤はPRAの語を用い、また、解析の不確かさの扱いが問題になることから、安全目標の制定のためにPRAを使うことには時期尚早の声があることも紹介している。

さらに原安委は、一九九二年三月に、共通問題懇談会から過酷事故対策に関する検討報告書の提出を受け、同五月、原子炉設置者による過酷事故対策の自主的な整備の継続、過酷事故対策の促進・整備に関する行政庁の役割の明確化、および具体的方策・施策に関する行政庁から原安委への報告を要望する旨を決定した。具体的に行政庁に要望されたのは、新設原子炉の設置許可に係る安全審査の際に過酷事故対策の実施方針について報告すること、運転中・建設中の原子炉について順次過酷事故対策の実施方針を報告すること、その際、当該原子炉に関する確率論的安全評価についても報告すること、であった[49]。

原安委の決定を受け、通産省は一九九二年七月に「アクシデントマネジメントの今後の進め方について」を発表した。同省は、日本では過酷事故の発生可能性は十分小さいことから、過酷事故対策を電力会社の自主保安の一部とし、その有無や内容による原子炉の設置・運転の制約はしないとした。その上で、電力会社に対し、各原子力発電所の確率論的安全評価を実施し過酷事故対策の候補を検討すること、検討結果に基づく過酷事故対策の整備を行うこと、その後は定期安全レビューなどにより過酷事故対策を評価することを要請した。電力会社からの報告を具体的に検討する組織として、原子力発電技術顧問からなる総合予防保全顧問会にシビアアクシデント対策検討会が設置された[50]。

電力会社の過酷事故対策の検討報告書は一九九四年三月に通産省に提出され、同省の検討結果は同年一〇月に原安委に報告された。同省は、安全性向上のために検討すべきシーケンスに対して過酷事故対策が講じられていること、各過酷事故対策が実施可能で効果的であること、各過酷事故対策が従来の安全機能に影響を及ぼさないことを認めており、原安委も一九九五年一二月にこの報告を妥当とした。なお、原安委では、一九九三年八月より、事前検討のために原子炉安全基準部会の下で過酷事故対策の専門家の会合を実施し、一九九四年九月には原子炉安全総合検討会を設けて検討を引き継がせた。[51]

以後、電気事業者は過酷事故対策の整備を進めたが、その状況は二〇〇一年八月に経済産業省（経産省）原子力安全・保安院（保安院）から原安委に報告された。この間、省庁再編により省名の変更と保安院の設置が生じている。二〇〇二年五月には電気事業者より保安院に過酷事故対策整備と有効性評価の完了の報告があり、保安院がまとめた評価報告書は一〇月に原安委に報告され、過酷事故対策は一応完備した。ただし、この時点での過酷事故対策の有効性の確認は沸騰水型軽水炉・加圧水型軽水炉のそれぞれ四つの代表炉についてのみ行われる程度のものであり、外部事象を考慮した過酷事故対策や過酷事故対策を加味した確率論的安全評価などはその後の課題とされた。[52]

確率論的安全評価の実施の必要に即して要望された手順の調査は原安協が行った。原安協では、一九九一年に近藤駿介を長とするPSA実施手順調査検討専門委員会を設け、内的事象レベル1、2に関する報告書を刊行した。[53] また、システム制御情報学会の『システム／制御／情報』の一九九二年三月号（第三六巻第三号）が「確率論的安全評価の最近の動向特集号」とされるなど、具体的な手法や国内外の事例の紹介も行われた。[54]

原研では、確率論的安全評価の実施に先立って、炉心損傷事故の発生頻度の評価手法や事故解析手法の開発を行っていた。外部事象の検討範囲は広がり、一九九一年から翌年には、船舶技術研究所との協力の下に、地震のほか火災を対象とした手法の検討を行い、基本的な手順の構築に至った。一九九六年から一九九八年には、航空機の落下確率の評価と火山活動の影響範囲に関する基礎的検討を行った。確率論的安全評価実施の範囲は、一九九七年から二〇〇一年には沸騰水型軽水炉の内的事象・レベル3PSAに拡大し、二〇〇一年度からは、五カ年計画で経産省の特別会計委託事業「MOX燃料加工施設安全技術調査等（確率論的安全評価等調査）」を受託した。一九九一年には、確率論的安全評価を安全規制や社会的な合意形成に役立てることを目指し、確率論的安全目標の検討も始めた[55]。

動燃は、一九八六年から安全研究年次計画に合わせた安全研究計画を策定するようになり、高速増殖炉への実施範囲を拡大したほか、一九九六年からは核燃料施設での実施のための準備を始めた[56]。ただし核燃料施設に対する確率論的安全評価実施は一九九八年一〇月の動燃の核燃料サイクル開発機構への改組の後のこととなる。

機器故障率等についてのデータベースは電中研が整備し、二〇〇二年からは日本原子力学会の標準委員会（一九九九年設置）がPSA関連標準を作成するようになった[57]。

7　安全目標・安全規制と確率論的安全評価――事故の頻発の影響

動燃改組の契機は、一九九五年一二月の「もんじゅ」における二次系ナトリウム漏洩事故と、一九九七年三月のアスファルト固化処理施設における火災爆発事故であった。事故も重大事ではあったが、事故を記録したビデオテープの秘匿や事故後の消火活動に関する虚偽報告など、組織への信頼性を損なう事態が相次いだことが社会全般からの強い不信感を招いた。事故の影響は省庁再編にも及び、二〇〇一年一月には科技庁は文部省に吸収され新たに文部科学省が誕生した。従来科技庁が担当していた多くの施設の安全規制は、経産省下の保安院に移された[58]。以後も重大事故は相次ぎ、安全目標・安全規制への利用をも視野に入れた、確率論的安全評価に関する議論の動向に影響を与えた。以下では、その経緯を『原子力安全白書』(以下『白書』)に拠りながら原安委を中心に辿る。

動燃における事故を受け、一九九七年には、原安委は、自主保安に委ねられてきた安全確保対策の強化に加えて、行政庁による「よりきめ細かい安全規制」の実施を検討するようになった。原安委はさらに、事故対策は十分講じられているにもかかわらず、社会に大きな不安感・不信感を与えたことから、安全のみならず「安心」についても配慮する必要があるとの見解を示している[59]。

一九九八年には、原安委は設置後二〇年を迎えた。この機に総合的課題として取り上げられたのは、①安全目標の策定、②過酷事故対策、③セイフティカルチャーの醸成であった。確率論的安全評価が関わる②については、二〇〇〇年を目途に進められる電気事業者による過酷事故対策の整備を注視することとされ、①に関しても、定量的に示されたリスクを用いた安全目標の策定を検討することが謳われた。六月から九月の有識者ヒアリングでも、原安委として原子力安全を明確にするため安全目標を提示する必要があると指摘され、九つの「当面する重要業務」の一つに「安全目標の策定」が掲げられた[60]。

一九九九年九月、安全目標策定の検討の開始から一年を経た時期に、茨城県東海村のJCOウラン加工工場において臨海事故が発生した。結果的に二名の死者を出すこととなったこの事故を受け、原安委は、安全確保体制、安全目標等、事故・緊急対応策等、情報公開、専門部会の再編と事務局の強化、自己点検と報告のフォローアップ等の六つの領域において新たな対策を実施することとした。安全目標に関しては、リスク評価の概念を取り入れた策定が検討されるようになった。この方針は専門部会の再編に反映され、二〇〇〇年九月には、確率論的安全評価等を活用した定量的目標の設定の検討のために安全目標専門部会を設置することが決定した。また、原子力安全の確保に関わる政策事項の総合的な調査審議のために設置された原子力安全総合専門部会では、過酷事故対策やリスク評価も扱うこととなった。平成一二年版の『白書』には安全目標専門部会が確率論的安全評価を考慮した安全目標の策定を本格的に検討する旨が謳われ、さらに安全審査指針や基準類にも見直しを加える可能性があることが示された。(61)

確率論的安全評価の利用は、全般的にはリスクを数値で示すためのものと理解されているが、一面では、平成一二年版『白書』に、「危険性を無視してよいレベルの目標」として安全目標を定め、それに対比した安全性の確認や向上を目指す方策も有効であると謳われている通り、原子力のリスクが他のそれに比べてきわめて低い（「一般的に無視できると考えられる」）ことを示すという目的が念頭に置かれている。(62) 確率論的安全評価は、この目的に即した、現実の事故という経験の蓄積によってリスクを算定する方法に代わる、「合理的な工学的なソフトな手段」であると看做された。

二〇〇一年には、『白書』に「リスク情報を考慮に入れた安全管理」の語が現れ、"risk-informed" の訳語として以後定着していくこととなる。確率論的安全評価を安全目標の設定からさらに規制へと利用する検討が進みつつあり、二〇〇二年三月には安全目標専門部会の調査審議状況が原安委に報告された。(63)

リスク情報を利用した規制についての検討もその緒についた二〇〇二年八月、さらにこれを本格化させる出来事が生じた。東京電力が、一九八〇年代後半から一九九〇年代にかけて、炉心シュラウド等のひび割れ隠しや検査記録の改竄など、自社の原子炉の自主点検記録に計二九件の虚偽記載を行っていたことが、保安院によって発表されたのである。その後の総点検により、他社にも同様の不正があったことが明らかになり、さらに、東京電力福島第一原子力発電所一号機においては、一九九一年と翌年の定期検査で原子炉格納容器の漏洩率検査が行われた際、圧縮空気の原子炉格納容器内への注入など不正な操作が行われたことも報告された。以上の不正は、一九八九年の福島における点検作業報告に関する不正などが二〇〇〇年七月以降二度にわたって通産省に申告されたことを端緒として発覚したが、発表までに二年を費やした保安院も批判の対象となった。

一連の不祥事を受け、原安委は二〇〇二年一〇月に「原子力発電施設における自主点検記録の不正等に対する対応について」を決定した。確率論的安全評価関連では、国が「安全か否か」に関する指針を示す必要があること、国の監視・確認について「リスク・インフォームド型の規制」を検討すべきであることなどが主張され、原安委の行動として挙げられた五項目には、「リスク・インフォームド型規制の導入のあり方に関する検討」が含まれた。具体的には、原子力安全規制の重点が設計・建設から運転に移りつつあることから、リスク情報に基づいて設備の安全性能の維持される範囲を的確に把握し、品質保証活動の適正な実施のための監視・確認を行うことが必要であるとされた(64)。

二〇〇三年八月には安全目標専門部会が「安全目標に関する調査審議状況の中間とりまとめ」を提出し、一一月には原安委は「リスク情報を活用した原子力安全規制の導入の基本方針について」を決定した。「基本方針について」では、リスク情報の活用により、安全規制の合理性・整合性・透明性の向上と、安全規制活動のための資源の適正配分が見込みうるとし、とくに後者においては、規制資源（人的資源等）の有効活用による安全規制活動のより効果的・効率的な実施が可能になるとされている。原安委の動きを受けて、『白書』平成一五年版はリスク情報利用について一編を割き、この時点での原安委の、安全目標やリスク情報活用に関する見解を解説した(65)。ここでは、リスク情報を利用した規制については、既存の規制と合わせた全体としての整合性を保ちつつ、透明性・合理性の確保と資源の有効利用・適正配分を目指して、補完的・段階的な導入を個々の施設の状況に合わせて行う姿勢が示され、安全目標については、同じく整合性・透明性の向上、国民との意見交換の円滑化、事業者のリスク管理活動の円滑化が目指されていると記された。

二〇〇三年一二月には保安院の活動も顕著になり、総合資源エネルギー調査会原子力安全・保安部会（保安部会）において安全規制にリスク情報を活用するための具体的検討を行うとの方針が明示され、二〇〇四年一二月にはリスク情報活用検討会（検討会）が設置された。二〇〇四年中には、原安委にもタスクフォースが設置されて具体的な規制導入のあり方などの検討を始めている。安全目標専門部会にも「性能目標検討分科会」が設けられ、電気事業者・メーカーなどでの性能目標の活用状況や、確率論的安全評価手法の現状についての調査を行った。二〇〇五年六月までには基本案や実施計画がまとまり、検討会から保安部会に「原子力安全規制への「リスク情報」活用の基本的考え方」と「原子力安全規制への「リスク情報」活用の当面の実施計画」が報告された。さらに検討会では、リスク情報活用や確率論的安全評価のための試行版ガイドラインの審議も進められ、二〇〇六年七月には保安部会への報告を行っている。同年には、検査や保全活動等におけるリスク情報の活用も検討の対象となり、翌年以降、安全規制におけるリスク情報活用の具体的な試みとして、二〇〇九年一月導入をめどに進められている検査制度の見直しの中で、保全プログラム作成においてリスク情報の活用が検討された例が注目された[66]。

具体的な指針・基準の改訂にリスク情報の利用が見られた例としては、二〇〇六年の耐震指針の改訂がある。兵庫県南部地震以来の検討の待たれた耐震設計審査指針の改訂は、原安委の原子力安全基準・指針専門部会に設けられた耐震指針検討分科会において行われたが、指針の要求を満たしてもなお確率がゼロにはならないリスクに「残余のリスク」という名称が与えられ、事業者がこれを定量的に評価することを行政庁が求めるよう要請された。ただし、新耐震指針に「残余のリスク」に関する記述は現れたものの、安全審査における確率論的安全評価手法の導入については、専門家間にも意見の相違があることから盛り込まれず、将来の課題とされた[67]。

その後、しかし、安全目標の策定は実現せず、規制へのリスク情報の活用も進展しなかった。日本原子力学会はリスク情報活用に関する提言や実施基準[68]の発表に努めたが、原安委や保安院、事業者においては、確率論的安全評価やリスク情報の活用、過酷事故対策についての関心や意欲が次第に低下していったと観察されている[69]。再び確率論的安全評価やリスク情報が高い関心を集めるに至るのは、二〇一一年三月以降のことであった。

8　事故と歩んだ確率論的安全評価

以上で見た通り、確率論的安全評価の研究・実施・活用の歩みに直接的な刺激を与えたのは、折々に発生した事故であった。原子炉安全研究が評価される契機となったのはスリーマイル島事故であり、確率論的安全評価の実施を推し進めたのはチェルノブイリ事故後の情勢である。動燃における一九九五年・一九九七年の事故は安全規制の見直しを迫り、一九九八年には確率論的安全評価を用いた安全目標の策定が提案されるに至ったが、翌年にはJCO事故が発生し、二〇〇一年にはリスク情報を安全規制に用いる可能性が示唆されるようになった。二〇〇二年の東京電力による虚偽報告などの発覚の後、二〇〇三年からは規制への活用に関する議論が原安委・保安院を中心に活発化した。二〇〇六年には新耐震設計審査指針が策定されており、そこで「残余のリスク」に関わる検討は行われていたため、翌年の新潟県中越沖地震による柏崎刈羽原発への影響は、確率論的安全評価やリスク情報活用に関しては大きな影響を及ぼすことはなかった。二〇〇六年以降、二〇一一年に至るまで、確率論的安全評価、リスク情報活用に大きな動きが見られなかったのは、上述の各種の事故に匹敵する事態が生じなかったためであろう。

確率論的安全評価は「「事故―経験の反映」でない合理的な工学的なソフトな手段[70]」であると理解されていたが、具体的な活用は「事故―経験の反映」によって進展した。原子力産業では、事故が発生すれば影響が甚大になることが予想されるため、数少ない小事故であっても余波は大きく、ときに産業全体や行政組織にも及ぶ。ありえないような事故が発生すると「システムや組織はしばしば変化[71]」し、影響は多方面に及ぶともいえる。

上述の期間にも、事故の影響を要因の一つとして、動燃や科技庁は消え去り、経産省（保安院）の権限は拡大した。確率論的安全評価はどのような事態の発生確率もゼロではないことを大前提とする知識体系・手法であることを考えると、その研究・開発・利用の実態や、これを統括する組織が、現実に起きた一つ一つの事故に大きく影響されざるをえなかったという事態は意外であるようにも思われる。確率論的安全評価の導入を促進した組織も、それ自体はあらゆるリスクに備えようとはしていなかったといえる。また、確率論的安全評価はあらゆるリスクを配慮するための手法ではなく、安全よりも安心のための、または他の方法で確立されているとされる安全性を保証するための、あるいは原子力のリスクは他のリスクよりも低いと主張するための方途と看做されていたのであろう。

確率論的安全評価の運用が現実の事故の影響を強く受けることは、二〇一一年三月の東京電力福島第一原子力発電所の事故の後の経過を瞥見すればさらに明確に理解できる。二〇一三年七月に新たな規則が整備されるまでに、原子力安全を担当する組織は原子力安全委員会から原子力規制委員会に移行しており、定められる基準も「新安全基準」ではなく「新規制基準」と呼ばれることとなったが、この新規制基準（「実用発電用原子炉及びその附属施設の位置、構造及び設備の基準に関する規則」）では、第三七条以降に「重大事故」の語で示される過酷事故への対策の整備が要件として挙げられ、新規制基準の解釈（「実用発電用原子炉及びその附属施設の位置、構造、及び設備の基準に関する規則の解釈」）には、確率論的リスク評価（ＰＲＡ）の実施が要求されること、外部事象として地震のみならず津波や大型航空機の衝突その他のテロリズムを想定すべきことが、具体的に検討すべき事故シーケンスなどとともに明記されている。さらに、二〇一三年九月には原子力規制庁が「ＰＲＡの説明における参照事項」を発表し、原子炉設置（変更）許可申請者が審査のための説明に際し参照すべき事項として、実施すべきＰＲＡの詳細を指示した。事故後二年半を経ずして、規制へのリスク情報の活用は実現した。[72]

福島の事故の影響は確率論的安全評価の関わる組織・産業・環境の全体にも大きく及んでいる。事故後、全国の原発は点検後の再稼働が行われず次々に停止し、二〇一二年から二〇一五年までは稼働中の原発が日本に存在しない状態が断続的に生じた。電力会社と経産省の関係は変化し、電力自由化が進展した。ＰＲＡやリスク情報を活用した規制が実現したときには、かつてこれを推進しようとした原安委や保安院は消滅していた。

確率論的安全評価——確率論的リスク評価（ＰＲＡ）と呼ばれるようになった——の導入・運用に関していえば、福島の事故の最大の影響は、新規制基準に見られる通り、ついに、あらゆるリスクはゼロではないとの前提の下にこの手法が利用されるようになったことに現れているといえよう。この変化は、原子力産業全体どころか日本全体が存続の危機に瀕する事態を経てようやく生じたものであった。

（1） U. S. Atomic Energy Commission, *WASH-1400: Reactor Safety Study* (NUREG-75/014), 1975.

（2） Rodney P. Carlisle, "Probabilistic Risk Assessment in Nuclear Reactors: Engineering Success, Public Relations Failure," *Technology and Culture*, 38: 4 (1997): 920–941.

（3） William Keller and Mohammad Modarres, "A Historical Overview of Probabilistic Risk Assessment Development and Its Use in the Nuclear Power Industry: A Tribute to the Late Professor Norman Carl Rasmussen," *Reliability Engineering and System Safety*, 89 (2005): 271–285.

（4） Carlisle, *op. cit.*; Keller and Modarres, *op. cit.*

（5） T. Yamada, "Safety Evaluation of Nuclear Power Plants," in International Atomic Energy Agency, *Reactor Safety and Hazards Evaluation Techniques* (Vienna: International Atomic Energy Agency, 1962), 2 vols., vol. 2, pp. 493–515.

（6） 山田太三郎「確率論は花盛り?」『原子力工業』第二五巻第五号（一九七九年）、四一―四七頁。

（7） 財団法人原子力安全研究協会編集・発行『原安協30年史』（一九九四年）、一〇四頁、一一一頁、一一〇頁、一九一―一九四頁、一一八頁。

（8） 都甲泰正「ラスムッセン報告書（Reactor Safety Study（WASH-1400）Draft）の概要」『日本原子力学会誌』第一七巻第二号（一九七五年）、五一―五六頁。

（9） 原子力安全研究協会、前掲書、一二六頁。

（10） 「ノーマン・C・ラスムッセン教授による講演会実施結果について」『原子力委員会月報』第二一巻第五号（一九七六年）。http://www.aec.go.jp/jicst/NC/about/ugoki/geppou/V21/N05/197612V21N05.html（二〇一六年四月三日閲覧）

（11） 都甲、前掲論文、「ラスムッセン報告書の概要」。同「ラスムッセン報告書（WASH-1400）検討専門家会議」『OHM』第六二巻第四号（一九七五年）、二四―二五頁。

（12） H. W. Kendall and Sidney Moglewer, *Preliminary Review of AEC Reactor Safety Study*（San Francisco, Ca.: Cambridge, Mass.: Sierra Club and Union of Concerned Scientists, Dec. 1974）.

（13） 都甲、前掲論文、「ラスムッセン報告書の概要」五六頁。ラスムッセン報告では、最初に現れる死者の数は二三〇〇ではなく三三〇〇である。

（14） 都甲泰正「原子力発電と安全性」『ジュリスト』第五八〇号（一九七五年）、一九―二三頁。同「確率論的安全評価」『日本原子力学会誌』第一九巻第三号（一九七七年）、一四二―一四三頁。

（15） 安成弘「原子炉の安全性と確率論的評価」『応用物理』第四五巻第六号（一九七六年）、五七二―五七八頁。竹村数男「確率論的安全評価手法」『原子力工業』第二四巻第九号（一九七八年）、二八―三三頁。Y. Togo and S. Takashima, “Probabilistic Approach in Licensing Process in Japan,” in, American Nuclear Society, *Probabilistic Analysis of Nuclear Reactor Safety*（La Grande Park, IL.: American Nuclear Society, 1978）, I.2.1–I.2.16.

(16) アーサー・R・タンプリンほか(高木仁三郎訳)「原子炉の事故解析・原発の信頼性――ラスムッセン報告批判」『技術と人間』第四巻第九号(一九七五年)、二〇―三七頁。小出五郎「原子炉事故の確率」『技術と人間』第四巻第一〇号(一九七五年)、一六三―一七五頁。プルトニウム研究会訳「安全性解析の欺瞞――ブライアン博士の証言」『技術と人間』第五巻第一号(一九七六年)、六二―七五頁。Daniel F. Ford(原子力技術研究会訳)「米連邦政府による原子力安全評価の歴史I――WASH-740から原子炉安全性研究まで――」「米連邦政府による原子力安全評価の歴史II――WASH-740から原子炉安全性研究まで――」『科学』第四七巻第九号(一九七七年)、五三七―五四四頁、第四七巻第一一号(一九七七年)、七〇一―七一三頁。

(17) 憂慮する科学者同盟(UCS)編(日本科学者会議原子力問題研究委員会訳)『原発の安全性への疑問――ラスムッセン報告批判』水曜社、一九七九年。軽水炉安全性研究グループ(小野周訳)『軽水炉の安全性――米国物理学会研究グループ報告』講談社、一九七九年。

(18) 武谷三男編『原子力発電』岩波新書、一九七六年、一三四―一四一頁。

(19) 前掲「ノーマン・C・ラスムッセン教授による講演会実施結果について」。

(20) 高木仁三郎『科学は変わる――巨大科学への批判』東洋経済新報社、一九七九年。引用は、同、社会思想社、一九八七年、八六頁。

(21) 山田太三郎「ラスムッセン報告の波紋」『原子力工業』第二四巻第一〇号(一九七八年)、四〇―四五頁。

(22) *Risk Assessment Review Group Report to the U.S. Nuclear Regulatory Commission*, NUREG/Cr-0400 (1978).

(23) 山田太三郎「ラスムッセン報告の波紋(II)」『原子力工業』第二四巻第一二号(一九七八年)、三六―四三頁。

(24) 編集部「米国NRCの1/19 Policy Statement ラスムッセン報告の「要約」撤回――その背景と反響」『原子力工業』第二五巻第四号(一九七九年)、三一―三四頁。

(25) T.ベッドフォード・R.クック(金野秀敏訳)『確率論的リスク解析――基礎と方法』シュプリンガー・ジャパン、二〇〇六年、七頁。佐山隼敏・井上紘一「フォールト・ツリー解析――その基礎と応用」『計測と

制御』第二〇巻第二号（一九八一年）、二二六―二三五頁。

（26）C. A. Erdmann and R. C. Leverenz, "Comparison of the EPRI and Lewis Committee Review of the Reactor Safety Studies," EPRI-Report NP-1130, July 1979.

（27）*Report of the President's Commission on the Accident at Three Mile Island*, Washington, D. C.（1979）.

（28）Mitchell Rogovin and George T. Frampton, Jr., *Three Mile Island, a Report to the Commissioners and to the Public*（Government Printing Office, 1980）.

（29）山田太三郎「TMI事象とWASH-1400」『原子力工業』第二六巻第五号（一九八〇年）、六七―七二頁。

（30）"The Comparative Risks of Different Methods of Generating Electricity," *Nuclear News*, November 1979: 193–195.

（31）"An Evaluation of the Rasmussen and Lewis Reports and of the January 1979 NRC Policy Statement on Risk Assessment," *Nuclear News*, June 1980: 177–178.

（32）藤本陽一「ラスムッセン報告の限界」『エコノミスト』第五七巻第一八号（一九七九年）、一一三―一一五頁。武谷三男「原子力と人類の将来」『エコノミスト』第五七巻第一八号（一九七九年）、一〇―一八頁。

（33）佐藤一男『原子力安全の論理』日刊工業新聞社、一九八四年、一五四頁。

（34）原子力安全委員会編『原子力安全白書　昭和五六年版』大蔵省印刷局、一九八一年、四二九頁。以下『原子力安全白書』は『白書　〇〇年版』と記し、初出時に刊年を記す。刊行者は、平成一一年版までは大蔵省印刷局、平成一二年版・一三年版は財務省印刷局、平成一四年版から一七年版までは国立印刷局、平成一八年版からは佐伯印刷。

（35）『白書　昭和五六年版』、四二一頁。

（36）日本原子力研究所原研30年史編集委員会編集『原研30年史』日本原子力研究所、一九八六年、三九頁。

（37）飛岡利明「確率論的安全評価」『計測と制御』第二〇巻第一一号（一九八一年）、一〇四八―一〇五五頁。

（38）阿部清治・西誠・渡辺憲夫・工藤和夫「炉心溶融事故時熱水力解析コード・システムTHALESの開発、（I）コード・システムと計算モデルの概要」『日本原子力学会誌』第二七巻第一一号（一九八五年）、一〇三五―一〇四六頁。
(39) 柴田碧・亀田弘行・黒田孝・岡村弘之・飛岡利明・宇賀丈雄・篠塚正宣「原子力発電所の地震時危険度の確率論的評価」『日本原子力学会誌』第二八巻第一号（一九八六年）、二―四〇頁。
(40) 後の表現を用いれば、レベル3までの確率論的安全評価を指す。レベル1は炉心損傷に至る事故、レベル2は格納容器破損とそれによる放射性物質の環境への放出など、レベル3は格納容器破損時の公衆の被曝線量や放射線影響などを対象とする。「フルスコープのPSAの実施」と記した『動燃二十年史』（一九八八年刊）には、「レベル」の表現はまだ見られない。
(41) 動燃二十年史編集委員会編集『動燃二十年史』動力炉・核燃料開発事業団、一九八八年、一九五―一九七頁、二六一頁。
(42) 近藤駿介・松岡猛・飯田式彦・早田邦久・阿部清治・飛岡利明・小林健介・村上秀明・可児吉男・中村隆夫「原子力発電所の確率論的安全評価」『日本原子力学会誌』第二八巻第一二号（一九八六年）、一〇九六―一一二八頁。
(43) 『白書　昭和六〇年版』（一九八六年）、六三頁、二五一―二六二頁。
(44) 『白書　昭和六一年版』（一九八七年）、二頁。『白書　昭和六二年版』（一九八八年）、三三五頁、三三二頁。
(45) 『朝日新聞』一九八六年八月一五日朝刊、三頁。『毎日新聞』一九八六年八月一五日朝刊、九頁。『読売新聞』一九八七年三月二〇日朝刊、七頁。
(46) 西脇由弘「我が国のシビアアクシデント対策の変遷――原子力規制はどこで間違ったか㊤」『原子力eye』第五七巻第九号（二〇一一年）、三七―四〇頁。
(47) 『白書　平成二年版』（一九九一年）、二二七―二二八頁。
(48) 近藤駿介『原子力の安全性』同文書院、一九九〇年、一九四―一九五頁。
(49) 『白書　平成四年版』（一九九三年）、三三六―三三八頁。
(50) 阿部清治「原子力発電所のシビアアクシデント――そのリスク評価と事故時対処策」JAER-Review 95-006（日本原子力研究所、一九九五年）、一―二頁。

(51)『白書　平成六年版』(一九九五年)、四三〇頁。阿部清治『原子力のリスクと安全規制——福島第一事故の〝前と後〟』第一法規、二〇一五年、二六—二七頁。

(52)内的事象(内部事象)・外的事象(外部事象)は、プラントの中で生ずるか(火災、浸水など)、外で生ずるか(地震、津波、航空機落下など)の区分に対応して分けられることが多い。ただし、確率論的安全評価の手法に応じて、ランダムに起こる異常と、自然現象などの予見可能な外的要因によって生ずる異常の別に対応させる場合もある。

(53)『白書　平成一四年版』(二〇〇三年)、八五—八六頁。西脇由弘「我が国のシビアアクシデント対策の変遷——原子力規制はどこで間違ったか㊦」『原子力eye』第五七巻第一〇号(二〇一一年)、四二頁。

(54)原子力安全研究協会、前掲書、一二頁。原子力安全研究協会PSA実施手順調査専門委員会「確率論的安全評価(PSA)実施手順に関する調査検討——レベル1PSA、内的事象」(一九九二年)。同「確率論的安全評価(PSA)実施手順に関する調査検討——レベル2PSA、内的事象」(一九九三年)。

(55)日本原子力研究所原研40年史編集委員会編集『原研40年史』日本原子力研究所、一九九六年、一〇八—一〇九頁。日本原子力研究所原研史編纂委員会編集『日本原子力研究所史』日本原子力研究所、二〇〇五年、二八六—二九二頁。

(56)動燃三十年史編集委員会編集『動燃三十年史』動力炉・核燃料開発事業団、一九九八年、一九七—一九八頁、五二四—五二六頁。

(57)平野光将「連載講座　軽水炉の確率論的安全評価(PSA)入門　第1回　PSA技術活用の経緯と基本的考え方」『日本原子力学会誌』第四八巻第三号(二〇〇六年)、一九〇—一九六頁。福田護・桐本順広「連載講座　軽水炉の確率論的安全評価(PSA)入門　第4回　起因事象発生頻度、機器故障率、ヒューマンエラー等のデータベース」『日本原子力学会誌』第四八巻第七号(二〇〇六年)、四九〇—四九六頁。

(58)『白書　平成一一年版』(二〇〇〇年)、二一三頁。

(59)『白書　平成九年版』(一九九八年)、一六—六二頁。

(60)『白書　平成一〇年版』(一九九九年)、六四—六九頁、八二—八四頁。

(61)『白書　平成一一年版』六〇—六五頁。『白書　平成一二年版』（二〇〇一年）、五二—五三頁、二〇九—二一二頁。
(62)『白書　平成一二年版』五六頁。
(63)『白書　平成一三年版』（二〇〇二年）、八一頁、一三六—一三九頁。
(64)『白書　平成一四年版』（二〇〇三年）、四—一六頁、二一三—二一八頁。
(65)『白書　平成一五年版』（二〇〇四年）、一—三七頁、七五頁、二二四—二二七頁。
(66)『白書　平成一六年版』（二〇〇五年）、九七—九九頁。『白書　平成一七年版』（二〇〇六年）、一五〇頁。『白書　平成一八年版』（二〇〇七年）、二五四—二五六頁。『白書　平成一九・二〇年版』（二〇〇九年）、二六五頁。
(67)『白書　平成一八年版』六二頁。
(68)日本原子力学会「リスク情報活用の本格導入に向けた関連規格の体系化に関する今後の課題と提言」AESJ-SC-TR002: 2008（二〇〇九年）。同、「原子力発電所の安全確保活動の変更へのリスク情報活用に関する実施基準：2010（RK002: 2010）」（二〇一〇年）。
(69)西脇、前掲論文、「我が国のシビアアクシデント対策の変遷——原子力規制はどこで間違ったか㊦」、四〇—四五頁。
(70)『白書　平成一二年版』五六頁。
(71)ベッドフォード、クック、前掲書、iii頁。
(72)原子力規制委員会「平成二五年度　年次報告」、三三—三九頁。https://www.nsr.go.jp/data/000067306.pdf（二〇一六年四月二九日閲覧）

III 健康

第6章　食品の安全性と水銀中毒
——生活習慣と行政基準

廣野喜幸

本章では、日本において水銀リスクに対する安全基準がどのように設定されてきたかの歴史を振り返り、そこに認められる特徴について探っていく。

1　安全基準による化学物質リスクの制御

水銀リスクといえば、ただちに水俣病が思い起こされるであろう。水俣病は大きな社会問題であったし、今もありつづけている。まず、水俣病の原因が水銀だとわかり、水俣病リスクが有機水銀リスクとして認定されるまでのあらましをざっと確認しておくことにしよう。[1]チッソ附属病院長細川一による水俣病患者の公式発見は一九五六年五月一日、熊本大学などによる有機水銀説の発表は一九五九年七月一四日、新潟で第二水俣病の発生が確認されたのが一九六五年、厚生省の有機水銀説受容は一九六八年九月二六日になされた。これ以降、水銀中毒リスクにどう対処するかが社会の課題の一つになった。水銀のような化学物質によるリスクに対しては、安全基準を設定して、その遵守をはかることが対策の主たる内実になる。

化学物質の影響の仕方にはいくつかのパターンがある。ある濃度を下まわっていれば影響はないが、それを上まわると毒性を発揮しはじめるのが、「閾値あり」パターンである。醤油はこのパターンになる。財団法人日本中毒情報センターによれば、醤油の推定致死量の最小値は、人の体重一キログラム当たり二・八ミリリットルである。平均体重を五〇キログラムとして計算すると、(2) 日本人は一四〇ミリリットルほど飲むと死ぬ計算になる。寿司を醤油でつまむ分にはただおいしいと味わっていればよいが、コップ一杯ほどを一気飲みすれば死にかねない。他に、どんなに少量でも毒性をもつ「閾値なし」パターンがある。発がん性物質の発がん作用は「閾値なし」パターンを示す（放射線による発がん作用も、「閾値なし」パターンであるとする意見がある所以である）。また、ある閾値を下まわっていれば好影響を与えるが、その閾値より大きいまた別の閾値を上まわると悪影響を与えるパターンもある。少量のセレンは人体に必須だが、ある閾値を越えると有害になる。

ある物質が毒だと呼称されるのは、有害作用を及ぼす閾値がとても低い場合である。寿司につける程度で死ぬとしたら、私たちは醤油を毒とみなしていただろう。水銀はこの狭い意味での毒物にあたる。

外界の環境からさまざまな経路で私たちの体内に水銀が蓄積される。呼吸によって大気中の水銀を、飲み食いしては魚介類や水中の水銀を体内に取り入れている。水銀は——その閾値が低いとはいえ——「閾値あり」パターンだから、大気中からの、水中からの、魚介類中からの水銀摂取量を一定以下に抑えることができれば、有毒な作用を被ることはない。そのために安全基準が設定されてきた。次節からその歴史を紐解いていくが、魚介類に焦点を合わせることにしたい。というのも、体内に蓄積される水銀の八〇―九〇パーセントは魚介類を食べることに由来し、魚介類の水銀の制御が大きな課題となっているからである。

2　発症レベルの解明

体内の水銀動態と症状の関係は全貌が明らかになっているとは言いがたい。だが、基本的には、それぞれの臓器に沈着した水銀量が重要な要因なのであろう。金属水銀や有機水銀中毒ならば中枢神経系に、無機水銀中毒ならば腎臓に蓄積された水銀量が直接的な影響をもたらす。体内の水銀量を毛髪中のそれで代表させる場合が多いが、毛髪水銀量は大雑把な代替指標にすぎない。毛髪水銀量が高くても症状がでない人もいれば、低くても現れてしまう人もいる。

にもかかわらず、いくつかの利点があるため、毛髪水銀量はよく参照される。たとえば、毛髪は使い捨ての臓器であり、採取するのに侵襲性がない。また、毛髪水銀値から血中の水銀値や体内の平均水銀濃度が推定できる（個人差があるので精度は粗いけれども）。血中水銀濃度は毛髪水銀濃度の約二五〇分の一、体内の平均水銀濃度のおよそ九分の五ほどであり、体内の平均水銀濃度は毛髪水銀濃度の約一四〇分の一である。また、毛髪水銀濃度を一万で割ることによって、その人が一日当たりに摂取している体重当たりのおよその平均水銀量を推定しうる（コラム参照）。毛髪中の水銀濃度が血中のそれより二

コラム　水銀の摂食量と毛髪水銀濃度の関係

摂取する人の1日当たり体重当たりの摂取量の値 d[mg/kg/day] をおよそ1万倍すると毛髪水銀濃度 m[mg/kg] の値になる。すなわち、

m[mg/kg] = 10000 × d[mg/kg/day]　(1)

言い換えれば、毛髪水銀量の1万分の1程度を、その人は毎日主として食事から取り入れていることになる。もちろん、これは大雑把な近似にすぎず、現実の有機水銀中毒症を考察するに当たっては、より精緻な検討が必要になる。なお、d における体重当たりとは、食物である魚の重量でなく摂取者当人の体重のことである。同量の水銀を摂取しても、からだの大きい人ほど濃度は低くなる。毒性にきいてくるのは、摂取した絶対量というよりは、濃度なのである。

経験的に毛髪中の水銀濃度 m[mg/kg] は血中水銀濃度 C[mg/kg] の250倍ほどであることが知られている（平均値でなく範囲で示すと140–460倍)。

C[mg/kg] = m[mg/kg]/250　(2)

したがって、

C[mg/kg] = 40 × d[mg/kg/day]

以下、ワン・コンパートメント・モデルと呼ばれる算出法に従って、(1)式を導出していこう。まず、体内濃度は安定しているという仮定が置かれる。これは、あるとき測定した体内濃度は、短期間の後に再度測定しても、同様な値が得られることを意味する。同様な環境にいて、同様な生活をしている限り、摂取量と排出量はほぼ釣り合っており、体内の水銀濃度はほぼ一定していると仮定するのである。環境中の水銀濃度が増大しているときは、同様な環境中にいるとはみなせないので、この仮定が成り立つわけではない。

摂食量は次のように定式化できる。摂食量のデータは、摂取する人の体重当たりの1日水銀摂取量 d[mg/kg] に着目する。摂取する人の体重を w[kg] とすると、消化管に取り入れる水銀量は、$d \times w$[mg] になる。消化管ですべてが吸収されはしないので、吸収率を A[無次元量] とすると、体内

に吸収される水銀量は、$d \times w \times A$[mg] となる。

排出量は以下で求められる。体内の総水銀量を T[mg]、そのうち排出される割合である排出係数を b[無次元量] とすると、排出量は $T \times b$[mg] である。体内で水銀は、神経系や毛髪などに分布する。経験的に、体内の水銀のうち、血液中に存在する水銀の割合 f [無次元量] はほぼ一定である。血液中の水銀量は、$T \times f$[mg] となる。血中の水銀量は、血液量 V[kg]、血中水銀濃度 C[mg/kg] の積としても表せるから、$V \times C$、したがって、

$$T \times f = V \times C、T = V \times C/f$$

結局排出量は、

$$T \times b = (V \times C \times b)/f$$

摂取量と排出量は等しいから、

$$d \times w \times A = (V \times C \times b)/f$$

$$d = (V \times C \times b)/(f \times w \times A) \quad (3)$$

(2) 式を (3) 式に代入すると

$$d = (V \times m \times b)/(250 \times f \times w \times A)$$

$$m = (d \times 250 \times f \times w \times A)/(V \times b) \quad (4)$$

血液量は体重の 9%、血液中に存在する水銀は全身のそれの 5% ほどなので、$V = 0.09 \times w$、$f = 0.05$ を (4) 式に代入すると、

$$m = (d \times 250 \times 0.05 \times A)/(0.09 \times b)$$

$$= d \times (A/b) \times (0.05/0.09) \times 250$$

$$= d \times (A/\mathrm{b}) \times (5/9) \times 250$$

A/b は正味の吸収率を与える値である。A が大きいほど、また、b が小さいほど、体内水銀濃度は多くなる。これはその人のからだ全体を母数としたときの平均水銀濃度の指標にすぎないから、9 分の 5 をかけることによって、血液中の水銀濃度を求めてやらなければならない。このように血中水銀濃度は全身のそれよりも低くなる。しかるのち、250 倍して毛髪水銀濃度が得られる。このように、摂食濃度→全身の平均水銀濃度→血中水銀濃度→毛髪水銀濃度といった順に算出していく。

経験的に、吸収率は 95% くらい ($A = 0.95$) であり、排出率 b は 0.01、つまり、1 日に 1% ずつくらい排出されていく。水銀は体内から排出され、お

よそ50–70日で半分になる（＝半減期tが50–70日である）と考えられている。1日当たりの排出率はbなのだから、ある量が存在したとき、体内にとどまるのは$1-b$。よって、

$$
\begin{aligned}
(1-b)^t &= 1/2 \\
t\ln(1-b) &= -\ln 2 \\
\ln(1-b) &= (-\ln 2)/t \\
1-b &= \exp((-\ln 2)/t) \\
b &= 1-\exp((-\ln 2)/t)
\end{aligned}
$$

$t=70$とすると、

$$
\begin{aligned}
b &= 1-\exp(-\ln 2/70) = 1-\exp(-0.693/70) = 1-\exp(-0.0099) \\
&= 1-0.99 \\
&= 0.01
\end{aligned}
$$

$t=50$なら、

$$
\begin{aligned}
b &= 1-\exp(-\ln 2/50) = 1-\exp(-0.693/50) = 1-\exp(-0.014) \\
&= 1-0.99 \\
&= 0.01
\end{aligned}
$$

有効桁数を考慮すれば、いずれにせよ、$b=0.01$となる。

これを（4）式に代入すると、

$$m = d\times(0.95/0.01)\times(5/9)\times 250 = d\times 13194 \quad (5)$$

それぞれの有効数値が1–2桁であることを考慮すると、およそ

$$m = 10000\times d \sim 13000\times d$$

となる。

半減期、からだ全体に存在する水銀に対する血中に存在する水銀の比率、血液に対する全身の質量比率は、論者によって異なる数値が使われる（それぞれ、49.5－70日、0.05－0.059、13.4－14.3ほど）。このため、10000－13000ほどの変動幅を見せるが、本章の目的のためには、「毛髪水銀濃度は摂食量の10000ほどである」と認識しておくのが思考経済上有用であろう。13000としても計算結果に格段の違いがあるわけではない。

桁高いのは、有機水銀と結びつきやすいシステインが毛髪中のケラチンには豊富に含まれているためである（毛髪が抜けることが水銀の排出ルートの一つになっている）。そこで、本章でも基本的に毛髪水銀濃度に言及しつつ議論を進めていくことにする。

　取り入れた化学物質は生体に影響を与える。安全基準を設定するにあたっては、何よりもまず、体内の蓄積量と生体反応の関係が明らかにされなければならない。水俣地域の有機水銀中毒の際は原因を明らかにすることに追われたが、新潟における第二水俣病では各臓器や毛髪・血中水銀濃度と症状をつきあわせることができた。新潟大学医学部教授椿忠雄が中心となって、汚染地区住民一万一九〇四名にアンケートをし、有機水銀中毒の疑われる二九三一人を選び出し、毛髪水銀値とアンケートにおける症状の対応が調査された。そのうち五六九人は実際に検診も行われた。その結果、手足のしびれは全員に共通して見られ、口のしびれや視野障害といった他の症状が加わるのが、毛髪水銀量がだいたい五〇ミリグラム／キログラム＝五〇ピーピーエム（ppm）[3]からだということが一九六六年には明らかになってきた。これに相当する一日当たりの摂取量は一万で割って〇・〇〇五ミリグラム／キログラム＝五マイクログラム／キログラム＝五ピーピービー（ppb）[4]であり、血中濃度は二五〇で割って〇・二ミリグラム／キログラムほどである。

　イラクでは、有機水銀で消毒された種子を用いてパンをつくり、それを食べた人が死亡する事件が一九五六年・一九六〇年・一九七一年に起こっている。一九七一年の事例では、患者数は六五三〇人にも及び、死者は四五九名を数えた。このときの研究では、体内に絶対量として二五ミリグラムほどが蓄積されると発病するとされている。平均体重を六〇キログラムとする国際的な仮定を踏襲して単純計算すると体内の平均水銀濃度〇・四二ミリグラム／キログラム、血中水銀濃度は〇・二三ミリグラム／キログラム、毛髪水銀濃度は五八ミリグラム／キログラムほどになる。これは新潟大学の結果と整合的である。

劇症を呈し、死に至った人には、おそらくその一桁上の水銀が蓄積されていたと思われる。イラクの研究は、体内に絶対量として二〇〇ミリグラムほどが蓄積されると死に至るという。平均体重六〇キログラムとみなし体内の平均水銀濃度を計算すると三・三ミリグラム／キログラムになる。このとき、血中水銀濃度は一・八ミリグラム／キログラム、毛髪水銀濃度は四六〇ミリグラム／キログラムほどだと推定される。

水俣病患者は公式発見（一九五六年五月）頃より被害が急増する。重篤例の中には発症後一九日で死亡する人もいた。しかし、当初水俣奇病とされ、金属中毒症が疑われはしたものの、考えられたマンガン・セレン・タリウム中毒のどれも病像に一致せず、水銀にたどり着き発表されたのが一九五九年七月一四日であったため、これ以前に亡くなった方の水銀含有量データは存在しない。行政文書に患者の水銀値が記載されるのは、一九五九年一〇月六日の『水俣病研究中間報告』（食品衛生委員会中毒部会）あたりからであろう。これ以降だと、毛髪水銀量七〇〇ミリグラム／キログラムを示した存命中の患者例があり、このあたりが最高値であろう。現在では——個体差がもちろんあるが——、どんなに耐性が強い人でも毛髪水銀濃度が一〇〇〇ミリグラム／キログラムを上まわるようになったら、とても生きていけないのだろうと考えられている。

3　一九七三年の厚生省基準

水俣、そして一九七一年のイラク事故を受けて、一九七二年四月、国際連合食糧農業機関と世界保健機関は合同食品添加物専門家委員会の第一六回会議を開き、メチル水銀を含む各種物質の安全基準を提案した。[5] そこでは、メチル水銀の一週間の暫定耐容摂取量はヒト一人あたり総水銀〇・三ミリグラム、メチル水銀で〇・二ミリグラムとされた（一九七二年FAO／WHO基準）。体重を六〇キログラムとするのが国際的慣行だから、六〇で割りさらに七で割り、一日当たりの耐容量に換算するとそれぞれ〇・〇〇〇七一ミリグラム／キログラム、〇・〇〇〇四七ミリグラム／キログラムになる。四捨五入して単位をなおすと、それぞれ〇・七マイクログラム／キログラム、〇・五マイクログラム／キログラムである。本章は基本的にメチル水銀を指標にしているので、結局、一九七二年FAO／WHO基準の暫定一日耐容量は〇・五マイクログラム／キログラムということになる。

この「一日当たり〇・五マイクログラム／キログラム」は、発症レベルから計算される値「一日当たり五マイクログラム／キログラム」（一七六頁参照）の一〇分の一である。多食の人、感受性の高い人はリスクが高まる。あるいは水銀流失事故が起こり、魚介類の含有水銀量が増えても同様である。こうしたリスクを高める要因が揃ってしまったとしても、相応の安全性がなお保たれる数値を基準にしたい。そのためには、発症をもたらす値のX分の一を基準に設定するとよいだろう。このXを安全係数（あるいは不確実性係数）と呼ぶ。

適切な安全係数を決める合理的理論があるわけではないのだが、ヒトのデータがある場合は、個人差を加味して安全係数を一〇におくのが通例になっている（ヒト以外の動物のデータしかない場合、安全係数を一〇〇とおくのが普通である）。つまり、同委員会の決定した一日許容量は、新潟大学のデータに依拠した上で、通例に従って安全係数を一〇とした結果とみなせるのである。

水俣で観察された最高値である毛髪水銀量七〇〇ミリグラム／キログラムの人は一日〇・〇七ミリグラム／キログラム摂取していたと推定できる。安全基準の一四〇倍、発症する目安の一四倍にものぼる。日本人なので平均体重五〇キログラムとして計算すると一日三・五ミリグラムほどを食べていたことになる。当時の魚介類の水銀含有量は二〇―四〇ミリグラム／キログラムだから、八八―一七五グラムほどを、つまり、刺身にしたら九―一八切れほどを毎日食べていたのだろう（ここでは一切れ一〇グラムとした）。漁村などではそのくらい食していたとしても不思議ではない。

一九七三年五月二二日、水俣・新潟に続く第三の水俣病が有明海周辺に発生していたと新聞各紙が大々的に報じた。熊本大学医学部「一〇年後の水俣病研究班」は一九七一年八月二一日から水俣湾の北に位置する有明海周辺住民の調査を開始していたが、水銀中毒と疑われる例が複数発見されていたのである。水俣のときは、特異な一地方の出来事という受け止め方も可能だったが、新潟・有明海と続くと、他人事とは思えなくなりはじめる。第三水俣病の可能性は大きな反響を呼び、各地で水銀汚染の実態調査がなされるとともに、対策を求める声が一段と増すようになった（ただし、後に水俣病ではないと否定された）。

一九七二年ＦＡＯ／ＷＨＯ基準と第三水俣病発生の可能性に後押しされ、厚生省は一九七三年五月三

○日に「魚介類の水銀に関する専門家会議」を設置し、対策の審議を諮った。これに応えて、同会議は一カ月も経たぬ六月二四日、「魚介類の水銀の暫定的基準についての意見」を答申した。これは「魚介類の水銀の暫定的規制値について」として、一九七三年七月二三日、厚生省衛生局長名で各都道府県知事・政令市市長に通達された。[6] この答申・通達における安全基準は表6・1（1）のようなものである（一九七三年厚生省基準）。

一九七二年FAO／WHO基準に倣って、一九七三年厚生省基準も暫定一日耐容量は〇・五マイクログラム／キログラムとした。前述のように、日本人の場合平均体重を五〇キログラムとみなすので、平均的日本人が一日に摂取してよい水銀量は二五マイクログラム（＝〇・〇二五ミリグラム）になる。日本人の一日当たりの魚介類摂取量の最高値について、その平均値を算出すると一〇八・九グラム（〇・一〇八九キログラム）であった。[7] ということは、その魚介類が〇・二三ミリグラム／キログラムを下まわる水銀濃度だとしたら、許容量を下まわる（〇・二三×〇・一〇八九＝〇・〇二四）。〇・二三ミリグラム／キログラムを上まわる水銀濃度をもつ魚介類が流通しなくなれば、平均的な食生活をしている人が、その人にとってもっとも多く食した場合でも基準値を満たす。平均的でない魚介類多食者は基準を上まわるが、その場合でも安全係数を設定してあるので（平均より一〇倍食べる人はまずいないだろう！）、まずまずの安全が確保されるはずである。そこで、このようにして計算された理論値〇・二二三ミリグラム／キログラムを越える魚介類を流通させないように求める基準が設定されたのであった。ただし、「メチル水銀として実際に適用する場合にあつては、測定技術上の問題もあるのでメチル水銀平均〇・三ppmとすることも認めることとした」（「魚介類の水銀の暫定的基準についての意見」、傍点は引

表６・１　日本の水銀リスクに対する安全基準の変遷

(1)「魚介類の水銀の暫定的規制値について」(1973年7月23日厚生省)

魚介類の水銀の暫定的規制値は総水銀としては0.4 ppmとし、参考としてメチル水銀0.3 ppm（水銀として）とした。

ただし、この暫定的規制値は、マグロ類（マグロ、カジキおよびカツオ）および内水面水域の河川産の魚介類（湖沼産の魚介類は含まない）については適用しないものである。

注記）暫定1日耐容量は0.5 ppb

(2)「深海性魚介類等にかかる水銀の暫定的規制値の取扱いについて」(1973年10月11日厚生省)

魚介類の水銀の暫定的規制値は総水銀としては0.4 ppmとし、参考としてメチル水銀0.3 ppm（水銀として）とした。

ただし、マグロ類（マグロ、カジキおよびカツオ)、深海性魚介類など（メヌケ類、キンメダイ、ギンダラ、ベニズワイガニ、エッチュウバイガイおよびサメ類）および河川産魚介類（湖沼産の魚介類を含まない）については適用外。

(3)「水銀を含有する魚介類等の摂食に関する注意事項」(2003年厚生労働省)

妊娠されている方およびその可能性のある方（いずれも1回60–80 gとして）

2カ月に1回以下：バンドウイルカ

1週間に1回以下：ツチクジラ・コビレゴンドウ・マッコウクジラ・サメ（筋肉）

1週間に2回以下：メカジキ・キンメダイ

(4)「妊婦への魚介類の摂食と水銀に関する注意事項」(2005年、2010年。厚生労働省)

妊娠されている方および妊娠している可能性のある方（いずれも筋肉で1回約80 gとして換算）

2カ月に1回以下（1週間に10 g程度）：バンドウイルカ

2週間に1回以下（1週間に40 g程度）：コビレゴンドウ

1週間に1回以下（1週間に80 g程度）：キンメダイ・メカジキ・クロマグロ・メバチマグロ・エッチュウバイガイ・ツチクジラ・マッコウクジラ

1週間に2回以下（1週間に160 g程度）：キダイ・マカジキ・ユメカサゴ・ミナミマグロ・ヨシキリザメ・イシイルカ・クロムツ（*）

*）クロムツは2010年に追加された。

注記）妊婦に対する暫定1日耐容量は0.2 ppb。

用者による)。この含意については後ほど論じる。

これに対し、水産庁から深海性魚介類を規制対象外にするように厚生省に要望があり、厚生省の諮問によって専門家会議が検討し、適用外にする旨の答申「深海性魚介類等にかかる水銀の暫定的規制値の取扱いについて」が一〇月一一日になされた(8)。これを受けて、厚生省は同日、「深海性魚介類等にかかる水銀の暫定的規制値の取扱いについて」を各都道府県知事に通知した(表6・1(2))。

結局、一九七三年一〇月一一日の時点における安全基準は、次のようなものである。「魚介類の水銀の暫定的規制値は総水銀としては〇・四ppmとし、参考として、メチル水銀〇・三ppm(水銀として)とした。ただし、この暫定的規制値は、マグロ類(マグロ、カジキ及びカツオ)、深海性魚介類等(メヌケ類、キンメダイ、ギンダラ、ベニズワイガニ、エッチュウバイガイ及びサメ類)及び河川産魚介類(湖沼産の魚介類を含まない)については適用外。」なお、この表現中には明示されていないが、再度述べておくと、一九七三年厚生省基準の暫定一日耐容量は〇・五マイクログラム/キログラム(一八〇頁参照)である。

一九七六年、世界保健機関は各種化学物質の安全基準を示唆した「環境保健クライテリア(Environmental Health Criteria 1)」を公表する(一九七六年EHC基準)。同基準においては、三―七マイクログラム/キログラム摂食している人々のうち、知覚・感覚異常が生じるのは五パーセント以下であると指摘されていた(9)。一九七六年EHC基準は基本的に一九七二年FAO/WHO基準や一九七三年厚生省基準と同じであって、発症レベルを「毛髪水銀五〇ミリグラム/キログラム、摂食量五マイクログラム/キログラム」ほどとしている。かくして、一九七〇年代を通して、発症レベルを「毛髪水銀五〇ミリグラム／キログラム、摂食量五マイクログラム／キログラム」、安全基準を「毛髪水銀五ミリグラム／キログラム、摂食量〇・五マイクログラム／キログラム」ほどとする基準が確立していったのであった。

ここで規制外となったマグロの水銀リスクを大雑把に計算してみることにしよう。私は鉄火丼系が嫌いではない。週に一回ほどは某寿司店でづけマグロ穴子ちらしなるものを食していた時期があった。マグロやクジラなど食物網の上位に位置する生物は、水銀の垂れ流しといった人為的汚染がなくとも、自然の循環の中で高濃度の水銀を蓄積しやすい。現時点では、マグロのメチル水銀平均値は一ミリグラム／キログラムほどであり、他の魚介類の基準である〇・三ミリグラム／キログラムを優に上まわっている。さて、私の食生活の水銀リスクはいかほどだろうか。

ちらしにはマグロの刺身が八切れほどのっている。測ってみたところ、およそ四〇グラムであった。一回の食事で〇・〇四ミリグラム摂取することになる。週一回なので一日平均になおすと〇・〇〇六ミリグラム程度になる。一方、私は体重が六六キログラムくらいなので、一日当たりでは〇・〇〇〇五×六六＝〇・〇三三ミリグラムほどまで食べてよい。すると、私がこの他には水銀をまったく摂っていない食生活をしているのならば、週五・八回で安全基準ぎりぎりになる。週一回の私が水銀中毒になる可能性は低いだろう。ちなみに、普通の鉄火丼はマグロが八〇グラムほどなので、週二・九回までということになる。週四回以上、鉄火丼を食べる偏食者は安全基準を上まわる可能性がある。まだ安全係数分だけの「余力」があるとはいえ、マグロに有機水銀がかなり含まれているとか、感受性が高い場合もあるので、偏食者はまじめに有機水銀リスクを考えた方がいいだろう。

一九八〇年、世界保健機関と国際労働機関・国連環境計画の三者は、（1）化学物質（医薬品は除く）

が人体に及ぼす影響の評価と、（2）その許容量を設定する環境保健クライテリア（評価基準）の策定の二つを主要任務とする国際機関「化学物質安全計画ＩＰＣＳ（International Programme on Chemical Safety）」を設置した。同機関は、本部をジュネーブにおき、環境保健クライテリアの策定を世界保健機関から引き継ぎ、六七の化学物質について、安全基準（強制力のない指針）を提案する作業を続けることとなった。発足にあたって、水銀に関する一九七二年ＦＡＯ／ＷＨＯ基準についても再吟味されたというが、このときは見直さなければならない要因を見いだすことはなかった。実質的検討が加えられはじめるのは、一九八〇年代末になってからのことである。

4　一九九〇年の環境保健クライテリア——妊婦胎児のリスク・レベルの明記

一九七三年の厚生省通知には次の文言があった。「この暫定的規制値の正しい運用によつて一般的には十分な安全が確保されるものであるが、妊婦および乳幼児に対しては、各方面の魚介類の調査結果と食生活の実態を考慮のうえ適切な食事指導にあたられたい」（傍点は引用者）。このように、一般的には大丈夫だが、妊婦および乳幼児に対しては必ずしもそうではないかもしれないと注意が促された。通常胎盤は毒性物質が母体から胎児に移行することを防ぐ。しかし、生体に必須のシステインに結びついた有機水銀は胎児に移行する。このため、生物濃縮が母体から胎児の段階でもう一段進む。妊娠中に有機水銀を摂取したとき、母体は障害が軽く、胎児は重くなってしまう所以である。かくして、胎児性水俣病がもたらされてしまう。

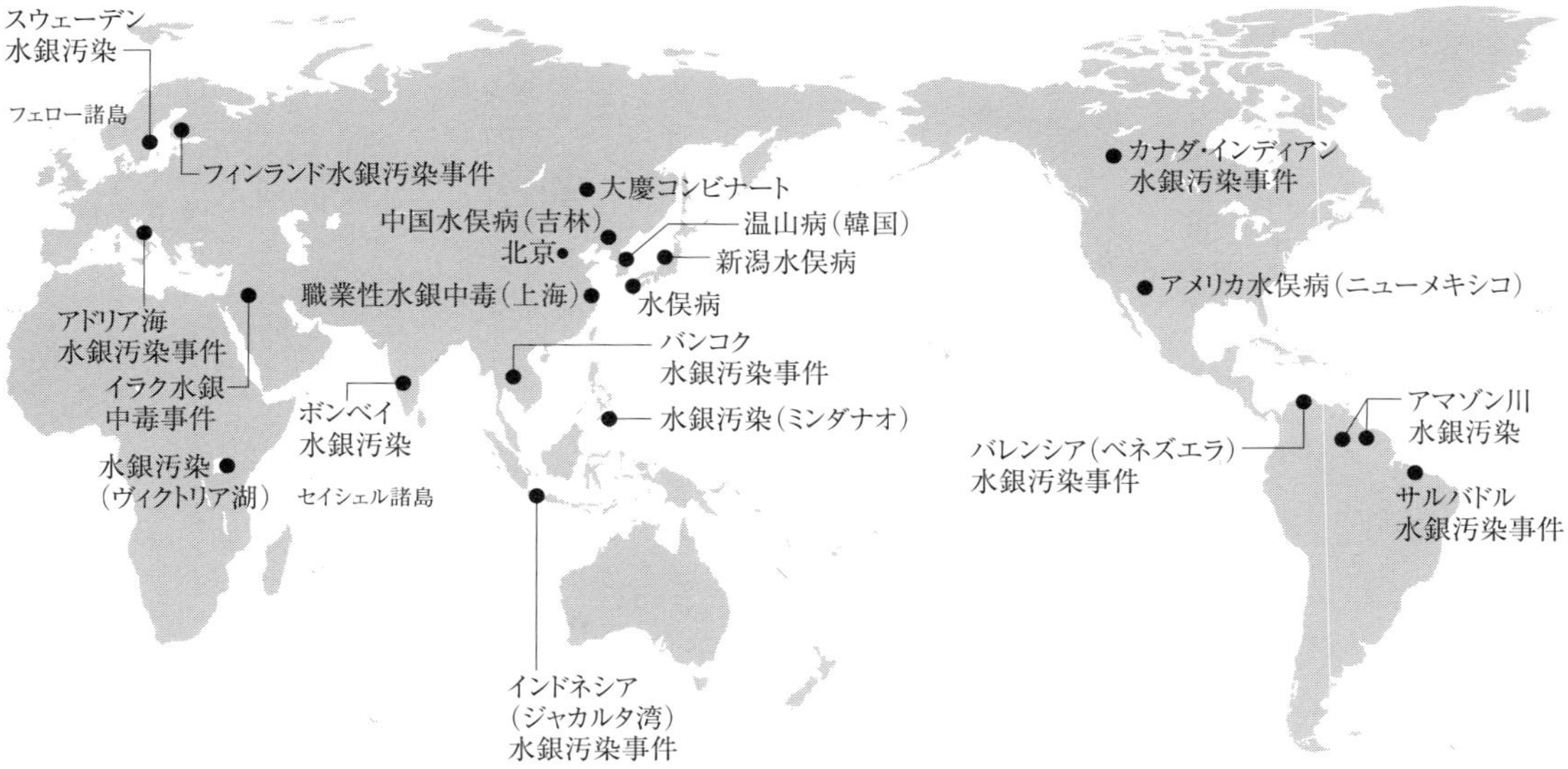

図6・1　世界の水銀中毒事故

水銀の生産量が世界的に増えたことに応じて、世界各地で水銀中毒事故が発生してきた

一九八〇—九〇年代は基本的に科学的知見の蓄積期であった。今後さらに研究することが必要だといわれてきた妊婦および胎児に対するリスクがこの時期に明らかになっていく。胎児に対する影響は、子どもがある程度成長してからでないと評価できないので、どうしても時間がかかる。

一九八〇年と一九八七年、デビット・マーシュやトーマス・クラークソンら、米国ロチェスター大学チームがイラクのバグダッド大学と協力して、一九七一年のイラク事故に遭遇した母子八四組を四年半から五年追いかけた調査の結果を公表した。この際、胎児に悪影響が見られた母親の最低毛髪水銀量は一四—一八ミリグラム／キログラムであった。

トロント大学のゲイル・マッケオウン—エイッセンらは一九八三年、カナダで被害にあった先住民クリー族で二三四人の子どもの追跡調査を行い、一三・〇—二三・九ミリグラム／キログラムの毛髪水銀量であった母親の子どもに問題が見られたと報告している。

水銀リスクを高める要因には、(1)事故などによって環境中の水銀が増加する、(2)魚介類を多く食べ、水銀を多く摂食する、(3)胎児あるいは成人でも体質などで水銀に脆弱である、の三つがあるだろう。一九七〇年代に研究が進んだのは、概して事故による事例であった。一九八〇年代以降は、魚介類を多く食べる人々や胎児の脆弱性、あるいはその双方を扱った研究も現れはじめたのが特徴である。

事故の場合、科学的結論をうまく導けるようなデータが揃っていることなどまずなく、確定的なことはあまりいえない。信頼性の高いデータを得るためには、(1)ほぼ同じような環境・状況にありながら、日常生活で自然に水銀を多く摂取してしまっている妊婦から低い妊婦までさまざまな人がいて比較でき、なおかつ、(2)胎児への影響について結論を出すために、定住性が高く、出生時をほぼ同一にする出生児集団（こうした条件を満たす集団は「コホート」と呼ばれる）を多数長期にわたって追跡できるという二条件を満たすことがありがたい。

これらの二条件を満たしやすいのは島嶼部に住む人々であり、コホート調査で最初に世に問われたのは、スウェーデンのトード・シュレストレムのグループによるニュージーランドの事例であった（一九八六、一九八九年）。スウェーデンでは一九六〇―七〇年代にかけて、水銀による野鳥の減少が社会問題になり、調査の結果、水銀の蓄積量が高い漁民が発見されていた。一九七七年に妊婦一〇〇〇人の毛髪水銀量を調べ、値の高かった七三名を選び出し、四歳になった時点で三八人の子どもにデンバー式発達テストなどを、六―七歳のときに、六一名の子どもにさらにさまざまな検査を行ったところ、一三―一五ミリグラム／キログラムを越えていた母親の子どもは成績が悪いことを見いだした。

以上の三グループによる研究は、歩きはじめが遅くなるなど、子どもの成長に悪い影響を与える濃度は、一九七〇年代の基準値よりも低く、毛髪水銀値でおよそ一〇―二〇ミリグラム／キログラムほどであるとした点で軌を一にしていた。胎児の感受性が成人と同程度だったとしても、母親は生物濃縮の度合いが一段階低い分、問題が生じる毛髪水銀濃度は低いはずであったし、胎児は中枢神経の発達期であるため水銀濃度が低くても悪い影響が出やすいのではないかと危惧されていたが、はたしてそうだったのである。毛髪水銀の閾値が低いのは、悪影響とみなす指標が成人とは自ずと異なるからでもある。成人に対しては病気を問題とするが、子どもに対しては生育のあり方が重要になる。歩き始めの時期を成人の指標とすることはない。今後の検討課題とされてきた問題にデータで答えが出たのだから、水銀リスクおよび安全基準は当然再吟味されることになった。

ＩＰＣＳ草案（Revised First Draft, 一九八八年五月）が作成され、一九八八年一二月一二―一五日に、ロチェスター大学にワーキンググループが参集し、検討した上で、関係各国の意見が募られ、一九八九年六月五―九日、イタリアのボローニャ州議会総本部で、米国やスウェーデン・カナダ・イギリス・ポーランド・日本などの一〇カ国代表からなるタスクグループ会議が開かれた。そして、一九九〇年に公にされたのが「環境保健クライテリア（Environmental Health Criteria 101）」である。[10] 同クライテリアによると、（1）一般成人に対するこれまでの基準は維持する、（2）妊婦については毛髪水銀量が七〇ミリグラム／キログラムを越すと確実に胎児のリスクが増す、（3）確定的なことはいえないが、イラク研究から同じく妊婦について毛髪水銀量が一〇―二〇ミリグラム／キログラムでもリスクをもたらされる可能性があるとされた。胎児に関するリスクは誰の目にも明らかな障害が念頭に置かれているのではなく、検査によってはじめて明らかになる類いのものである。妊婦・胎児について、単なる注意喚起から具体的な数値が記されるようになった点が大きな変化といえるだろう。これ以降は、一〇―二〇ミリグラム／キログラムという数値が妥当であるか否かの決着をつける研究に精力が注がれるとともに、安全基準が模索されていった。

5　二〇〇五年厚生労働省基準

セイシェル共和国は、アフリカ大陸東岸に浮かぶ一一五の島々からなり、約八万人の人々が暮らしている。最大のマヘ島に位置する首都ビクトリアに人口の約八割が集中する。魚介類を毎日食べる人が国

図6・2　フェロー諸島の捕鯨
クジラ類の水銀濃度は高い。文化として捕食が許されているフェロー諸島民は水銀中毒にかかるリスクが高い。とくに胎児への影響が懸念される
写真：ロイター／アフロ

民の八〇パーセントにものぼり、水銀汚染が懸念される地域である。イラク事故の調査にあたったロチェスター大学グループは、次の調査地域としてセイシェルに狙いを定め、一九八〇年代はじめに研究を開始した。一九八七年からの予備調査ではイラク研究と同様の結果が出たため、一九八九年から本格的にコホート調査に取り組み、一九八九―九〇年に妊娠していた女性七七九名の水銀値を測定し、子どもたちが五歳半になった一九九四―一九九五年に七一一名、九歳になった一九九七年二月―一九九八年一一月に六四三名の発達調査を行った。

フェロー諸島は、北大西洋上、ノルウェー・アイスランド・スコットランドの中間に浮かぶ一八の島々であり、およそ四万七〇〇〇人が、主として放牧と漁業によって生計を営む。デンマークの自治領として、デンマー

ク本土やグリーンランドとともにデンマーク王国を構成している。伝統文化であるゴンドウクジラ漁が現在でも続き、水銀量を多く含むクジラを頻食する人々が存在する。デンマークのオデンセ大学(当時)のフィリップ・グランジャン教授をはじめとする研究グループが、フェロー諸島島民の実態調査を開始したのは一九八〇年代半ばであった。一九八六年三月一九日―一九八七年一二月に、一〇二三人にも及ぶ妊婦の毛髪や臍帯の水銀を測る大規模調査が実施された後、子どもたちが七歳になった一九九四―九五年に九二三人、一四歳になった二〇〇〇―〇一年に八八三人の発達検査が試みられた。

これらの大規模調査はともに最初の発達調査が一九九五年になされ、一九九七年頃から結果が公表されはじめた。これで懸案となっていた胎児への影響問題に決着がつくはずであったが、二つの大規模調査は決着をつけるどころか、関係各機関に戸惑いをもたらした。フェロー諸島の研究では従来とほぼ同様の結論が導かれたのだが、セイシェル共和国の本調査は、水銀の悪影響を検知できず、それどころか、ある項目については、水銀値が高い妊婦から生まれた子の方が成績がよい(!)という結論になったのである。一九九八―二〇〇〇年頃は論争が盛んに行われた。論争に決着をつける方法の一つは、他地域で同様の調査を行うことである。二〇〇〇年、日本の厚生科学研究費補助金(生活安全総合事業)によって、「生活環境中の化学物質が胎児脳と出生後の発達に及ぼす影響の疫学研究」、いわゆる「東北児童発達研究」が開始された。

しかし、懸案であった妊婦・胎児問題が先送りにされることはなかった。結果公表以前の一九九七年、米国の環境保護庁(Environmental Protection Agency: EPA)は、イラクの研究結果に基づき、妊婦の毛髪水銀量一一ミリグラム/キログラムを目安とし、妊娠中のメチル水銀の基準摂取量である参照値

表6・2　水銀の1日当たり体重当たりの摂取量に関する諸基準

	毛髪水銀量（ppm）	1日当たり体重当たりの許容摂食量（ppb）	安全係数
1972年　FAO／WHO専門家委員会	50	0.5	10
1973年　日本厚生省	50	0.5	10*
1995年　米国環境保護庁	11	0.1	妊婦 10
1999年　米国健康福祉省	15.3	0.3	妊婦 4.5
2000年　米国研究評議会	11	0.1	妊婦 10
2003年　FAO／WHO専門家委員会	15.3	0.23	6.4
2007年　FAO／WHO専門家委員会	50	0.5	10
	15.3	0.23	妊婦 6.4
2003年　日本厚生労働省	50	0.5	10*
2005年　日本厚生労働省	50	0.5	10*
	11	0.292	妊婦 4

＊魚介類規制に関しては実質7.7。

（毎日摂取しても人体に影響を及ぼさないとされる量）を、一日当たり〇・一マイクログラム／キログラムと定めた[11]。これは従前の一般成人に対する値に比べると、五倍の厳しさをもつ値である（表6・2）。

一九九九年、米国健康福祉省（Health and Human Services: HHS）の有害物質・疾病登録局は、五歳半時点におけるセイシェルの研究を検討し、毛髪水銀の最高濃度の平均値は一五・三ミリグラム／キログラムであったが、影響が見られなかったのだから、少なくとも一五・三ミリグラム／キログラムまでは悪影響をもたらさないとみなし、それを悪しき事態が生じない安全基準（無毒性量）とした。それから算出された摂食の安全量（無作用摂取量）一・三マイクログラム／キログラムを安全係数四・五で割り[12]、摂食の安全基準を「一日当たり〇・三マイクログラム／キログラム」とした。

二〇〇〇年、米国科学アカデミーの諮問委員会は、妊婦胎児問題の各種調査を吟味し、フェロー諸島の前向き研究に信頼性があるとした。不十分とはいえ先行する三研究と一〇〇〇名規模にも及ぶフェロー諸島調査とセイシェル島の予備調査がほぼ同じ結論に至ったのだから、セイシェル島の本調査はどこかがおかしい可能性が高いと考えるべきなのだろう。この吟味によって、科学的な最終決着を待たずとも、現に今存在するデータから基準の策定を考える方向に舵が切られることになったのである。

二〇〇〇年七月、米国科学アカデミーの実働部隊である全米研究評議会（National Research Council）も一日当たり〇・一マイクログラム／キログラムという基準を提案した。[13]

6　二〇〇三年厚生労働省基準

ローマで二〇〇三年六月一一―一九日に開催予定のＦＡＯ／ＷＨＯ合同食品添加物専門家委員会第六一回会合では、妊婦の水銀摂取量が議論されることになっていた。同会合に備えるべく、二〇〇三年六月三日、厚生労働省の薬事・食品衛生審議会食品衛生分科会乳肉水産食品・毒性合同部会は、「魚介類に含まれる水銀に関する安全確保について」審議し、その結果を受けて、厚生労働省は「薬事・食品衛生審議会食品衛生分科会乳肉水産食品・毒性合同部会（平成一五年六月三日開催）の検討結果概要等について」および「水銀を含有する魚介類等の摂食に関する注意事項」を発表した。[14]それが表６・１（3）になる（二〇〇三年厚生労働省基準）。

一九七三年厚生省基準は摂食実態に基づき、産業上重要なマグロなどを例外とした。先の計算だと、鉄火丼は週三回ほどにとどめておくとよい。週三回鉄火丼を食べる習慣をもつ人はまずいない。だから、例外としても安全上大きな問題はないと判断できた。だが、妊婦胎児に対する安全基準は、一九七三年厚生省基準の五倍厳しい値となる可能性が示唆された（表6・2）。この基準では、鉄火丼を食べていいのは週〇・六回以下になる。週一回鉄火丼を食べる習慣をもつ人は無視しえないほどには多いだろう。とすると、妊婦については、マグロなどを例外としてすますわけにはいかない。

先の鉄火丼リスクと同様の計算を、しかし、より現実を反映した値を用い、詳細に計算した結果に基づき出された注意が表6・1（3）である。当時の一日摂取量の安全基準値は〇・五マイクログラム／キログラムである。魚介類以外から摂取している分を差し引くと〇・四六マイクログラム／キログラムになる。平均体重を五〇キログラムとすると、一日当たり二三マイクログラムまでなら許容できる。たとえば、キンメダイの水銀含有量は〇・五八ミリグラム／キログラム（＝五八〇マイクログラム／キログラム＝〇・五八マイクログラム／グラム）であるから、一日当たり摂ってよい量は四〇グラム弱になる。ところでキンメダイの場合、一回当たり七六・八グラム食べている。とすると、これは二日のあいだに食べてよい量である八〇グラム弱とほぼ等しい。したがって、三日に一回程度なら安全基準を満たすことができる。週当たりにすると二回以下なら大丈夫であろう。かくして、妊婦胎児に対して与えるべき注意が安全基準に組み込まれることになった。

この公表は、明記された魚種に対する忌避感を生み出し、キンメダイなどが値下がりする現象が生じた。そこで、厚生労働省は同年六月五日に、「平成一五年六月三日に公表した「水銀を含有する魚介類等の摂食に関する注意事項」について（正しい理解のために）」を、六月一三日には「平成一五年六月三日に公表した「水銀を含有する魚介類等の摂食に関する注意事項」について（Q＆A）」を公表して、過剰反応をおさめるべく努めなければならなかった[15]。

同時進行していたFAO／WHO合同食品添加物専門家委員会は、一日摂取量の安全基準値を〇・五マイクログラム／キログラムから〇・二三マイクログラム／キログラムに下げた（二〇〇三年FAO／WHO基準）。同委員会は、フェロー諸島のデータは毛髪水銀濃度一二ミリグラム／キログラムで問題が生じ、セイシェルのそれは一五・三ミリグラム／キログラムまでは問題が生じないことを示しているとみなした。それゆえ、一日に許される摂取量はそれぞれ一・二マイクログラム／キログラム、一・五三マイクログラム／キログラムになる。毛髪水銀濃度は血中水銀濃度のおよそ二五〇倍なのだが、これには個体差などがある。この変動分の安全係数は二とされた。また、メチル水銀が排泄されるときの代謝についても変動幅がある。合同専門委員会はこの変動分に基づく安全係数を三・二とし、全安全係数を乗算によって六・四とした。それゆえ、安全基準値は〇・一九マイクログラム／キログラム、〇・二三マイクログラム／キログラムと算出され、後者に決められた[16]。

妊婦に対するリスク基準について毛髪水銀値で示唆されていたのは一〇―二〇ミリグラム／キログラムであった。このことを思い起こすと、結果的に、米国の環境保護庁は安全よりの値である一〇ミリグラム／キログラムを、FAO／WHO専門家委員会は大きな変更を避け、高い方の値である二〇ミリグラム／キログラムを採用したと考えることができるだろう。

妊婦胎児に対する規制が一九九五年からこのように定められてくると、〇・五マイクログラム／キログラムを安全基準とした上で計算がなされた二〇〇三年厚生労働省基準に対する疑義がただちに生じる（表6・2）。

二〇〇三年五月に食品安全基本法が成立し、食品に対しリスク評価を行う専門機関である食品安全委員会が二〇〇四年七月に設置されることになっていたので、厚生労働省は、内閣府に同委員会が設立されるとただちに（具体的に記すと七月二三日に）「魚介類に含まれるメチル水銀について」食品健康影響評価を行うように要請した。二〇〇五年八月四日、同委員会が「厚生労働省発第〇七二三〇〇一号に係る食品影響評価の結果の通知について」を答申し、厚生労働省は八月一二日に「妊婦への魚介類の摂食と水銀に関する注意事項の見直しについて（概要）」を、一一月二日に「妊婦への魚介類の摂食と水銀に関する注意事項」およびQ＆Aを公表した（二〇〇五年厚生労働省基準[17]）。このときは二〇〇三年厚生労働省基準のような過剰反応を呼ばなかったという。見かけ上はすでにある注意を多少改定したにすぎなかったためであろう。しかし、むしろこの改定において安全基準の新たな設定という大きな変更がなされたのである。

二〇〇五年厚生労働省基準は、ＦＡＯ／ＷＨＯ専門家委員会と同様な分析によって、フェロー諸島とセイシェルのデータから、影響を無視しうるのはそれぞれ一〇ミリグラム／キログラム、一二ミリグラム／キログラムとした。そこで平均をとり、一一ミリグラム／キログラムを目安とした。ワンコンパートメントモデルによって、この値に対応する一日当たりの摂取量を求めると一・一七マイクログラム／キログラムほどになる。食品安全委員会は、毛髪濃度と血中濃度の比に関する安全係数は同じく二としたが、代謝の変動を勘案する安全係数を二に設定し、全安全係数を四とした。その結果、安全基準は〇・二九二マイクログラム／キログラムと算定された。

二〇〇五年厚生労働省基準は二〇〇三年厚生労働省基準よりも厳しめの値になったのだから、マグロ・キンメダイなどの例外についても、再計算する必要が生じる。その結果が、表6・1（4）である。基準が厳しくなったため、注意が必要な魚種が増え、また、従前よりも食事回数の制限がきつくなり、一週間に二回以下だったメカジキ・キンメダイは一週間に一回以下と改められ、名前があがっていなかったクロマグロ・メバチマグロ・エッチュウバイガイなどは一週間に一回以下、ミナミマグロ・キダイ・マカジキは一週間に二回以下と注意が喚起されるようになった。

注意事項は汚染実態に応じて適宜改定されるべきものである。二〇一〇年に汚染実態調査が一段落ついたことを受け、同様な再検討がなされ、クロムツが追加された[18]。

二〇〇八―二〇〇九年頃、科学的論争に決着がほぼついた。魚介類を多く食べれば水銀も多く摂取する。しかし、魚介類には健康に有用な物質も多々含まれている。この場合、毛髪水銀量は、体内に蓄積された水銀のみならず、有用物質の指標をも兼ねることになる。水銀の正味の影響を見積もるためには、有用物質の影響を取り除いて推定しなければならない。セイシェル諸島の本調査における解析は、そのような研究デザインにはなっていなかった。水銀の悪影響ではなく魚食の全影響を見るようになっていたのである[19]。これで、見切り発車した可能性があった妊婦胎児に対する基準値の設定は、疑念が払拭されることとなった。

7　一九七三年・二〇〇五年厚生労働省基準の諸特徴

現在、日本では基本的に魚介類に関する水銀リスクは、大枠として、一般成人に対する一九七三年厚生労働省基準によって、妊婦に対しては二〇〇五年厚生労働省基準に基づいて対処されている。一九七三年厚生労働省基準の特徴は、まず、暫定的措置とされていることであろう。おそらく適当な時期により本格的な規制案を作成するつもりだったのだろう。しかし、その後これまでこの暫定基準が四〇年以上にもわたって通用しつづけている（はずである）。

次に、一九七三年厚生省基準はＦＡＯ／ＷＨＯ第一六回合同食品添加物専門家委員会の一九七二年専門委員会基準を、ひいては新潟大学のデータを踏襲している。つまり、発症レベルに至る摂取量を「一日当たり〇・〇〇五ミリグラム／キログラム」とした上で、通例の安全係数一〇が採用されている。その結果、一日の許容摂取量は〇・〇〇〇五ミリグラム／キログラムとなった。平均体重五〇キログラムの人は一日平均〇・〇二五ミリグラムまでが許容量になる。

さらに、これはまた、手足のしびれ程度は社会的対策の対象とはしないという安全基準思想ができあがったことをも意味する。

第四に、魚介類の含有水銀量〇・五ミリグラム／キログラムを基準としていた（当時の）米国やカナダを追い抜き、世界でもっとも厳しくなった。

小児科という特別の診療科があることからも窺い知れるように、小児の生理機構は成人と異なることがある。乳幼児は有機水銀に脆弱かもしれない。したがって、妊婦ならびに乳幼児はハイリスク群候補である。ハイリスク群候補にも同じ安全基準を適用していいものだろうか。しかし、妊婦ならびに乳幼児に関する詳細なデータはない。新潟では、毛髪水銀値五〇ミリグラム／キログラムを越える妊婦に注意を促したところ、水俣病の新生児は出現せずにすんだ（と思われていた）。該当する人はおそらく堕胎したのであろう。詳細なデータとはいえないが、五〇ミリグラム／キログラムを目安にして大過なかったのだから、異なる基準値を提唱するのではなく、注意喚起にとどめたといったところであろう。妊婦と乳幼児に対しては確たるデータがないまま、見切り発車したことが第五の特徴である。

規制値は運用の都合上きりのよい数値が好まれる。わかりにくい数値だと運用が面倒くさくなり、その分運用費用（この場合、費用というのは労力のことである）が高くなり、遵守率が下がりかねない。理論値が〇・二三ミリグラム／キログラムとなった場合、四捨五入して基準値を〇・二ミリグラム／キログラムとするのが素直なのだが、専門家会議の答申は〈測定技術を鑑みて〉切り上げ、メチル水銀〇・三ミリグラム／キログラムを基準とした。また、体内の総水銀のうちメチル水銀は平均しておよそ四分の三なので、総水銀の基準値はメチル水銀のそれのおよそ三分の四とすればよいから、理論値〇・二三ミリグラム／キログラムを三分の四倍すれば〇・三〇六ミリグラム／キログラムとなる。これだときりのよい〇・三ミリグラム／キログラム以外に設定するのはまことに不自然であろう。つまり、理論的計算からきりのよい数値を素直に基準値に設定するならば、「メチル水銀〇・二ミリグラム／キログラム、総水銀〇・三ミリグラム／キログラム」になるはずなのだが、「メチル水銀〇・三ミリグラム／キログラム、総水銀〇・四ミリグラム／キログラム」が基準値とされたのである。「総水銀〇・四ミリグラム／キログラム」は理論値〇・二三ミリグラム／キログラムを切り上げて〇・三ミリグラム／キログラムにするという「荒技」を施した後、三分の四倍することによってはじめて出てくる、いささか苦しい数値である。

また、きりのよい数値として〇・二ミリグラム／キログラムか〇・三ミリグラム／キログラムが候補になった場合、安全性確保のために安全性が増す側〇・二ミリグラム／キログラムを選ぶのがまさに安全策なのだが、安全策ではない側に設定されていることが、一九七三年厚生省基準の第六の特徴になっている。メチル水銀を安全基準値〇・三ミリグラム／キログラムぎりぎりで守っている平均人は、一日〇・三×〇・一〇八九＝〇・〇三二六七ミリグラムほどを摂取していることになる。この場合、安全係数はおよそ七・七になる。専門家会議の答申は安全係数を目減りさせている。

理論値〇・二三ミリグラム／キログラムを〇・二ミリグラム／キログラムと〇・三ミリグラム／キログラムのどちらに近似させるかは、科学の正当な裁量のうちにある。だから、一九七三年厚生省基準において、非科学的な作業がなされているわけではない。だが、裁量のうち何を選ぶかにあたって、自然科学外の思惑が働いたように思われる。リスク計算をしてみたら、「メチル水銀〇・二三ミリグラム／キログラム、総水銀〇・三〇ミリグラム／キログラム」となった。そのまま設定すると、これまで一ミリグラム／キログラムだったから、急激に厳しくさせすぎはしないか。流通する魚介類を制限しすぎはしないか。漁業がダメージを受けないか（そして後に、健康によい魚に対する過剰な忌避感が生まれないかという疑義が付け加わる）。マグロなどに対する例外規定には、漁業への配慮が端的に窺えよう。

水銀量はカタクチイワシなど水俣や新潟で獲れる魚介類のみが測定されていた。第三水俣病の可能性が取りざたされ、マグロなどで測定され、高濃度が含有されることが判明すると、「メチル水銀〇・三ミリグラム／キログラム、総水銀〇・四ミリグラム／キログラム」としてさえも、あまりにも多くのマグロの流通を断念せざるをえない。専門家会議の「意見」では、註2において、「マグロ類の水銀については、その摂取の態様からみて、この規制値の適用は行なわない」と記されているのみで、詳細な理由はまったく述べられていない。しかし、理由の推測はつく。

深海魚のときには、次のような理由付けがなされていた。安全基準は、最高摂食量の平均に基づいていた。現に摂食している量は各自の平均摂食量の平均になる。今、一日摂取限度は「〇・五マイクログラム／キログラム」としているが、実際の「通常の食生活」、つまり平均の平均で計算するとその三分の一から四分の一にすぎない。現在の一般的日本人の毛髪水銀量は二ミリグラム／キログラムほどである。一日平均で〇・〇〇〇二ミリグラム／キログラム、平均的体重の人で〇・〇一ミリグラム（＝一〇マイクログラム）の水銀を摂取しているはずである。事実、厚生労働省が発表した資料によると、日本人は一日に平均して八―九マイクログラムの水銀を取り入れている。平均体重を五〇キログラムとして計算すると〇・一六―〇・一八マイクログラム／キログラムになる。安全基準の三―四割程度にすぎない。したがって、魚介類規制基準値を越えていたとしても、そもそも流通量が少ないのだから、規制外にしたところで、限度を越えることはないだろう。

当時マグロ類は高級魚であり、流通量は少なかった。答申に「摂食量の実態からみてまぐろ類と同じ取り扱いをすることも許容できる」「まぐろ類および深海性魚介類の消費量及び水銀濃度の現状に立脚したものであるから、今後ともこれらについて観察を続ける必要がある」なる文言があることから、マグロ類も同様な理由であったと推測できる。

最大摂食量を指標として魚介類の含有水銀量の規制値が決められているため、それなりに厳しい基準になっている。つまり、魚介類の食事量を平均の平均ではなく、最大値の平均をとっているため、それ相応の安全性は確保されている。そこで、安全性の「余力」を利用して、マグロや深海魚を規制対象外にすることができたのである。これが第六の特徴になる。

二〇〇五年厚生労働省基準の特徴の一つは、独自にリスク分析評価した上で、はじめて国際基準あるいは他国の基準に追随せず、独自の数値を設定した点にある。妊婦に対して、一日当たりの耐容摂取量を〇・二九二マイクログラム／キログラムとしたのだが、問題が生じる毛髪水銀濃度の認定が異なり、また、違う安全係数を採用しているため、先行する諸基準とは異なる値となった。

8　むすびに——リスク思想

大気や水・土壌・廃棄物中の水銀については各種の法律に基づいて規制されている。しかし、汚染源としては大きな割合を占める魚介類を制御するための法律はない。行政からの通知・通達に基づいており、罰則などの一切ない規制のしかたのみがなされている。

各自の最大摂食量のうちの最大値を基準にすれば、おそらく誰もが安全であろう。これは、多食者・偏食者も含めた全員について安全を確保することを意味する。しかし、一九七三年厚生省基準はそうはなってはいない。各自の最大摂食量の平均によって計算されていた。二〇〇三年、中西準子は当時得られていたデータを用いて、リスクの試算を行った[20]。

水銀中毒がピークを迎えていた一九六〇年代の水俣漁民の発症リスクは〇・二七、水銀説が公式に認められた一九六八年前後におけるそれは3.0×10^{-3}だという。リスク研究では一〇万分の一——一〇〇万分の一を一つの目安にしている。[21] 一〇〇万分の一を下まわれば問題はない、一〇万分の一を上まわれば問題があり、一〇万分の一―一〇〇万分の一はグレー・ゾーンとみなすのがおおむね慣行になっている。したがって、当時のリスクはきわめて高い。一九七三年前後でやっと1.2×10^{-5}にまで下がっているが、それでも問題がある状態を脱していない。

毎日二〇〇―三〇〇グラムのマグロを食べるマグロ漁船員は、1.3×10^{-3}のリスクをもつ。したがって、マグロ漁船員の水銀リスクもそうとう高い。

二〇〇三年当時の日本人全体に対する計算結果を示すと、数値解で4.3×10^{-7}、解析解で4.0×10^{-7}になった。日本の人口は一億三〇〇〇万人なので、一三〇〇人を上まわる人に実害が及ぶ場合に「問題あり」、一三〇人を下まわる人に被害があるときには「問題なし」となる。水銀リスクの場合、現在でも五二―五三人が発症しているおそれがある。だが、「現状では水銀リスクについてはまず問題はない」という判断がなされるのである。

現在の安全基準には、このように、できるかぎり安全をはかるが、体質的に敏感な人や多食者・偏食者は各自の責任にまかせるという構えが窺えるのである。

一九七三年厚生省基準は、しびれといった比較的軽度の症状を予防することや多食者・偏食者については自己責任としたところなど、最多数の対象者に対し最大限の安全性を保証する設定にはなっていない。しかし、おおむね高い安全性を確保できるように設定されていたとはいえるだろう。その上で、数値を切り上げたり、摂食実態を考慮したりすることによって、危険性の増大をある程度許容するといった性格をもっていたように思われる。一九七三年厚生省基準のいろいろな思惑は、科学として正当に許される裁量の範囲のうち、高い基準の方を、つまり、リスクを増す側に設定させるように働いたように思われる。漁業に対するダメージは、確かにそれはそれで問題なのだから（水俣の人は中毒でからだの危険にさらされるだけではなく生計の手段も失う）、そうした配慮をすること自体は相応の妥当生をもつだろう。ここで指摘したかったのは指弾ではなく、一九七三年厚生省基準は、安全確保のための科学的計算を淡々とした結果ではけっしてなく、安全係数などによって調整されており、科学と政治がからみあった決定であったということ、そして、科学と政治がからみあった決定が純科学的決定であるかのような外観のもとで提示されたことである。

一日摂取量は体重当たり〇・五マイクログラム／キログラムとする一般成人に対する基準値は今日ほぼ確立しているが、妊婦胎児については現在対応が分かれている。二〇〇〇年米国研究評議会基準と二〇〇一年米国環境保護庁基準は、一日の摂取量を〇・一マイクログラム／キログラムとしたが、二〇〇三年FAO／WHO専門家委員会基準は〇・二三マイクログラム／キログラムとその二倍、一九九九年米国健康福祉省と二〇〇五年厚生労働省基準は〇・二九二―〇・三マイクログラム／キログラムで最低値の三倍を目安としている。このように、二〇〇五年厚生労働省基準は三倍ほど緩い。表6・2を見ればわかるように、妊婦の毛髪水銀量についての基準自体は、二〇〇〇年米国研究評議会基準・二〇〇一年米国環境保護庁基準・二〇〇五年厚生労働省基準の三者とも同じで、一一ミリグラム／キログラムである。しかし、前二者が安全係数を一〇としているのに対し、後者はより詳細な検討によって四を採用しているからである。

その上、妊婦に対しては、平均体重を五〇キログラムではなく、五五・五キログラムと仮定し、一人に対する許容量が一割ほど高めに出る設定になっている。つまり、日本の基準は緩めに設定されたのである。

すでに述べたように、日本人は平均して一日に〇・一六—〇・一八マイクログラム／キログラムの水銀を摂取している。妊婦も日本人一般と同様だとしたら、厳しい基準である〇・一マイクログラム／キログラムを満たす人の方が少数派であり、緩い日本の現基準〇・二九二—〇・三マイクログラム／キログラムでは満たさない人が少数派になる。中西はここでも当時のデータを用いてリスクを試算している。[22]フェロー諸島と日本人が同質集団だとみなせる場合、数値解で1.07×10^{-5}、解析解で1.00×10^{-5}であった。松田裕之によると、妊娠期間中、平均的な食生活をしている場合は〇・〇〇〇二、基準ぎりぎりのときは〇・〇〇一、マカジキ・キダイ・クロマグロ・ミンククジラ・カタクチイワシ・サンマ・マサバそれぞれを週当たり八〇グラム食べると〇・〇〇二のリスクがあるという。[23]日本の新生児数は一〇〇万人なので一〇—二〇〇〇児ほどが悪い影響を受ける計算になる。

リスク研究の慣行からすると悪影響を受ける胎児は一人以下が望ましく、一〇くらいまでが許容範囲になる。したがって、胎児が水銀によって発達に悪影響を受けるリスクはよくて許容限度ぎりぎりのレベルだと判断できよう。満足できる状態ではない。リスク値を一桁下げ、リスク研究の慣行からしても満足すべき状態にするためには妊婦の摂取量が下がらなければならない。上記のリスク推定は一〇年以上前のものなので、現時点における推定が望まれるところである。注意事項が出されてから一〇年経った現在でも、同様なリスク状況にあるとすれば、注意事項が功を奏していないことになる。

妊婦胎児に関する安全基準は、まさに現在進行形の課題となっている。注意事項を徹底すれば、妊婦の摂取量は減り、リスクが低減されるのだろうか。徹底した方がいいとして、どうすれば徹底できるのだろうか。周知が徹底できたとして、行動が伴うのだろうか。魚食国日本において、これ以上妊婦の魚食量を下げることができるのだろうか。あるいは、リスク研究の慣行からは高いリスク・レベルとみなさざるをえない現状をもってよしとし、判断基準を変更せざるをえないのかもしれない。これは私たちのリスク思想に対する挑戦となるだろう。妊婦胎児の水銀リスクに関する安全基準をどうするかは、私たちのリスク制御に関する試金石となっている。

(1) 廣野喜幸「水銀リスク認知の歴史的分析」『哲学・科学史論叢』第一九巻、二〇一七年、一―三八頁。

(2) 国際的な文脈では平均体重を六〇キログラム、日本人に対しては五〇キログラムと想定する慣行になっている。

(3) ピーピーエム（ppm, parts per million）は一〇〇万分の一を意味する。エムはミリオン（million）、つまり一〇〇万なる言葉に由来する。したがって、毛髪中の水銀量が一ピーピーエムだとすると、毛髪一〇〇万グラム中に水銀が一グラム存在する。濃度が同じだとすると、毛髪が一〇〇〇分の一になれば、その中に含まれる水銀も一〇〇〇分の一になる。かくして、一ピーピーエムは毛髪一〇〇〇グラム中に水銀が〇・〇〇一グラム、すなわち毛髪一キログラム中に水銀一ミリグラムということでもある。

(4) ピーピービー（ppb, parts per billion）は一〇億分の一を意味する。ビーはビリオン（billion）、つまり一〇億なる言葉に由来する。したがって、一〇〇〇ピーピービーは一ピーピーエムになる。

(5) The Joint FAO/WHO Expert Committee on Food Additive, Evaluation of certain Food Additives and the Contaminants Mercury, Lead, and Cadmium (1972). http://apps.who.int/iris/bitstream/10665/40985/1/

WHO_TRS_505.pdf（二〇一六年一一月一一日閲覧）。規制値の提案は一六頁。

（6）「魚介類の水銀の暫定的基準についての意見」および「魚介類の水銀の暫定的規制値について」は以下のウェブ頁から入手可能な「報告書資料編」中の資料3を参照されたい。東京都福祉保健局「食品安全に関するリスクコミュニケーションの事例検討～国が公表した「水銀を含有する魚介類等の摂食に関する注意事項」」http://www.fukushihoken.metro.tokyo.jp/shokuhin/hyouka/houkoku/report1.html（二〇一六年一一月一一日閲覧）

（7）米国のそれは一〇―二〇グラムほどであることと比較すると、日本が魚食国であることがよくわかる。

（8）「深海性魚介類等にかかる水銀の暫定的規制値の取扱いについて」も、註6の「報告書資料編」中の資料4に含まれている。

（9）WHO, International Programme on Chemical Safety, Mercury（No. 1, 1976）. http://www.inchem.org/documents/ehc/ehc/ehc001.htm（二〇一六年一一月一五日閲覧）

（10）WHO, International Programme on Chemical Safety, Methylmercury（No. 101, 1990）. http://www.inchem.org/documents/ehc/ehc/ehc105.htm（二〇一六年一一月一五日閲覧）

（11）この報告書は議会に提出された。EPA, Reference Dose for Methylmercury（External Review Draft）. https://cfpub.epa.gov/ncea/risk/recordisplay.cfm?deid=20873&CFID=79907246&CFTOKEN=51783899（二〇一六年一一月一五日閲覧）

（12）U. S. Department of Health and Human Services, Public Health Service Agency for Toxic Substances and Disease Registry（1999）Toxicological Profile for Mercury. https://www.atsdr.cdc.gov/toxprofiles/TP.asp?id=115&tid=24（二〇一六年一一月一七日閲覧）。不確実係数四・五は、個人差を一〇と想定する粗さを避け、セイシェル内の個人差に基づいて推定された三に、他の集団との差異として見積もられた一・五を乗じた数値である。

（13）National Research Council, Commission on Life Sciences, Board on Environmental Studies and Toxicology, Committee on the Toxicological Effects of Methylmercury（2000）Toxicological Effects of Methylmercury. https://www.nap.edu/read/9899/chapter/1（二〇一六年一一月一七日閲覧）

(14) 厚生労働省「薬事・食品衛生審議会食品衛生分科会乳肉水産食品・毒性合同部会（平成一五年六月三日開催）の検討結果概要等について」（二〇〇三年）。http://www.mhlw.go.jp/shingi/2003/06/s0603-3.html（二〇一六年一一月一七日閲覧）

(15) 厚生労働省「「水銀を含有する魚介類等の摂食に関する注意事項」について（正しい理解のために）」（二〇〇三年）。http://www.mhlw.go.jp/shingi/2003/06/s0603-3.html（二〇一六年一一月一七日閲覧）ならびに厚生労働省「水銀を含有する魚介類等の摂食に関する注意事項」について（Q＆A）」（二〇〇三年）。http://www.mhlw.go.jp/shingi/2003/06/s0603-3.html（二〇一六年一一月一七日閲覧）

(16) The Joint FAO/WHO Expert Committee on Food Additive (1972) Evaluation of certain Food Additives and the Contaminants. http://apps.who.int/iris/bitstream/10665/42849/1/WHO_TRS_922.pdf（二〇一六年一一月一八日閲覧）。規制値の提案は一三九頁。ただし、一日あたりではなく、一週間あたりの値で示されている。

(17) 厚生労働省「魚介類に含まれる水銀について」（二〇〇三年）。http://www.mhlw.go.jp/topics/bukyoku/iyaku/syoku-anzen/suigin/index.html（二〇一六年一一月一七日閲覧）

(18) 同上参照。

(19) 魚食は水銀などのリスクを高めるとともに大きなメリットをもたらす。フェロー諸島の本調査は水銀のみのリスクを算出する研究デザインにはなっていなかったが、総体としてはいい影響を与える場合があることを明らかにした。魚食についてリスク評価する際には、総合的な判断が求められるだろう。いたずらに危険視すべきではない。

(20) 中西準子「水俣病のリスク」中西準子・益永茂樹・松田裕之編『演習環境リスクを計算する』岩波書店、二〇〇三年、六九―八五頁。

(21) 廣野喜幸「人災リスクと数値較正」『サイエンティフィック・リテラシー――科学技術リスクを考える』丸善出版、二〇一三年、三〇―四四頁。

(22) 厚生労働省、前掲、「魚介類に含まれる水銀について」参照。

(23) 松田裕之「魚の水銀含有量」『生態リスク学入門——予防的順応的管理』共立出版、二〇〇八年、一二五—一三四頁。

第7章　災害予防と心理学的類型
——労働と適性検査

鈴木晃仁

1　技術と心理と社会の複合体の誕生

本章は、一九二〇年代から一九四五年のアジア・太平洋戦争の終戦に至る期間の日本において、事故や災害を個人の心理と関係させて考察する医学的・心理学的な視角が現れて広まったことを示す。事故や災害を予防するために、モノに関する技術的な側面だけが問題になるのではなく、ヒトがどのように技術を使っているか、そのヒトがどのようなココロを持っていたのかを問うモデルが導入されて成立しはじめた。その事故や災害を起こした個人は、そのときにどのような精神状態にあったのか、もともとどのような性格の個人なのか、そしていかなる制度の中でその災害を体験するのかが、大きな学問的な主題になった。ことに重視されたのは、高度な技術を用いると同時に規律と能率と補償が重んじられた環境であった。具体的には、発達した機械が導入されるとともに労働の規律が重視され補償の制度が発達した重化学工業や鉱山業の職場や、強力な砲火器や航空機などが導入されつつ、兵士の規律と補償が重んじられた軍隊であった。技術・規律・能率・補償が共存した場において、同じ条件のもとでも事故を起こしやすい個人がいること、同じ経験をしてもその心理的な影響は個人によって異なること、あるいは制度によって心理的な影響が大きく違うことが議論の主題となった。

このような形で、事故や災害を、技術と心理と社会が複合した新しい問題系で論じることは、日本の近代医学の歴史において、急性感染症の時代から産業化の疾病の時代への移行と重なっている[1]。一九世紀の最後の四半世紀から二〇世紀の初頭にかけて、コレラ、赤痢、ペストに代表される急性感染症への対策が重要な政策であったが、二〇世紀に入ると、急性感染症対策とは大きく異なった医療の体制が現れた。感染症においては、急性感染症にかわって、結核や梅毒などの慢性感染症の問題が前景に出た。労働にかかわる事故や疾病も大きな問題となった[2]。これらの医学的な問題は、欧米諸国も同時期に取り組んでおり、日本は欧米の列強とほぼ同期して医学問題に取り組むようになった。欧米に倣った産業化が進展し、第一次世界大戦後には重化学工業を中心とする高度な技術を用いる産業が発展をはじめ、事故や有害物質が多い環境のもとでの疾病や傷害が、欧米と日本の双方で大きな問題になった。それと並行して、一九一一年に公布され一九一六年に施行された工場法は、工場労働者の業務上の傷害や死亡に関する補償を定め、労働衛生の現場における医学の役割を定めた[3]。さらに、第一次世界大戦後からは、日本は国際的な医療において責任がある地位を占めるようになり、国際公衆衛生事務局という世界保健機関の前身となる組織でも重要な働きをすることとなった[4]。産業化とそれにともなう疾病・傷害の発生と注目、工場法が定めた産業化に関連する疾病などに対する国家の責任、そして当時の欧米を中心とする先進国と医療問題を共有したこと。これらが織りなす構造が、一九二〇年代からの日本の医療の大きな特徴の一つとなった。

このような労働衛生の進展に関して、日本の医学史研究においては、戦後に医学史研究の一時代を築いた丸山博、中川米造、川上武、三浦豊彦らの重厚な記述と資料収集の実績がある。彼らの仕事は優れた業績であるが、その時代のイデオロギー的な見方に濃厚に影響され、善悪二元論と労働衛生の一方的な顕彰の構図から抜け出していない[5]。一方で欧米の医学史研究においては、労働衛生の歴史記述は大きく変貌をとげ、ミシェル・フーコーの『監獄の誕生』を筆頭とする一連の古典的な著作の問題提起を受けて、実証的な社会学者や歴史学者が洗練された複雑な像を提供してきた[6]。そこでは、国家や地方自治体などの公権力の組織、学校や職場などの社会的集合体、家族や個人などの関係が分析され、労働衛生が個人と集団の健康へと転換する「侵入的な介入」と呼ばれるものになった過程などが分析されている。

このような歴史と歴史記述の状況を受けて、この小論は、日本における二〇世紀の第二四半世紀の時期を中心として、労働における健康・能率と、それに関連する精神の疾病と不調に関する言説を検討する。前半は労働災害や労働事故と精神医学的・心理学的な言論の関係に光を当て、後半は、その中の一つの特殊な話題として、労働と戦争の双方にまたがる神経症である外傷性神経症（現在の用語ではPTSDが近い概念である）の問題の形成に光を当てる[7]。ニコラス・ローズをはじめとする論客が示すように、精神医学や心理学を筆頭とするpsyの音節ではじまる一群の学問（精神系諸学問）は、近現代の世界と社会の根本的な部分を構築して、リベラリズムと民主主義の原理と両立・併存する形で、人々を統治することを可能にする土台をつくり上げた。ことに、学校、軍隊、工場、病院といった、数多くの個人がある秩序と目的に従って集団として行動する空間において、精神・心理系諸学問は大きな影響を持った。(8) このような精神系諸学問が、日本において労働者と労働災害の問題を取り込みはじめた様相を素描することがこの小論の目標である。

2 労働災害・適性検査・「事故を起こしやすい性格」

二〇世紀の初頭の日本の産業化の進展にともない、産業の場がさまざまな疾病や傷害の場として着目されるようになったことは、丸山、中川、三浦らの優れた著作が雄弁に語っている。この労働衛生の歴史の中で、これまであまり着目されてこなかったことは、新たに着目された労働疾病においては、純粋に身体上の負傷や傷害の問題だけでなく、労働者の心理が一つの研究対象として定着したことである。そこには、たとえば水銀中毒の神経症状や潜水夫病などのように、労働環境から受けた毒物による精神・神経疾患を検討するケースも含まれていた。(9) あるいは、労働者の心理状態を科学的・測定的な手法で明らかにするために、労働環境を労働者の心理的な側面でとらえ、それを測定するための特殊な測定器を作成することなども行われていた。(10) このような動きの背景には、一九二〇年代に、欧米における労働衛生の古い概念と新しい概念の双方が日本に導入されたことが挙げられる。

ヨーロッパにおいては、一九世紀の中葉から末にかけて、同時期の物理学や化学を含む自然科学にまたがった大きな知的転換であるエネルギー保存の法則の発見にともない、労働の概念が大きく変容した。(11)

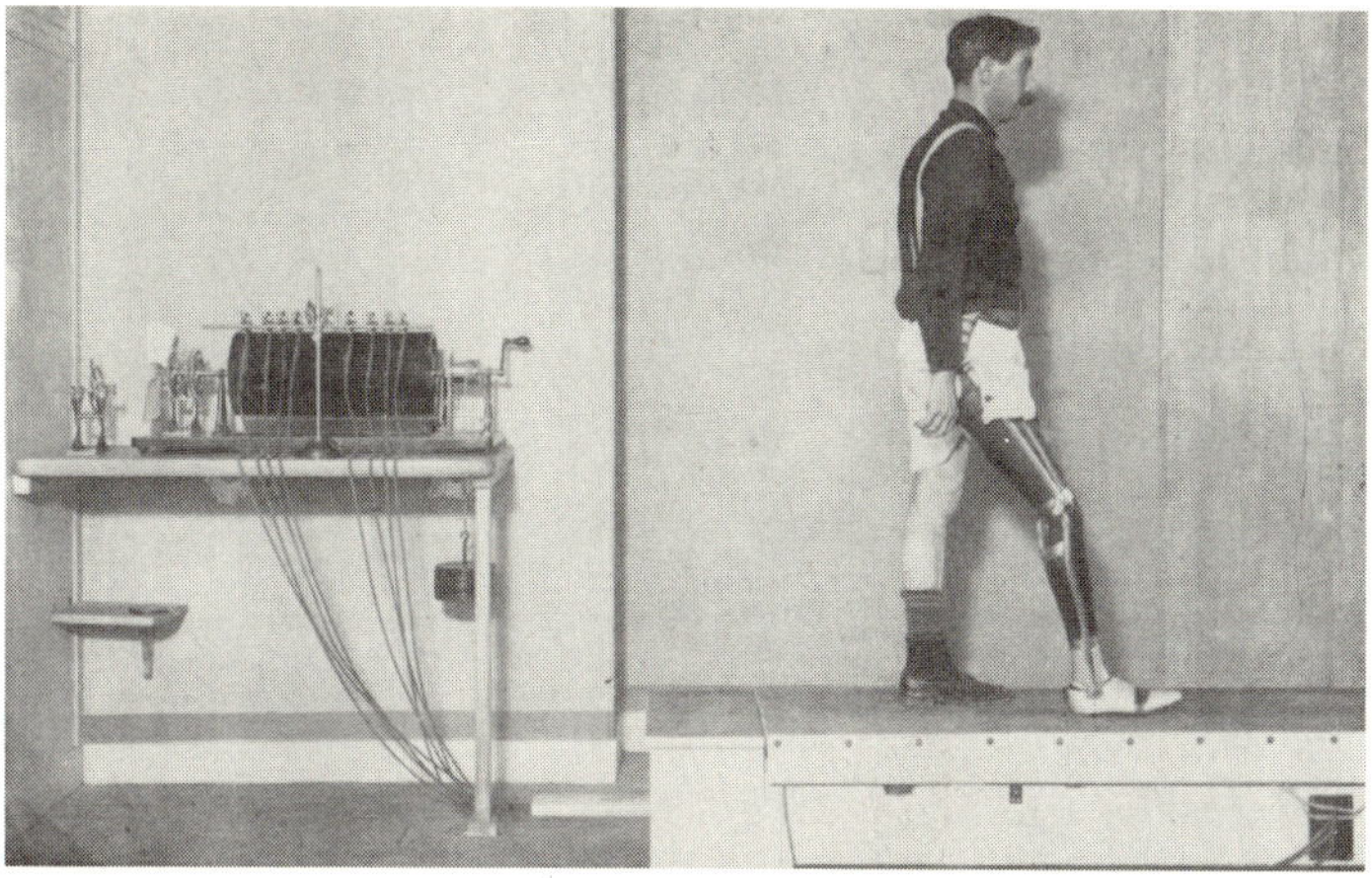

図7・1　ジュール・アマール『労働の生理学的機構』（1917）p. 280。片足義足歩行の測定器

生物や人体を含めた自然世界において新しい秩序を発見し、電気や化学などの新しい測定方法を用いる学術的な手法が開発され、ヨーロッパ各地で、労働と関連する新しい人体の生理的な研究に用いられた。イタリアのアンジェロ・モッソは、トリノ大学で生理学などを教え、人間の生理や心理の反応を測定して記録する方法を続々と開発した。フランスでは、生理学者のジュール・アマールが現れて、労働と生理学、エネルギーと疲労の関係などを、連続写真などの新しい手法を用いて社会に訴えた。労働にかかわる疲労の問題では、一九世紀の後半から二〇世紀の初頭・中葉にかけて、大きな知的な変動と連接した新しい研究モデルが各国で形成された（図7・1）。

一方、アメリカでは、もともとはエンジニアであるフレデリック・テイラーが、「科学的管理法」と呼ばれる労働の環境の研究者であった。彼が考案した、ある職場の組織を合理化して効率を上げ、労働者と資本家の階級闘争をなくす労働管理法は、「テイラリズム」

と呼ばれ、大きな影響力を持った。ことに、第一次世界大戦中のヨーロッパとアメリカにおいて、総力戦という新しい社会の仕組みを経て、心理学が社会とどのような関係を持つかが激変した。一九二四年にアメリカのテイラー協会で講演したハーロウ・S・パーソンによると、それまでの理論的・限定的な心理学が、総力戦への深い関係によって大きく変貌し社会の中に確固たる地位を占めるようになった。パーソンは、「心理学が、あらゆる管理の学の基礎科学である」という。かつての心理学は、実験的・理論的な科学志向が強く、それが適応される対象は限定的であった。心理学の主たる対象は動物であり、その動物に実験室で実験を行うことがその科学性の基本であった。人間を対象にした場合は、初等教育の児童か、精神病院の患者という限定された人口集団が素材となった。しかし、第一次世界大戦にともない、膨大な数の兵士という（男性の）成人の相当部分が対象となり、この集団に知能検査や職業検査のための考査を施して配属を決めることが確立し、広く知られるようになった。また、戦争における協同的な努力を促すために、行動の原理やパターンを知る必要が発生した。

パーソンのこの講演は、アメリカの心理学の動向に敏感な心理学者の増田幸一が一九二五年の『心理研究』に二回に分けて訳している。[12] その近辺から、科学的管理法と呼ばれた労働管理の手法を紹介した書物の翻訳や紹介と日本での実践が活発に行われた。[13] あるいは、東京帝国大学文学部で心理学を学び産業能率研究所をはじめた上野陽一を中心にして、テイラリズムは企業や地方自治体などの組織に導入され、労働現場に心理学に基づいた人間の精神に関する科学が導入されるきっかけをつくり出した。[14] このような科学的な管理法には、労働者の心理の問題も深くかかわり、とくに日本において心理学を学んだ者たちは、産業の現場における心理学の利用、そしてそれにともなう効率の向上についての考察を広範に発表していた。ドイツからアメリカに移民した哲学者・心理学者であるヒューゴー・ミュンスターバーグが執筆した、産業能率や健全な社会生活に関する著作は続々と翻訳された[15]。また、労働の心理に着目する流れは、同時代の経済学の流れに呼応したものであった。マルクス主義経済学において、生産的労働にともなう労働者の苦痛という主題が経済学の原理として取り上げられたことは、医学にも大きな影響を与えた。日本のマルクス主義経済学者の河上肇は、生産的な労働にともなう苦痛の精神的な側面に着目し、その苦痛をいかに構造的に減少させるかに着目した議論を展開した[16]。それに応えて、苦痛の生理的・身体的な側面に着目し、それを生理学などの医科学の手法を用いて対応しようとした生理学者や医学者が現れた。石川知福は、河上を引いて、「生産的労働に伴う殆ど総ての現象、特にその人間的要素の上に露呈する殆どあらゆる現象は、心理学的考察なくしては解決ができがたいものであると同時に、生理学的の考察を欠いては、その本質を理解しようとすることは不可能であるからである」と述べている[17]。一方で、マルクス主義に批判的な立場をとる教育心理学者で、東京高等師範学校や東京文理科大学で教鞭をとった田中寛一は、労働時間と能率に関して、マルクスの考えを批判して、アメリカの心理学に基づいた適切な労働時間とリズムによる合理化を主張している[18]。

これを連関する試みで、アメリカから心理学を経由して企業や組織に紹介されたのが、適性検査であった。心理学者の増田が一九二四年に刊行した調査によれば、関東と関西のいずれの地域においても、複数の企業や組織がアメリカで実施されていた適性考査を改変して行っていた。そのような企業や組織は、当時の先端的な技術の利用を担っていたものであり、陸軍、海軍、逓信省、東京鉄道局、電気局(東京市、大阪市、神戸市)、製鉄会社、電機会社、そして神戸や大阪の中山太陽堂のようにモダニズム文化をけん引していた化粧品会社などであった[19]。

このような適性検査の中で、現在や将来の被雇用者の心理を調査して、事故を起こす可能性を持った素質を発見する動きが唱えられた。東北帝国大学の文学部心理学科の教授であった栗林宇一は、一九三七年に刊行された『経済心理学』において、災害の原因を人間と人間以外のものに二分して、後者では、たとえば天災や工場における機械や設備の問題があり、前者では、生理的・身体的なものと、不十分な知力、不注意、激情のような精神的・心理的なものがあるとする。そして、物的要素は技術家側から詳細な研究が行われていること、人的な要素は災害の原因の九〇パーセントにのぼっていることを指摘し、「人的要素といってもその大部分は精神的原因なのであるから、災害の心理においてこの方面が研究対象の中心になるのは……当然である」と述べて、心理学を組み込んで災害と安全を研究する必要を説く[20]。栗林は、イタリア、ベルリン、シカゴの工場などの調査を掲げ、適性検査を行うと、災害を完全に除去しないまでもそれを相当程度減少させることができることを示すとされたデータを掲げている[20]。

このような、労働現場で事故を起こす性格という医学的な概念は、欧米から輸入されて日本でも定着した。欧米では、労働と生産が科学的な学問の対象となった第一次世界大戦期から戦間期にかけて発展したものであり、日本においても欧米から輸入されて実用化された[21]。

当時の調査によると、欧米においても日本においても、労働中の事故により労働者が負傷した場合に、その責任は多くの場合に労働者にあると考えられていた。労働者にまったく責任がない事例は全体の少数であり、八割以上の事例においては、労働者なりその協力者なりになんらかの過失があって事故に至ったと考えられていた[22]。そう考えると、事故を起こしやすい労働者がいるのではないかという発想に至り、調査してみると、特定の個人は何度も事故を起こしている現実が明らかになったという。この特徴を、イギリスとアメリカの研究者たちは accident prone と呼び、ドイツの研究者たちは、Unfallneigung と呼んだ。ドイツにおいては、心理学者のカール・マルベが大きな役割を果たした。マルベは心理学者であったが、精神医学におけるエミール・クレペリンの学派やC・G・ユングの考えである異常な性格という発想に部分的によりそう形で、労働者がどのような錯誤をするかという問題についての考察を行い、一九二六年に著作として発表した。この著作を通じて、実験科学の手法を用いて科学性を志向してきた心理学が、その方法を維持したまま労働者管理の実学にかかわる方向を示した。一方イギリスでは、第一次世界大戦中にオクスフォード大学の生理学者のH・M・ヴァーノンや、ロンドン大学の疫学者のメイジャ・グリーンウッドらが、労働と軍隊において、安全に労働者を管理し能率を調査し健康を保全する方法を研究した。いずれも、第一次世界大戦という総力戦にともない、国家の産業を統制して効率・能率を高める必要を反映して、医学、精神医学、心理学などがその目的のために労働者を科学的に観察し管理するための方法であった。

この概念は、日本では、「災害頻発性神経質」「神経質性労働者」「災害傾向」「災害姿質」「災害反復性」などの訳語をあてられた。「人格的危険階級」という言い方をした心理学者もいた。この立場を日本で最初に本格的に展開した論考は、当時は工場法が定めた工場監督官であった平松真兵衛が一九三二年に『労働科学研究』に出版した「工場災害の生物学的研究」である[23]。この論考は、労働事故を起こした災害者の心理的な特性や類型に注目したものである。平松は、英米やドイツの研究者を引用して、工場で事故を起こしたことは、工場の技術的な問題だけではなく、災害者自身の個人的な特性にもまた大きな差異があると考えるべきである。すなわち同一作業の従事者にして、ある者は数年にわたって一回も災害を起こさないが、それに反して、別の者は同じ期間にきわめて頻繁に災害を起こしていることからも明らかであるという。それに基づいて、当時の医学と心理学における人間の類型学研究に着目し、ことに、当時の日本の教育や労働管理の世界で用いられはじめていたＡＢＯ式血液型による生物学的な素質に基づいた気質の分類に応じて、災害頻発性神経質が異なるという議論を組み立てる。二つの金属工場の男子労働者を一六〇〇名あまり調査して、作業中に災害事故を起こす確率がどのように違うか、頻回事故者がどの血液型に多いか、そして同じ心理学者で当時の労働科学研究所で労働と心理の関係について論文を量産していた桐原葆見による気質分類を利用して、思慮型、不定型、運動型、運動思慮型、進攻型、進攻思慮型などに分けた気質の分類であった。一方で、職工を監督する職員に依頼して、それぞれの個人に関して、その性格について質問をすることも行った。質問は、ものごとを苦にするか、仕事に細心の注意をするかなどの性格上の特徴につき、一三の質問を監督職員にするものであった。

平松の論文は、血液型と気質の相関という、戦後日本の一部の科学者とマスメディアが広めてきた疑似科学の学説を含んだものである。それだけでなく、平松が用いた気質検査の方法は、その原理において、著しく初歩的な発想で科学としては粗雑なものであった。これは、アメリカの女性で心理学者であったジューン・ダウニーが開発した意思気質テストを桐原が改訂したものであった。[24]合計で一〇の検査から気質を判断するものであり、それぞれの検査は、（1）決断の速さを見る検査、（2）運動の速度と速度の能力を検す、（3）意思的牽制力を見るもので衝動抑制の能を見る、などの項目について、特定の検査から、「決断の速さ」「意思的牽制力」などを見るものであった。その中で、たとえば第九の項目は「自信力の大小を見る」検査であるが、これは、まずある書物を見せる、次に別の書物を見せ、その中に前の書物に掲載されていたのと同じ絵を見たと思ったらマルをつけ、その絵を絶対に見たと思ったら二重マルをつける検査をする。ここで、二重マルの数は、そのまま被験者の自信の大きさを示すという概念で検査が行われる。もちろん、二重マルを多くつけることは自信の大きさを意味することもありうるが、それ以外の数々の心理的な特徴を表す可能性を捨象して、この指標から自信の大きさを図ることは、控えめにいっても粗雑な検査になっている。

日本における一九二〇年代からの労働衛生の発展には、このような精神医学的・心理学的な要素が含まれていた。それは、労働の環境を医学的・科学的に管理して能率を高め、個々の労働者がもともと持っている心理と性格を把握する構造をつくり上げるものであった。このような把握は、労働者にメリットをもたらしただけでなく、雇用者の側に労働者を管理する技術を与えるものであった。おそらく、それにとどまらず、個人の個性や特徴を把握したうえで労働力を科学的な管理の対象とすることは、近代的な社会における生産力を向上させるという発想は、それが国力につながるという発想にもつながっていた。大阪府立産業能率研究所（現　大阪産業経済リサーチセンター）の所員であった馬淵秀夫は、「労働者は単に機械の律調に左右せられて受動的に作業を強要され、あたかも機械は人を駆使し人は機械に従属して労働に従事するがごとく」の状態であるため、労働者はつねに異常の精神的緊張の状態におかれ、疲労がますます増進する様子である。このような産業の危機化に対抗するために、人間作業を合理化することで、個人の作業能力を長期間続くものとし、民族的財産として国力の合計を増加することが必要になると述べている(25)。本章では、概念の検討と紹介にとどまったが、労働者の心理の管理と個人の生活の把握、そして不適切な素質の個人の排除は、可能性としては、労働者と雇用者の生産力だけでなく、国力の上昇につながると考える方向もあったのである。

3　戦争神経症とPTSD論への発展

このような産業災害における精神医学と心理学における概念の利用は、外傷性神経症、現在の言葉でいうと心的外傷後ストレス障害（PTSD）の概念の形成に貢献した。現代の日本では、一九九五年の阪神淡路大震災の後に現れたPTSDがもっとも著名であり、その後も、いじめ、ハラスメント、ドメスティックバイオレンスなどによるPTSDも、現代社会の大きな焦点となっている。少なくとも現代のPTSDは、遡及的な研究ができるような鮮明な臨床的な特徴を持つ精神疾患ではないが、阪神淡路大震災以降、その形成を問う優れた歴史研究が現れている。ことに、歴史社会学者の佐藤雅浩は、日本国有鉄道が一九二〇年代に刊行した外傷性神経症を分析した章を含む優れた書物を二〇一三年に上梓し、歴史学者の中村江里は、一九三〇年代から本格的にはじまる軍の外傷性神経症に対する取り組みを分析した優れた博士論文を二〇一五年に完成させた[26]。これらの研究が明らかにした基本的なタイムフレームとしては、欧米諸国が第一次世界大戦を契機にして、それまですでに観察されて議論されていた鉄道神経症や労働災害・労働事故に基づく神経症を戦争神経症の議論の中に取り込んだものが日本に伝えられて、一九二〇年代から日本においても外傷性神経症の概念が形成されていたと考えられる[27]。

日本に外傷性神経症の概念が導入された経路としては、鉄道業界、軍、そして産業界の三つの経路を考えることができる。鉄道会社の対応は、ヨーロッパの第一次世界大戦の戦争神経症をうけて、東京帝国大学の精神科・神経科の医師に対応を依頼して、従業員の鉄道神経症に関する対応を本格的にはじめたというパターンをとる[28]。一九二〇年には、日本鉄道医協会は東京帝国大学の内科教授の三浦謹之助を鉄道病院に招聘した。その理由は、三浦の得意分野である神経学の領域に関連させて、鉄道の外傷性神経疾患に関する専門的な知識を鉄道医たちに共有させるためであろう。三浦の講演においては、三浦自身が鉄道神経症の患者を観察したわけではないが、鉄道神経症や戦争神経症などの外傷性神経症や、そのもとになったヒステリーなどの基礎概念を提示したフランスの神経医のジャン・マルタン・シャルコーや、ドイツの神経医のヘルマン・オッペンハイムといったヨーロッパの指導的な医師たちの考えが紹介された。三浦は、大戦の戦争神経症においては、論争の焦点であった仮病や詐病ではないかという論争の焦点について、「一般に申しますと、今度の戦争において、仮病ははなはだ少なかった。最初は多いという説もあり、少ないという説もあったが、だんだん調べてみると、割合に少なかった。私は鉄道病院に来てからまだ日が浅く、真実の仮病は扱っていない。ただ、その症状を誇張していうような患者はたびたびあった。鉄道関係の医師諸君は、特に注意して、仮病を発見しなければならぬだろう」と述べている[29]。

軍の対応も、第一次世界大戦で欧米各国が経験した戦争神経症に触発されるという形をとった。興味深いことは、日本の軍医たちは、第一次世界大戦の戦争神経症と同じような精神疾患を、日露戦争で経験していたことである。日露戦争も、第一次世界大戦と同様に、高度な殺戮と破壊の技術を用いた長期にわたる近代戦であり、日本の軍医たちは、第一次世界大戦の戦争神経症にあたるものに関して、一定の知識をすでに持っていた。そのため、第一次世界大戦中にヨーロッパの第一次世界大戦での戦争神経症のニュースが流れると、陸軍は軍におけるヒステリーの問題を考えようという態度を示し、一九一五年には、軍医の飯島茂による兵士のヒステリーについての報告が現れている。著者の飯島は、千葉県立医学校を卒業して軍医となり、後に軍医総監、陸軍医学校校長を務めた軍医のエリートである。飯島は、フランス軍やドイツ軍で発生しているヒステリーに着目し、一九〇六年までの陸軍の医療統計に「ヒステリー」という疾病名がないため継時的な統計を取ることはできないが、日本軍にも少数ながらヒステリーの患者がいることを指摘している(30)。戦後には、一九二四年に刊行された日露戦争の疾病や傷害に関する報告書では、日露戦争にともなう精神疾患、とりわけ「ヒステリー」という診断がつけられた疾病に一定の注目が払われた(31)。少なくとも日本軍の兵士のヒステリーなどの神経症の問題は、第一次世界大戦後の欧米諸国の経験を媒介にして一九二〇年代には浮かび上がっていた(32)。

軍は、神経症だけでなく、最先端の技術の結晶であった航空機の操縦にたずさわる者たちに、特別な心理検査を行い、パイロットの心理的な把握を通じて航空機操縦中の事故を減少させようとしていた。一九二三年に、千葉医学専門学校を卒業して当時陸軍の軍医であった中川亀松は、航空機の事故を除去するためには、体質や気質において異常であり事故を起こしやすいもの、具体的にはすぐに疲労するもの、「不安恐怖」を持ちやすいもの、不調和の情緒を発生しやすい過敏型などを、精神検査によって航空機搭乗者から除去しなければならないとしている(33)。同年に京都帝国大学の学生であり、後にドイツ留学を経て後に新潟医科大学の教授となった耳鼻咽喉科の医学者の鳥居恵二は、飛行中の「不詳事態」の発生を、「搭乗者の身体に存せる一定の生理的異常、あるいは心理的な個性」によるもので、搭乗者自身の心身の特定の個性や類型が問題であると述べている。[34]これは、前節で見た「事故を起こしやすい素因の性格」の労働者を、軍の航空機パイロットの脈絡で発見する試みである。

労働災害に関する精神医学的・心理学的な分析を、労働災害、事故、従軍などにおける外傷性神経症を含む立体性を持ったものに発展させたのは、九州帝国大学の精神科教授であった下田光造と彼の研究室であった。この理由を明らかにするにはより詳細な研究が必要だが、一つの重要な背景は、福岡・博多地域の産業として石炭業や鉄鋼業などを持っていたこと、下田らがこれらの産業の労働者を診療する機会が多くあったことと関係あると考えられる。石炭業は労働災害が多いだけでなく、そこで心的外傷を負った患者が、その期間を長くしてできるだけ多くの扶助を得ようとする、あるいは心理的な障害の期間が長くなる「変態心理」を生ずると一九二七年の論考でいわれていた。[35]下田は、一九三七年に福岡外科集談会で外傷性神経症と外傷性ヒステリーについて講演をした。[36]そこでは、外傷性神経症の主たる原因は、補償を要求する権利があるという意識によるものであり、その責任者である会社、官庁、あるいは喧嘩の相手になんらかの要求をする権利があるという観念を持つ場合に、この病気は発病する。この観念は、災害補償が法的に施行されていない国家では持たれないし、また、低能者や女性などではこの観念がなく、常識を持ち工場法の一節くらいは理解できる男性でないとこの観念を持てない。また、この病気は公傷の際に発現するものであり、「責任者」なるものが存在しない外傷、たとえば天災や遊戯中の災害では本症は起きない。[37]この疾病を治療する唯一の方法は、一時金を与えて解雇すること、そして責任者との関係を完全に断つことである。一時金は法律の許す最低でよいし、もし金銭の授受なしで解決できるのならそれでもよい。本症を予防する方法は、補償の法律を改正して、外傷性神経症に補償を払わないことである。

下田の後に九州大学精神科の教授となった中脩三も、さらにその次の精神科の教授であった櫻井図南男も、産業の脈絡での神経症と軍役における神経症を扱った論文を執筆している。中は、一九三〇年代に男性ヒステリー論を展開している。そこでは、フロイト系の精神分析流の治療が否定され、森田正馬の東洋流精神医学の「悟り」の気分による治療が推薦されている。[38] 戦争中の外傷性神経症については、一九五一年に刊行された論文の中で、軍事体制下の規律と名誉が治療に貢献する様子を描いている。[39] 櫻井においては、九州の労働災害の現場で発生した外傷性神経症を多数観察した論文と、陸軍の国府台病院で軍医として観察した戦争神経症についての論文が、ほぼ同時に刊行されている。前者は、櫻井が「事態神経症」と呼んだ症例をまとめて一九四二年に刊行したものであり、後者は「戦時神経症」と呼んだ症例に関して一九四一年から一九四二年に刊行したものである。[40] 労働災害に関連する外傷性神経症と戦争神経症への関心は、九州帝国大学の精神科医のチームだけでなく、一九三〇年代の末においては、日本は労働の領域でも軍の領域でも、外傷性神経症の問題に取り組む体制が形成されていた。前者では、一九三九年に工場医からの投書に応えるという形で、『日本医事新報』が外傷性神経症の小特集を組む段階に達していたし、後者では、一九三八年に戦争神経症への対応に特化する意図で国府台にそのための陸軍病院が建設された。[41]

戦後には、戦時中に戦争神経症のケアと研究が十分に機能しなかったことや、そもそも戦争を放棄したことなどの影響で、戦争神経症そのものを研究すること自体は立ち消えになった。しかし、外傷性神経症は、さまざまな精神医学の学派によって解釈される何かであった。一九五〇年代には、「ノイローゼ」という新しい通俗精神医学概念の中に外傷性神経症が吸収され、精神科医への感情転移に治療法があるからかつての軍の医学の権威主義的な治療では治らなかったと考えるアメリカの精神分析の影響を大きく受けた方法や、それと正反対に、労働災害の中で、かつての軍隊では規律的で強権的な力を軍医たちが持っていたから治療できたが、現在のよりリベラルな環境では治療しにくいと考える立場など、正反対の考えが表明される、構造化されていない主題となっていた(42)。

4　災害・事故と心理の新しい体制へ

本章が示そうとしたことは、二〇世紀の日本において、災害や事故を個人の性格、心理、精神状態、そしてそれが置かれている社会的制度的な構造と連携させてとらえる視点が現れて定着したことである。この動きは、労働衛生や軍事衛生の心理学的な側面を発展させる中で行われた。高度な技術の利用、複雑な組織や制度をともなった近代的な産業形態への移行の中で、個々の人間の精神的な特徴を洗い出す作業をともなっていた。その人間はどのような職業に適性を持っているか、事故に遇い災害を起こし自らと同僚を危険にさらすなど職場に適合しない性格ではないか、職場への不適合の問題はなぜ起きるのか、どのような治療法や制度で解決できるのか、などの問いが現れ、制度やイデオロギーに応じてさまざまな答えがなされる状況が、大正から昭和戦前期にかけてはじまった。

この流れは、大筋において、欧米諸国の発展と同期していた。欧米諸国では、一九世紀の後半から徐々に発展していた労働衛生や軍事の精神医学的なケアと治療、あるいは心理学的な管理などが、第一次世界大戦の総力戦と戦争神経症の多発などをきっかけにして、鮮明な形をとるようになった。労働衛生や軍事衛生の精神医学・心理学的な側面。日本の産業の近代化、近代産業が置かれた制度、それが抱える医学的な問題、そしてそれを解決する手段などのさまざまな意味で、一九二〇年代には、日本の医療が欧米の近代化をなぞる動きを取りはじめたことが再確認される。ただ、本章がめざしたのは全体的な素描であり、用いた史料は、刊行された書籍や論文などの最も定型化された言説である。これからの研究で、疾病、業界、工場などの単位で、さらに現場に近く複雑な史料が現れるだろうが、その分析からより重要な洞察が得られるだろう。

（1）急性感染症の時代から産業社会の医療への移行は、日本の医療史の古典的な図式であり、新旧の医学史の古典がこの図式をとっている。丸山博・中川米造編『日本科学技術史大系　医学』第二四巻、第二五巻、第一法規出版、一九六五年、厚生省医務局『医制百年史』ぎょうせい、一九七六年、新村拓編『日本医療史』吉川弘文館、二〇〇六年。

（2）日本の結核と梅毒については、福田眞人『結核の文化史——近代日本における病のイメージ』名古屋大学出版会、一九九五年、福田眞人・鈴木則子『日本梅毒史の研究——医療・社会・国家』思文閣出版、二〇〇五年。

（3）この日本の労働衛生の初期の重要な時期については、三浦豊彦の一連の著作が古典的なベースを提供してくれる。本章の脈絡でことに重要なのは以下の三冊である。三浦豊彦『明治初年から工場法実施まで』労働科学研究所、一九八〇年、同『倉敷労働科学研究所の創立から昭和へ』労働科学研究所、一九八〇年、同『十五年戦争下の労働と健康』労働科学研究所、一九八一年。

（4）安田佳代『国際政治のなかの国際保健事業――国際連盟保健機関から世界保健機関、ユニセフへ』ミネルヴァ書房、二〇一四年。国際的な医療との対話も、無批判な模倣ではなく、日本の自立性を意識して思想的に吟味をした上での考察が現れるようになった。石原修の『労働衛生』をひもとくと、日本の衛生学者たちが一九二〇年代に出会った国際的な思想の多様性と、石原によるそれら思想の批判的な検討が見て取れる。石原修『労働衛生』杉山書店、一九二三年。

（5）丸山や中川を含めた戦後のマルクス主義傾向の医学史の批判については、鈴木晃仁「医学史の過去・現在・未来」『科学史研究』第二六九号、二〇一四年、二七―三五頁も参照のこと。

（6）Alan R. Petersen and Deborah Lupton, *The New Public Health : Health and Self in the Age of Risk*（London: SAGE, 1996）; Graham Mooney, *Intrusive Interventions : Public Health, Domestic Space, and Infectious Disease Surveillance in England, 1840-1914*（Rochester, NY: University of Rochester Press, 2015）; Mathew Thomson, *Psychological Subjects : Identity, Culture, and Health in Twentieth-Century Britain*（Oxford: Oxford University Press, 2006）.

（7）アラン・ヤング（中井久夫・大月康義・下地明友・辰野剛・内藤あかね共訳）『ＰＴＳＤの医療人類学』みすず書房、二〇〇一年。

（8）ニコラス・ローズ（堀内進之介ほか訳）『魂を統治する――私的な自己の形成』以文社、二〇一六年。

（9）鯉沼茆吾「計器製作工場における職工の水銀中毒」『労働時報』七月号、一九二四年、一九―二三頁。水銀中毒については、一九一八（大正七）年の呉秀三による水銀中毒の記録、一九二四（大正一三）年の三浦謹之助による記録と、東京帝国大学の精神医学と内科学の教授による水銀中毒についての業績が発表されている。同様に、潜水作業にともなう精神神経症状についても、精神科医の学会で患者が供覧された。橋健行「患者供覧」『神経学雑誌』第一八巻第六号、一九一九年、二九九―三〇〇頁。

（10）この論文と「ラフレコメーター」の画像は、以下の「労研デジタルアーカイブ」で閲覧できる。http://darch.isl.or.jp/dspace/handle/11039/366（二〇一六年九月一九日閲覧）

（11）Anson Rabinbach, *The Human Motor : Energy, Fatigue, and the Origins of Modernity*（Berkeley: University of California Press, 1992).

(12) 増田幸一「能率研究家の産業心理学観」『心理研究』第二七巻第一五九号、第一六〇号、一九二五年、二一七―二三〇頁、三四二―三五四頁。

(13) 日本のテイラリズムと科学的管理法については、以下の論考が参考になる。William M.Tsutsui, *Manufacturing Ideology : Scientific Management in Twentieth-Century Japan* (Princeton, N. J.: Princeton University Press, 1998); 片岡信之「大正前期における科学的管理法の流入と商工業学へのインパクト(1)」『桃山学院大学経済経営論集』第五三巻第一号、二〇一一年、二一―六九頁。

(14) 上野は東京に生まれて東京帝国大学文学部で心理学を学ぶ。文学部の学生であったが、医学部の生理学や精神医学の授業にも出席し、当時の精神科の教授であった呉秀三による巣鴨の東京府病院における診療実習にも出席している。また、長崎のスティール・アカデミー(Steele Academy)で同窓であって交流も深かった諸岡存は、九州帝国大学の医学部精神科の助教授であり、後に東京に越してゼームス坂病院で高村智恵子を診療したほか、駒澤大学で異常心理学を教えている。『上野陽一伝』産業能率短期大学出版部、一九六七年、上野陽一「精神検査で従業員の選択が出来るか」『心理研究』第二三巻第一三三号、一九二三年、四四―四八頁。

(15) これらの著作やそれが唱える概念が、どの程度まで労働者や一般の人々に知られていたかという問題は、明治期のコレラに関する知識の普及と比べたときに興味深い問題である。たとえば、ミュンスターバーグの心理試験のうち、ある単語に対して連想語を答える形式のものは、江戸川乱歩が一九二五年に発表した短編探偵小説「心理試験」において、謎解きの中核の役割を果たしている。探偵小説のファンに読まれた可能性がある法医学書としては、京都帝国大学の法医学の教授であった小南又一郎の『捜索用法医学』(カニヤ書店、一九二六年)を挙げることができる。同書は外傷性神経症や年金神経症に触れている。

(16) 河上肇「労働の苦痛と社会組織」『社会組織と社会革命に関する若干の考察』弘文堂、一九二三年、二八〇―三二二頁。河上の論文は、もとは、一九二一(大正一〇)年に『社会問題研究』の六月号、八月号に掲載された原稿である。

(17) 石川知福「現代作業制の生理学的批判――第一　産業疲労の生理学的考察」『労働科学研究』第二巻第一号、

一九二五年、一―二四頁、二頁。

(18) 田中寛一「労働時間と能率」『心理研究』第一七巻第一〇〇号、一九二〇年、四九〇―五〇二頁。

(19) 増田幸一「関西に於ける適正考査施行の現状」『テスト研究』第一巻第四号、一九二四年、九四―一二七頁、同「関東に於ける適正考査施行の現況」『テスト研究』第二巻第二号、一九二四年、一八三―二一九頁。

(20) 栗林宇一『経済心理学』「生活と精神の科学」叢書／東北帝国大学心理学研究室綜合編輯、第一五巻、東宛書房、一九三七年、二四三頁。松本亦太郎「監督者に必要なる資格」『心理研究』第二五巻第一四六号、一九二四年、一七七―一八六頁。なお、松本の影響で、コロンビア大学で心理学を学び、日本人女性で最初にPh. D.を取得した女性として著名な原口鶴子の研究の主題も疲労であった。一九一二年に博士号を授与されたコロンビア大学の博士論文はMental Fatigueと題されており、これは算数の計算や翻訳などを行ったときの疲労感に関するものであった。Miki Takasuna, "Tsuruko Haraguchi", http://www.apadivisions.org/division-35/about/heritage/tsuruko-haraguchi-biography.aspx（二〇一六年一〇月六日閲覧）

(21) ドイツ、イギリス、アメリカにおける労働災害を起こしやすい性格という医学的な概念については、John C. Burnham, *Accident Prone : A History of Technology, Psychology, and Misfits of the Machine Age* (Chicago: University of Chicago Press, 2009) が優れた導入書になっている。

(22) 村瀬英二「最近五か年に於ける工場災害統計」『労働科学研究』第一五巻第四号、一九三八年、三〇九―三一三頁。斎藤真「産業外科」『労働科学研究』第一四巻第九号、一九三七年、七七一―七八三頁も、日本車両の工場における約七八〇件の外傷において、傷害を負った労働者の不注意などによる自己の責任は七〇パーセントにのぼり、やむを得ざるものは一二パーセントにすぎないと記している。

(23) 平松真兵衛「工場災害の生物学的研究　特に　血液型と工場災害並に性向との関係に就て」『労働科学研究』第九巻第五号、一九三二年、五六五―六一一頁。

(24) 桐原葆見「改訂意思気質検査法――其の方法並に本邦人に対する規準」『労働科学研究』第七巻第三号、一九三〇年、四四五―五三四頁。

(25) 馬淵秀夫「作業の生理学的研究（第一回報告）作業の速度（リズム）に就て」『大阪医学会雑誌』第二六

巻第九号、一九二七年、二三四五―二三六六頁。
(26) 佐藤雅浩『精神疾患言説の歴史社会学――「心の病」はなぜ流行するのか』新曜社、二〇一三年、中村江里「往還する〈戦時〉と〈現在〉――日本帝国陸軍における『戦争神経症』」一橋大学・社会学研究科大学院・博士論文、二〇一五年。
(27) そうなると大きな問題になるのが、まさに地震の後の外傷性神経症の問題である。少なくとも二〇世紀の初頭においては、鉄道神経症や労働災害の神経症と並んで、ヨーロッパの医師たちは地震の後の神経症に着目しており、日本を訪れた外国人の医師も、一八九一年の濃尾地震のあとに地震を原因とする神経症が現れたと考えられる文献を発表している。カール・ヤスパースの精神医学の教科書では、一九〇八年のイタリアのメッシーナの地震の後についてのスイス人の医師の記述と、未確認であるが、おそらく、一八九一年の濃尾地震の後の精神医学的な記述を、当時東京帝国大学医学部の教授であったエルヴィン・フォン・ベルツがドイツ語で発表したと考えられる文献が言及されている。一九二三年の関東大震災についても、多くの精神病医は、関東大震災において災害神経症は起きなかったが、恐怖神経症が起きたと書いている。
(28) 佐藤雅浩「戦前期日本における外傷性神経症概念の成立と衰退――一八八〇―一九四〇」『年報科学・技術・社会』第一八巻、二〇〇九年、一―四三頁。
(29) 三浦謹之助「外傷性神経疾患に就て」『日本鉄道医協会雑誌』第六巻第一〇号、一九二〇年、三八九―三九八頁。同じように、疾病の症状が患者によって誇張される傾向については、渡辺房「詐病と外傷性神経症(一)」『医学通信』第五巻第二二二号、一九五〇年、七―九頁、一六頁、も同様の把握をしている。
(30) 飯島茂「軍隊における「ヒステリー」について」『軍医団雑誌』第六〇巻、一九一五年、八五二―八七三頁。
(31) 日露戦争期間中の精神疾患については、呉秀三の指導のもと、一連の著作が一九二三年に刊行された。呉秀三「日露戦争中余の実験せる精神障礙に就きて」『明治三十七八年戦役陸軍衛生史　第五巻　伝染病及主要疾患(第四冊)』陸軍省医務局、一九二四年、七―二〇八頁、荒木蒼太郎「戦役に因する精神病に就きて」『明治三十七八年戦役陸軍衛生史　第五巻　伝染病及主要疾患(第四冊)』陸軍省医務局、一九二四年、二〇六―三〇四頁、「ヒステリアの四例」『明治三十七八年戦役陸軍衛生史　第五巻　伝染病及主要疾患(第四冊)』陸

軍省医務局、一九二四年、四八六—五〇三頁。

(32) 日露戦争におけるロシアの側の戦争神経症については、Laura Phillips, "Gendered Dis/ability: Perspectives from the Treatment of Psychiatric Casualties in Russia's Early Twentieth-Century Wars," *Social History of Medicine*, 20 (2007): 333-350.

(33) 中川亀松「航空機搭乗者選出の際特種の検査による過敏性体質者の除去方法に就て」『神経学雑誌』第二二巻第八号、一九二三年、四四五—四七六頁。一方で、この検査は、検者が被験者を凝視して顔貌の表情を見るというものであった。

(34) 鳥居恵二「航空生病理の統計的観察」『日新医学』第一二巻第二号、一九二三年、五六三—五八八頁。

(35) 松下正信「石炭鉱災害の医学的考察」『社会医学雑誌』第四八二号、一九二七年、二一四—二三八頁。

(36) 下田光造「外傷に基く精神障碍に就て」『実地医家と臨床』第一四巻第四号、一九三七年、二五—三一頁。

(37) 関東大震災のときに見られたのは多数の恐怖性神経症であり、外傷性神経症ではなかったと下田は論じている。

(38) 中脩三「特に男子に於ける『ヒステリー』性強迫思考に就いて」『実地医家と臨床』第九巻第九号、一九三二年、七四七—七六〇頁。ここで九州帝国大学の下田門下の学者たちが精神分析に批判的であったのは興味深い。九州帝国大学のもう一人の優れた精神医学者である向笠廣次も、精神分析に対して批判的な内容の論文を書いている。向笠廣次「躁鬱病の病前性格に就いて」『精神神経学雑誌』第四五巻第六号、一九四一年、三〇〇—三〇二頁。

(39) 中脩三「外傷性神経症」『日本医事新報』第一四二八号、一九五一年、二四七一—二四七五頁。

(40) 櫻井図南男「事態神経症に就て」『福岡医学雑誌』第三五巻第一号、一九四二年、一二八三—一三一八頁、同「戦時神経症の精神病学的考察(一)—(三)」『軍医団雑誌』第三四三号、一九四一年、一六五三—一六六七頁、第三四四号、一九四二年、三五—五一頁、第三四五号、一九四二年、二一五—二二七頁、第三四九号、一九四二年、八六〇—八六七頁、第三五〇号、一九四二年、九七五—九八五頁、第三五一号、一九四二年、一〇九六—一一〇九頁。

(41)「近年軍需工業の旺盛となるにつれて外傷性神経症の患者を見る機会が多くなり、従来その方面にあまり関心を持たなくてもよかった小工場医までが、その知識を必要とするに至った。恥ずかしいことですが、我々は外傷性神経症は賠償金を貰うと治る病気だくらいのことしか知らない。ついては、非専門医にも了解できるようご説明を願います」という問いに対して、そこでは、精神病医、工場医、鉄道医などが回答するという構図をとっている。「特別課題外傷性神経症に就て」『日本医事新報』第八八〇号、一九三九年、昭和一四年七月一二日、二六八七―二六九二頁であり、四つの小論が掲載されている。それは、以下の通りである。杉田直樹「精神病理より観たる治療」二六八七―二六八八頁、植村卯三郎「一時金交付兼退職と全治との間に因果関係を認め得ない」二六八八頁、馬渡一得「外傷性神経症の問題に就て」二六八八―二六九一頁、武部俊雄「臨床的観察」二六九一―二六九二頁。戦中においても、いくつかのアプローチが存在し、たとえば中村強は、中や櫻井と同じ九州帝国大学出身であるが、診療科は第二内科であり、「K病院」の神経症を分析した論文の理解はゲシュタルト心理学を用いたものであった。中村強「戦争神経症の統計的観察」『医学研究』第二五巻第一〇号、一九五五年、一八〇一―一八一三頁。

(42) 加藤正明『ノイローゼ――神経症とは何か』創元社、一九五五年。戦争の末期の一九四四(昭和一九)年には、軍隊の病院を訪れる神経症患者の七二パーセントがヒステリーであった。加藤は「日本で男性のヒステリーをこのように大量に見たのは戦争のときがはじめてであり、その症状も千変万化で、手足のはげしいふるえ、けいれん、手足が動かなくなったり歩けなくなるもの、声が出なくなるもの、目が見えなくなったり耳が聞こえなくなったり、もうろう状態になるものなど、まったくヒステリー状態の展覧会のようであった」と述べている。

Ⅳ　国際規格

第8章　医療機器の国際規格づくり
――臨床試験と適正実施基準

上野紘機

1　安全性と有効性の保証

医薬品や医療機器は、安全性と有効性の保証が必要である。このために、国による製品の承認・許可制度があり、開発・製造・販売にあたって各種の規定・基準が設けられている。安全性と有効性の保証は、食品・食品添加物・動物薬・農薬・化粧品・一部の化学製品についても必要となる。法規制や基準を順守しなかった場合、製品の安全性や有効性に懸念が生じ、あるいは国民に健康被害をもたらし、大きな社会問題になることがある。歴史を振り返ると、残念ながら法規制の多くは重大な薬害や試験データ不正などの不祥事の発生を契機に制定されている。

一九六二年、よく知られているサリドマイド事件が起きた。サリドマイドは、ドイツのグリュネンタール社が一九五七年に発売した睡眠薬である。睡眠作用が良好で副作用が少なく、妊娠中の悪阻《つわり》の軽減にも有効とされた。日本を含む世界四六カ国で発売され広く使われた結果、三九〇〇人にも及ぶとされるアザラシ肢症の新生児が生まれるという悲劇を招いた。一九六一年、サリドマイドと四肢奇形に関する最初の報告が出て、この睡眠薬は発売中止と製品回収に追い込まれた。その後、非臨床安全性試験（実験動物を使った毒性試験）で両者の因果関係が証明されていったが、この世界的な薬害が医薬品などの審査基準の厳格化のきっかけになった。なお、米国ではＦＤＡ（連邦食品医薬局）の安全性審査官であるフランシス・ケルシーが、開発企業の安全性を示す動物データに疑問を持ち、追加データを要求し承認を保留したために、奇形児の発生は治験中の数名にとどまり、重大な薬害発生は避けられた。ケルシーは、この功績により当時のケネディ大統領から連邦市民賞を授与されている。このサリドマイド事件や他の薬害の発生を契機として、一九六二年「連邦食品医薬化粧品法」の大幅改正（主導的な役割を果たした二人の議員の名前をとって「キーフォーバー・ハリス改正法」）が制定された。この法律は世界の医薬品規制厳格化の先駆けになるもので、その内容は「医薬品の安全性・有効性をよく管理された科学的な試験によって証明すること」「臨床試験の許可をＦＤＡから事前に取得すること、試験対象の患者からインフォームド・コンセント（説明同意書）を取得すること」「副作用報告を行うこと」「医薬品の製造・加工・包装・保管について適正製造基準〝ＧＭＰ〟を順守すること」などが盛り込まれている。「適正実施基準」、すなわちGood Practice（ＧＰ）の概念は、この一九六二年の米国法が端緒になっている。ＧＭＰ（適正製造基準）とＧＣＰ（適正臨床試験基準）の原型はここでつくられたのである[1]。

一方、非臨床試験分野でも、一九七〇年代に米国で重大な試験データの不祥事が発覚した。もともとサリドマイド事件やその他の薬害事件をめぐって、動物による毒性試験の不適切さやデータ不正が問題になっていた。Industrial Bio-Test Laboratories（以下、ＩＢＴ）は、化学物質や医薬品の動物試験を受託する最大手の試験機関で、毎年二〇〇〇件もの試験を受託し、その試験データは医薬品・農薬・食品添加物・化粧品・洗剤などの連邦機関承認申請に用いられていた。全米のすべての毒性試験のうち、三五―四〇パーセントもの試験は同社が実施したという。データ不正が発覚したのは、一九七六年ＦＤＡの病理学専門家が、ＩＢＴの二年間にわたるラット・マウスの長期試験報告で、一匹もがんの発生例がなく死亡例もないことを不審に思ったことにはじまる（二年間にわたる長期試験では一定割合でのがんの発生と途中死亡は不可避）。ＦＤＡ査察官がこのＩＢＴに立ち入り検査をしたところ、毒性試験が行われる飼育室は不適切な給水システムのため、"swamp"（沼地）と呼ばれる水浸し状態になり、多くの動物が溺死し、腐敗し、廃棄されていた。死亡動物は別の部屋で飼育された動物に置き換えられ、その事実はひた隠しにされた。この状態が三年間も放置されたという。その後、ＦＤＡやＥＰＡ（米国環境保護省）の査察の結果、生データの偽造、観察記録の改ざん、死亡動物の隠蔽（薬剤無投与の動物に不正交換）、組織病理標本の意図的な解釈変更、最終報告書の意図的改ざんなど、科学的な不正が次々と明らかになった。(2) ＥＰＡの一九八三年発表レポートによると、ＩＢＴ試験結果のうち一六パーセントしか信頼性を保証できるデータがなかったという。すでに承認を受けていた農薬は、再度試験を実施して安全性を証明するか、承認取り消しの処分になった。(3) このＩＢＴ事件やＧ・Ｄ・サール社の動物データ不正などが直接のきっかけとなり、医薬品のみならず「規制研究（国への承認申請に必要な科学的データを作成する研究や試験）」すべての信頼性保証のために、一九七八年に制定・実施されたのがＧＬＰ（適正試験室基準）である。したがって、ＧＭＰやＧＣＰの制定とは時期と制定の背景が若干異なっている。[4] いずれにせよ、米国のＧＰが世界の信頼性保証基準制定をリードしてきたことは間違いない。

日本の医薬品業界でも、最近信頼性保証の問題事例があった。二〇一六年一月、化学及血清療法研究所（熊本市、通称「化血研」）が、国の承認とは異なる方法で血液製剤やワクチンを製造したとして、厚生労働省から一一〇日間の業務停止処分を受けた。約四〇年前から虚偽の記録を作成し、厚生労働省の定期監査に対して組織的な隠蔽工作を行っていたという。一九九五年ごろからは、一二種類の血液製剤の三一工程で未承認の方法を採っていた。国の定期検査で不正が発覚している。国の承認と異なる方法で医薬品や医療機器を製造・販売することは、医薬医療機器等法（以下、「医機法」、二〇一四年一一月制定、旧「薬事法」を改正したもの）で禁じられている。さらに、国に虚偽の報告を組織的に繰り返し行ってきたため、業務停止処分という重い行政処分が下された。[5] 医薬品の臨床試験でも、データの不正が問題になったことがある。カルテを改変して結果をよく見せたり、統計解析で成績が有利になるように加工したり、極端な例では実在しない患者をでっちあげて臨床試験データを捏造するなどの不正である。日本で摘発された事件では、一九八二年の日本ケミファによる消炎鎮痛剤「ノルベタン」と降圧剤「トスカーナ」の事例があり、承認申請時に五〇例もの架空の症例データを捏造していた。これらの製品は承認が取り消されている。

臨床試験や、非臨床試験の長期安全性試験（代表的な例は、二年間にわたる発がん性試験や催奇性試験）には、膨大な費用と時間がかかる。メーカーとしてはできるだけ早期に製造販売承認を取得し投資を回収したいため、これらの試験を実施する現場にはつねにプレッシャーがかかる。途中での試験失敗は許されないし、好ましくないデータが出たときにそれを隠蔽したり、改ざんしたりしたくなる状況はつねに存在している。

最近、建設業界ではマンションの杭打ちデータの偽造が、また、国内外の自動車業界では燃費データの不正が問題になった。これら業界と医薬品・医療機器業界でのデータ不正には、いくつかの共通点がある。まず、データの専門性が高く、容易にチェックができないことである。データ不正が専門性の中に埋没され、外部から見つけることが難しい。また、こうした不正は製造や開発の現場で行われていて、現場に対するチェック機能が働いていないときに起こっている。チェック機能が働かないのは、現場の管理・監督が不十分な場合、あるいは長年の慣習や思い込みで不正を不正と思わない体質があるときに生ずる。不正が判明したときに、安全性や安心への信頼が根本的に失われる。そして、これらの不正は多くの場合是正措置が容易ではなく、経済的損失が大きいことが挙げられる。杭打ちデータ不正の場合は、全面建て替えという巨額の費用を要する解決策をとらざるを得なかった。自動車業界の燃費不正の問題も、莫大な経済的損失が生じただけでなく、メーカーへの信頼が失われた。医薬品や医療機器で安全性・有効性に影響を与えるような不正が判明した場合、承認取り消しや業務停止などの行政処分がある。加えて、患者への補償、信頼回復への対策などに巨額の費用がかかり、会社の存続を揺るがせかねない。

製造データ・試験データの不正や不適切さは、製品の安全性・信頼性に大きな問題を生ずる。医薬品・医療機器業界では、とりわけデータの不正を未然に防ぎ、製品の信頼性を確保することが重要である。このため、製造面だけでなく、研究、開発、販売、承認審査に至る広い分野で、ＧＰが設けられてきたのである。

2　医薬品・医療機器業界におけるＧＰ（適正実施基準）について

日本の製造業における品質管理は、一九五〇年日本科学技術連盟が招聘したＷ・Ｅ・デミングの指導で大きく前進した。これを契機に「デミング賞」が設けられ、品質管理に貢献があった企業・個人に、現在でもこの賞が贈られてきている(6)。現在、日本製品の品質が世界で最も高いと評価されているのは、こうした一九五〇年代にはじまる「品質管理運動」によるところが大きい。ＧＰは、こうした品質管理をさらに発展させたものである。品質管理が製品そのものに重点を置くのに対し、ＧＰは製品をつくるすべての行為を適正に実施することを求める。ＧＰは品質保証（ＱＡ）を行うための行動規範であり、品質管理（ＱＣ）を包含し、それを深化させた適正業務のマニュアル化である。品質を検査だけで管理するのではなく、「工程内でつくりこむ」のである。このためには、設計、研究、開発、試験、生産、検査、貯蔵、輸送、販売、顧客対応（苦情処理を含む）など、すべての業務において適正な行為がなされなければならない。また、会社の組織責任体制、教育訓練、文書管理、内部監査などの機能が正しく働く必要がある。

現在、医薬品・医療機器業界では、ＧＭＰ、ＧＣＰ、ＧＬＰ、ＧＰＭＳＰ（適正市販後調査基準）などのＧＰが運用されており、品質保証・信頼性保証の拠り所になっている。医薬品業界で最初に定められたＧＰがＧＭＰである。前述の通り、一九六二年の米国のＧＭＰ法制化に続いて、一九六五年ＷＨＯ

（世界保健機関）が医薬品のＧＭＰ作成を提唱した。各国がＧＭＰを定め、貿易国間で同じ水準の品質保証することにより、貿易をさらに促進しようという提案であった。これに呼応して、日本では一九七四年に医薬品ＧＭＰがつくられ、通知として出された(7)。なお、医療機器では、平成一六（二〇〇四）年厚生労働省令第一六九号「医療機器及び体外診断用医薬品の製造管理及び品質管理の基準に関する省令」（ＱＭＳ省令）でＧＭＰが定められている(8)。

医薬品や医療機器は、一般の消費者製品より厳格な品質保証が求められる。製品不良が人命へのリスクになりうるからで、それを防ぐには製品を規格通りに、しかも安定してつくる必要がある。そのために、適正製造基準であるＧＭＰは「製品品質を工程内でつくりこむ」ことを求める。後追い検査だけでは品質保証はできない。たとえば、医薬品や医療機器の滅菌製品は、不良品が一〇〇万個に一個以下（10^{-6}以下）の品質水準が必要で、これが国際ＧＭＰの基準になっている。できあがった製品の滅菌検査では、このレベルの不良品を検出することは不可能である（仮に滅菌検査で検出するとなると、大半の製品をつぶして試験しなければならない）。滅菌保証するためには、まず滅菌工程のバリデーション（実証）を行う。これは上記滅菌レベルを保証する条件を決める実証作業である。まず、滅菌工程の管理パラメーター（滅菌温度、滅菌時間、ガス滅菌であればガス濃度、放射線滅菌であれば放射線量など）について、適正な組み合わせを調べる。次に、実際の滅菌機と指標菌（最強の耐性菌）を用いて試験を実施し、滅菌保証のできるパラメーターを定める。さらに、製品に付着するバイオバーデン（生菌数）を管理する（バイオバーデンによって滅菌条件が変わりうるからである）。オペレーターは滅菌ＳＯＰ（作業標準準書）に準拠して作業し、すべての滅菌データと作業内容を記録する。何らかの異常があった場合は、是正措置（CA）基準に従って対応する。オペレーターは、教育訓練基準に従って定期的に訓練される。さらに滅菌条件・作業基準を変更した場合は、変更管理（CO）基準書に従って変更バリデーションを行い、その一連の作業を記録しなければならない。

GMPは単に工程管理や品質管理の方法だけを定めたものではない。製造の管理責任体制（組織）、原材料受け入れ基準、作業標準書（SOP）、検査試験基準、製造記録、機器較正基準、出荷基準、文書管理、変更管理、是正・予防措置基準（CAPA）、教育訓練基準、環境管理基準、苦情処理基準、内部監査基準などからなる信頼性保証の全システムである。これらの基準をすべて適正に実施できて初めてGMPコンプライアンス（順守）をうたえるのである。また、すべての製造データや作業内容は正確に記録し、レビューし、保管し、後日の監査に耐えうるものでなくてはならない。医薬品や医療機器は、このように膨大な作業を行って製品の信頼性保証することが求められている。

なお、非臨床試験（前臨床試験）、とりわけ安全性試験（毒性試験）には、GLPの順守が求められている。GLP試験は医薬品・医療機器だけでなく、多くの化学物質が国の承認を得る際に、申請資料として提出する実験室の試験や動物試験全般に適用される。現在のGLPには、実験動物の保護規定（Animal Right）の規定も盛り込まれている。前述の通り、一九七八年FDAが世界に先駆けてGLPを制定したが、その後OECDが一九八一年OECD GLPを公布、日本は一九八二年医薬品GLPを公布、一九八三年同施行になっている。[9] 医療機器GLPは、やや遅れて二〇〇三年に施行されているが、安全性評価のうち「生体適合性試験」にのみ適用されている。

3　医薬品と医療機器の相違点

医薬品と医療機器は、病気の診断・治療・予防・緩解を目的とする製品であり共通点は多いが、異なる点も多い。医療行政では、とかく医薬品に焦点が当てられがちで、法規制もまず医薬品が対象であり、医療機器は医薬品に準ずる形で行われることが多かった。これは医薬品の業界規模が医療機器の約四倍であるという現実や、医薬品の方がより多くの患者に使われており、国民健康への影響が大きいためである。二〇一一年の日本の市場規模は、厚生労働省の調べによると、医薬品が九兆三一〇五億円、医療機器が二兆三八六〇億円である。二〇一一年の世界の市場規模は、医療用医薬品が九五三〇億ドル（一〇四兆八三〇〇億円）、医療機器は二〇一〇年二四五六億ドル（二七兆一六〇億円）であるが、今後市場の伸びは医薬機器の方が医薬品を上回るとの予測が出ている（ＪＥＴＲＯ調べ）。

基準づくりを行うときには、医薬品と医療機器の違いを考慮する必要がある。とくに、これから論ずることになる医療機器の臨床試験実施基準（ＧＣＰ）においては、両者の違いが重要である。医療機器が医薬品と異なる第一の点は「作用機作の違い」にある。医薬品は、主として体内の化学反応および代謝・免疫学的作用で効果を発揮するのに対し、医療機器は、主として物理的・機械的原理を作用機作としている。このため医薬品では人種差や個体差が出やすいのに対し、医療機器では比較的差が少ない。第二に、「使用者の関与の度合い」が挙げられる。医薬品の使用者は患者本人である。医師・薬剤師・看護師の投薬への関与はあまり大きくなく、薬の効果への関わりは限られている。これに対し、医療機器の場合は、使用する医師・看護師・医療技師、それに患者自身や家族の関与の度合いが大きく、使用者が安全性や有効性に関わることが多い。医師の機器への習熟度によっては、その機器が危険にもなりかねないし、有効性にも大きく影響する。第三に、医療機器は多種多様である。医薬品は有効成分が数千程度であるが、医療機器の場合、「バンドエイド」(創傷被覆材)から外科用手術器具、陽電子放射断層撮影装置(PET)に至るまで製品は多種多様である。その種類は一七万種類を超えるという[10]。加えて、医療機器は改良・進化が著しい。医薬品では有効成分が変わることはありえない。アスピリンは一〇〇年たってもアスピリンである。医療機器の場合、製品の改良・改善が頻繁に行われ、それによって安全性や有効性が向上し、使い勝手もよくなることが多い。たとえば、X線装置の場合、初期のレントゲン装置から今日のCTに至るまで、多くの改良が行われ進化を遂げてきている。他の医療機器でも開発当時の製品が、そのままの構造・使用方法にとどまることは少ない。製品改良は、製造販売承認を取得済みの製品の場合再度承認が必要になるのかを含め、法規制への対応で難しい問題を惹起する。

第四に、医療機器産業の規模は小さい。上述の通り、医療機器業界は医薬品業界の四分の一程度であり、しかも製品の種類が多種多様なため、一品目当たりの生産・販売規模は医薬品に比べて非常に小さい。このため生産効率が低く、コスト高になりがちである。有望な医療機器になりうると思われても、経済性の観点から開発が躊躇されているケースが結構ある。とくに、革新的医療機器の場合は治験が必要で、巨額の投資がいることから、開発自体を行わない企業も多い。反面、医療機器はグローバルな事業展開に向いている。前述のように、人種差や個体差が少ないことを利用して、グローバルな治験が実施可能であるし、開発後の上市も医薬品ほどの障壁はない。したがって、国内の市場規模がたとえ小さくとも、グローバルに事業を成功させる道がないでもない。

医療機器は非常に多様性に富むため、一様には基準を適用できない。そこで「医機法」では、医療機器を「リスク」の度合いに応じて、「高度管理医療機器」「管理用医療機器」「一般医療機器」に三分類し、異なる承認基準・管理基準を設けている。なお、二〇一四年に「医機法」が制定された際、「再生医療製品」という新たな分類が設けられた。旧薬事法では、細胞・組織など生体材料を用いた製品（iPS細胞を用いた製品を含む）は「生物由来製品」として医療機器に分類されていたが、「再生医療製品」という新たな地位が与えられることになった。その製造販売承認基準は、医薬品や医療機器とは異なる体系になっている。大規模な試験が難しいので、安全性や有効性について承認基準が若干緩められ、その代わり承認取得後七年間にわたり追加試験を実施、安全性と有効性のデータを取り続け、再度承認を取得する必要がある。この新しい承認基準は、世界的に画期的な手法と評価されており、この分野の研究開発を促進すると期待されている。

4　医療機器の臨床試験(11)

医薬品の場合、新薬の製造販売承認を取得するには、第Ⅰ相から第Ⅲ相に至る臨床試験（治験）を実施する必要がある。第Ⅰ相試験は、健常人を対象とした安全性確認試験で、ここで開発化合物の人への「リスク」を検討する。第Ⅱ相試験は、初めて患者に投与する試験で、安全性と有効性の探索試験と用量設定試験の二段階からなる。第Ⅲ相試験は「検証試験」で、製造承認取得に必要な安全性と有効性のデータを取る。

医療機器の場合、医薬品と違って「検証試験」だけで製造販売承認の取得が可能である。これは医療機器では、初期の安全性は動物試験で確認でき第I相試験が必要ないこと、用量設定も通常必要としないので第II相試験も不要であることによる。ただし、革新的な新医療機器の場合、「探索試験」で機器コンセプトを確認した後、検証試験を行うことが多くなった。FDAはこうした試験を「パイロット試験」または「コンセプト検証（POC）試験」と呼んでおり、実施が奨励されている。現に、埋植型人工心臓の開発初期には、症例数を限定したパイロット試験の実施を指導した例がある。

5　医療機器の国際GCP（ISO 14155: 2011）制定の経緯

医薬品と医療機器はグローバル・ビジネスである。日本人に安全で有効な医療製品は、米国人にも韓国人にもブラジル人にも、基本的に安全で有効である。したがって、製造販売承認のために必要な臨床試験（治験）は、世界の治験インフラが整っている地域で、同時に実施されるようになってきている。このため、治験の適正実施基準であるGCPのグローバル化の動きが、一九九〇年代から急速に高まってきた。

最初に医薬品で、グローバルGCP基準ができた。一九九六年ICH（日米EU医薬品規制調和国際会議）がICH—GCPを制定した[12]。ICHは、日本・米国・EUの医薬品規制当局と業界団体の六者が一九九〇年四月から活動を続け、三極の各種法規制の調和を図ってきたが、その一つの成果としてI

CH―GCPができたのである。実は、前述の通り、医療機器の臨床試験の方が、グローバル基準の必要性が高かったのである。ICHが医薬品に特化する道を選んだために、医療機器はこの活動から除外されてしまった。そこでISO（国際標準化機構、本部はスイス）が、医療機器GCPの制定を担うことになった。

もともとISOにはTC194という技術委員会（TC）があり、一九八〇年代から「医療機器の生物学的評価」の国際規格づくりを行っていた。TC194には一五以上の作業部会（WG）があり、医療機器の生物学的評価基準づくりを行っている。たとえば、WG5は「医療機器の細胞毒性の評価」基準を、WG6は「遺伝毒性・発がん性および生殖毒性の評価」基準を担当している。ISOはもともといろいろな工業分野の国際規格を生み出すためにつくられた組織で、今までに三〇〇に上るTCがつくられている。ISO自体は非政府組織の民間団体であるので、ここで国際規格がつくられても各国の法規制への強制力はない。しかし、多くの場合ISO規格ができるとそれが国内移行され、各国の国内規格として制定される。国境を越えた取引を行う場合、国際規格があれば効率的に仕事が進められる。その意味でISOが経済の国際化に果たす役割は大きい。

さて、ISOが医療機器臨床試験のGCPに果たした役割について述べたい。臨床試験の基準づくりは、ISO TC194のWG4（第四作業部会）が行うことになった。一九九六年には、ISO 14155: 1996「人を対象とする医療機器の臨床試験―GCP」が最初に制定されていた。この年はICH―GCPの三極合意がなった年でもある。ところが、この一九九六年のGCPは、日米EUのどの地域でも積極的に使われることがなかった。各国のGCPとの乖離が大きかったからである。筆者は、一九九八年からISO TC194 WG4の日本代表の専門委員として参加したのだが、医薬品のGCP国際基準が確立したのに、医療機器のGCPの方は国際調和がほとんど進んでいない状況に、それが問題であるとする機運が高まってきていた。とくに、EU内ではその声が強く、改訂してISO 14155: 2003をつくり出す原動力になった。一九九八年以降、WG4は精力的に会合を重ね、ついに二〇〇三年に改訂版ができあがった。EUはこの規格をEU共通のGCPとして直ちに採用した。二〇〇三年版は一九九六年版に比べて、多くの点で改善がなされた。患者のインフォームド・コンセントの取得について具体的な手順が定められ、倫理面でICH―GCPと同じレベルになった。医薬品と医療機器でインフォームド・コンセント手順が異なると、倫理面のダブルスタンダードが持ち込まれることになり、医療現場で混乱を招きかねなかった。また、治験実施計画書（CIP）の規定が新たにパート2としてつくられ、ISO 14155-2: 2003となった（パート1は「一般要件」本文）。このCIPには、治験計画の作成に必要な事項が詳細に定められたので、治験を計画・実施するにあたって具体的な指針が与えられた。

しかし、この二〇〇三年版には、いくつかの問題点があった。最大の問題は、FDAがこれを自国基準に採用しなかったことである。米国には、医療機器の臨床試験基準としてIDE（試験医療機器例外規定）と他のGCP規定があり[13]、これらの米国法規に比べるとISO 14155: 2003は十分なものでなかった。たとえば、米国のGCPでは、治験医師のGCPとプロトコール順守を厳しく求めており、違反・逸脱があった場合には治験依頼者が是正措置を適切にとるか、是正措置に従わない場合、その医師の当該治験を中止させる必要がある。重大なGCP違反をした医師はブラックリストに載り、「治験医師不適格者」と公表される。ところが、ISO二〇〇三年版には、治験医師の違反についてこのような厳しい規定はない。これは、当時のEU域内の医療機器の治験において治験医師の権限が大きく、FDAのような規定は不適切と考えられていたからである。このGCP違反の規定は、その後ISO二〇一一年版には盛り込まれることになる。その他、未知重篤副作用（SAE）報告（FDAに一定期間内に報告が必要）の扱い、治験の年次報告、治験医師の財政的利害の公表など、ISO二〇〇三年版にはない規定があった。

日本は当時、医療機器GCPを改正してICH—GCPに統一する厚生労働省の方針があった。そのためISO 14155: 2003には反対せざるを得なかった。厚生労働省の方針は、医薬品と医療機器でGCPが異なることは避けたいというものであった。倫理面でダブルスタンダードをつくることは許されない。また、二つのGCPがあったら、治験医師や治験審査委員会（IRB）など治験の現場も混乱するであろう。この方針に基づいて、二〇〇二年に薬事法の改正があり、二〇〇五年「医療機器GCP省令」が公布され、ICH—GCPとほぼ同一の日本版の医療機器GCPが実施されたのである。(14)

「医療機器GCP省令」と比べた場合、ISO—GCPの二〇〇三年版は、有害事象報告・機器不具合報告の規定が不十分であった。とくに、日本の「医療機器不具合」（医療機器の不良により副作用が生じた場合の報告）の規定が、二〇〇三年版にはそもそもなかった。また、治験施設の長（通常病院長）の責務・権限が日本のGCPでは重要な部分を占めているが、その規定は二〇〇三年版にはなかった（ICH—GCPは日本の実情を配慮した規定が盛られている）。治験責任医師・治験依頼者・その他当事者の責務・権限規定も細かな点で国内法とは整合していなかった。また、治験機器の取り扱いについて二〇〇三年版には具体的規定がなく、治験施設に治験機器管理者を置くことが義務づけられている国内法と整合しなかった。さらに、二〇〇三年版はパート1（一般要件）とパート2（治験実施計画書、CIP）に分かれていたこと、また治験の流れに沿った条文構成になっていないなど、使い勝手の悪さもあった。

そこでISO 14155: 2003が成立するや否や、日本やFDAが主導的な役割を果たして、精力的に改訂作業を進めることになった。改訂の狙いは、ISO―GCPを極力ICH―GCPやFDA法規に調和・整合させることにあった。それまで米国はFDAの国内法規制に重点を置き、どちらかというと国際基準への関与には消極的であった。それが、ISO二〇〇三年版の改訂に積極的に取り組みリーダーシップを発揮するようになったのは、やはりグローバル基準の推進が国益にかなうと判断したからと思われる。当時医療機器開発、中でも治験は国境を越えて行うことが多くなってきていた。日本も販売承認審査で海外臨床データを使うことが多くなってきており、世界のどの国で治験を実施してもそのデータが認められるべきとの主張が強まっていた。そのためにグローバル基準の確立が、業界および規制当局から強く要請された。

二〇〇六年、シカゴのTC194総会で、新作業項目に指定され、その正式スタートが決まった。ISOでは、新しい国際規格をつくるとき、あるいはそれを改訂するときには、まずWD（作業部会案）がつくられ、次にCD（委員会案）に進む。CDからはDIS（国際規格案）を経て、FDIS（最終国際規格案）になる。そこからはもはや修正はできなくなり、賛否の投票を経てIS（国際規格）ができる。各段階から次に進むには、メンバー国の投票が必要になる。WDとCDはメンバー国（当時は二二カ国）の過半数の承認が必要で、DISの承認には三分の二以上の賛成、FDISの承認には有効投票の七五パーセント以上の賛成が必要になる。これらを経てようやく国際規格ISとして成立する。

ISO 14155 の改訂作業には、二〇〇六年から五年を要した。この間、二〇〇六年一一月のCD投票では賛成が得られたが、各国コメントはマイナーな字句修正も含め四五五件に達した。二〇〇七年七月のベルリンでのWG4本会議では、編集を加速するためコアメンバー数人による編集委員会が設置されることになり、日本もその編集委員に選ばれた。編集委員長はWG4委員長でもあるスイス代表が就任した。二〇〇八年、数回の編集会議（国際電話会議を含む）を経てDISが作成されたが、二〇〇九年一月の投票の結果、七カ国の反対で三分の二以上の賛成が得られず否決されてしまった（日本は賛成投票）。このとき各国からのコメントは一二〇〇件以上にも達した。DISに反対した七カ国はいずれもEU加盟国で、医療機器は医薬品とは異なるのだから医薬品のICH—GCPに無理に整合させる必要はないと主張したのである。確かに、ICH—GCPに整合させると治験依頼者（多くの場合メーカー）の作業量が桁違いに増え、手続きも複雑になることが予測された。しかし、欧州のメーカーには、二〇〇三年版はFDAが認知していないというジレンマがあった。米国は最重要市場であり、EUの治験データをそのままFDAに販売承認データとして採用してもらいたいという要請も強かったのである。

引き続き編集会議とWG4本会議が行われ、各国コメントを一つ一つ議論しながら採否を決める作業が行われた。ただ、改訂は二〇〇三年版に戻るのではなく、FDA法規とICH—GCP（すなわち、日本のGCP）への調和・整合を目指す方向で行われた。注目すべきは、医薬品と医療機器は違うという共通認識は、継続して維持されたことである。したがって、無批判にICH—GCPの規定を採用するのではなく、医療機器の特性はつねに配慮された。たとえば、「有害事象」の定義には、医療機器の

図8・1　ISO/TC194/WG4の会議風景

使用者（医師・技師・看護師・患者自身・家族）への有害な事象も含まれるが、これはICHの規定にはない。

二〇〇九年一二月DIS―2が投票にかけられた。今度は三分の二以上の賛成が得られたが、各国コメントは五八三件と相変わらず多かった。二〇一〇年二月には、各国コメントに採否を決めるため、スイスで最終の編集会議とWG4本会議が開かれ、FDISがまとめられた。FDISは、二〇一〇年一一月に投票が行われ、賛成一九カ国（日本、米国を含む）、棄権三カ国、反対国なしで承認され、二〇一一年二月一日付でISO 14155: 2003として公布された。二〇〇三年版がどのように改訂されて二〇一一年版になったかについては、第7節で述べる。

国際規格の制定には時間がかかり、おびただしい作業も必要になる。多くの会議・連絡・文書交換が必要で、時としては各国委員との直接取引も必要になる。これは各委員とも国益を代表してきているので、少しでも多くのものを勝ち取ろうとするからである。日本の場合も、すでにある日本のGCPとどう整合させるかで一番苦労した。たとえば、EU各国は、当初「臨床研究」（医師が医療行為の範囲内で行う臨床試験）にも本規定を適用させるべきと主張した。これに対し、日本は「治験」（すなわち法規制上必要となる臨床試験）に限定すべきと強く主張し、結局二〇一一年版では日本の主張が通った。日本では「臨床研究」は「医師法」に基づいて行われる試験で、「医機法」の対象外であり、これに準拠している医療機器GCPとの整合がとれなくなってしまう。日本の主張を通すために、フランス代表と取引して味方につけたこともあった。さらに、WG4の委員は規制当局、企業、試験受託機関（CRO）など異なる分野の代表からなっているため、利害が対立することも少なくなかった。最終的に、二〇一一年版が利害対立を乗り越えて制定できたのは、グローバルな医療機器GCP基準をどうしてもつくり出す必要があるという、各国の危機感と熱意があったからである。

日本のGCPの制定の経緯にも触れておきたい。医療機器GCPは、一九九二年の局長通知「医療用具臨床試験の実施に関する基準」にはじまる。当時、医療機器業界と医療現場にはまだ治験体制が整っていなかったため、この基準はかなりの負担増になるものであった。それでも、インフォームド・コンセントは文書でなく口頭でもよいなど、国際基準には達していないものも多かった。医療側から患者への診療内容の説明が十分行われていなかった時代に、治験のときだけ説明同意を求めるのは難しいという事情もあった。しかし、医薬品の方は一九九六年のICH—GCPの日米EU合意に基づき、薬事法が改正され一九九七年から施行されたのである。医療機器の方も、前述の通り二〇〇二年の薬事法改正でICH—GCPに準じた医療機器GCPが条文化された。このときに「医師主導治験」の規定も新たにできた。このGCPが実際に適用されるようになるのは、二〇〇五年、医療機器GCP省令「医療機器の臨床試験の実施に関する省令」が公布・施行されてからである。同時に「運用通知」も発出された。この省令と運用通知で、日本の医療機器GCPは国際水準に達することになった。ただし、このGCP

は医薬品のICH—GCPと同等であり、治験を実施する医療現場や企業に多大の作業とコストを強いることになった。とくに運用通知は、解釈次第でひどく煩雑なペーパーワークが必要になり、また医療関係者との折衝・連絡を頻繁に行うことが求められていたので、多くの現場から悲鳴が上がった。二〇一二年から二〇一三年にかけては、省令の一部改正、運用通知の廃止、運用ガイダンスの発出が行われて、医療機器には不合理だったGCP規定がだいぶ改善されたことは歓迎すべきである(15)。

6　医療機器GCPとは

治験には、企業主導で行う場合と医師主導で行う場合の二つがあるが、いずれも国の定める医療機器GCPに順守して行う必要がある。GCPは、倫理性、科学性、信頼性の三原則で成り立っており、すべての規定はこの原則からはみ出すことが許されない。この三原則は、人類の長い医学の歴史の経験・知識、それと繰り返される不祥事に対する反省から生み出されたものである。それぞれの歴史的背景と意義について述べる。

第一に、治験で最大限考慮されなければならないのが、被験者(患者)の権利、安全、福祉である。この倫理原則は、どんな規定においても最優先される。これは第二次世界大戦中に行われたナチスによる人体実験の惨状、あるいは世界各地で行われた患者人権への無配慮に対する反省から生まれたのである。ナチスの問題は、一九四七年のニュルンベルク裁判で明らかにされ、この反省から「ニュルンベルク綱領」が世に出された。これをさらに進化させたのが、一九六四年世界医師会(WMA)が制定した

「ヘルシンキ宣言」である。その後何回かの改訂を経ているが、基本的な内容は、患者・被験者福利の尊重、本人の自発的・自由意思による参加、インフォームド・コンセントの取得、倫理審査委員会の設置と治験審査、常識的な医学研究であること、の五点である。

すべてのGCPには「ヘルシンキ宣言」を順守することが必須事項として規定されている。被験者（患者）の権利・福祉は、科学や社会の利益より優先されなければならない。本人の自発的参加、自由意思の尊重を期するため、インフォームド・コンセントの取得を義務付けている。実は、これはヒポクラテス以来の医学の伝統を覆すものなのである。医学界では、伝統的にパターナリズム（父権主義）が主流であった。つまり医師は患者のためにベストな治療を行う必要はあるが、診断・治療について患者自身には説明すべきでないとされてきた。長年「がん告知」を患者にしてこなかったのには、こうした背景がある。したがって、患者に説明同意を求めることは、医学のパラダイム転換ともいえるのである。

「ヘルシンキ宣言」は、独立した倫理審査委員会を設置し、治験計画の事前審査を行うことを求めている。これは臨床研究・試験の内容のピアレビュー（同一分野の専門家による評価・審査）の一環である。ナチスの人体実験をはじめ過去の医療研究では、科学的・医学的な意味が疑わしい研究が無批判で行われることがあった。また、倫理的に問題ありと知っていても同僚医師が見逃していたことも反省された。このため「ヘルシンキ宣言」では、医学研究・試験の倫理性や科学性、医学的な意義を、事前に専門家・非専門家のグループで審査することを求めているのである。これがGCPでは、治験審査員会（IRB、日本・米国）あるいは倫理委員会（EU主体）の設置と、治験計画の事前審査・承認という形で規定化されているのである。

第二に、治験は科学的な妥当性がなければならない。すなわち、とくに人を実験対象にするのであるから、科学的根拠のない試験、無駄な試験は行ってはならない。このため、治験に入る前に非臨床試験を実施して、治験機器の安全性と有効性を実験室と動物試験で十分確認しておかなければならない。また、治験計画は科学的な仮説を立て、それを証明できる科学的な試験デザイン（「プロトコール」、ISOでは「治験実施計画書」）でなくてはならない。それには統計学的な検証に耐えうることが必要である。また、治験の実施にあたっては、バイアスが入り込まないよう手段を講ずる必要がある。

第三に、治験の信頼性が確保されなければならない。治験依頼者（sponsor）には、治験データの品質保証の仕組みをつくる最終責任がある。すなわち、データの品質を「工程内でつくり込む」必要がある。このため、治験依頼者は治験実施体制を構築し、その構成要員を教育訓練しなければならない。また、医療機関や検査機関にはモニタリングを実施し、適正な治験が行われているか、治験データに過誤や見落とし、さらには不正がないか監視する義務を負っている。GCP違反が見つかった場合は是正措置を講じ、それでも改善されない場合は、規制当局に報告し、治験医師・治験施設を当該治験から排除しなくてはならない。症例報告書（CRF）については、ミスや改ざんなどの不正がないか監視するだけでなく、データの修正があった場合に後から追跡できるようにすること、いわゆるドキュメント・トレイル（修正履歴）を残すことも求められる。最近はデータの電子化が進んでいるので、電子システムのバリデーションや不正アクセス防止などの手段も講ずる必要がある。さらに、独立組織による内部監査体制をつくる必要があり、モニタリングとは独立に治験システムと治験行為の妥当性を自主監査することが求められている。

治験は、倫理性、科学性、信頼性の三原則を順守することがすべてである。そのために医療機器GCPには、具体的かつ詳細な規定があるのである。これらに違反した場合、最悪その機器の製造販売承認が取得不可能になりうる。

7　国際医療機器GCP——ISO 14155: 2011について

ISO 14155: 2011は、前述の通り二〇一一年二月一日付でISOから公布された。厚生労働省は同省通知で、日本の医療機器GCPはそのまま運用することにし、外国の治験データでISO基準によって実施されたものは、製造販売承認時に正式の治験データとして認めることとした。すなわち日本のメーカーでも外国で治験を実施して、そのデータで承認申請を行うことが可能になったのである。二〇一二年の時点で、外国の治験データのみで承認を取得した品目数は二二件、国内の治験データのみで承認を取得した品目数は二四件、国内と海外のデータを併用して取得した品目数は三件となっている。[16] 米国はISO 14155の二〇〇三年版を認知していなかったが、二〇一一年版ではFDAの主張が大幅に取り入れられたこともあり、二〇一二年三月にこのISO基準で実施した試験の臨床データ受け入れを表明している。EUは二〇一一年版公布とともに直ちにこの運用に入っている。ISO 14155: 2011は、本文九章と付属書A—Fで構成されている。なお、公式文書は英文と仏文である。日本では英和対訳版が出ている。[17]

二〇一一年版における改訂点を主体に説明する。第一章は「適用範囲」で、「法規制対応」のために、人を対象として行われる臨床試験実施基準である（すなわち「治験」のためのＧＣＰである）ことが明記されている。これは、前述の通り、日本の強い主張で「法規制対応」に最終的に限定したのである。ただ、ＥＵの強い意見も入れて、「治験以外の臨床試験・臨床研究にも適用が望ましい」という条文が入ったが、これは妥協の産物である。なお、「適用になる国内法が存在する場合はそちらが優先される」との条文があるのは、ＩＳＯは国内移行されない限り、その国での強制力がないからである。体外診断薬（ＩＶＤ）はＩＳＯ―ＧＣＰの適用外になっている。米国ではＩＶＤは医療機器の扱いである。日本でも検体検査機器は医療機器である。

第二章は「引用規格」で、新たに「ISO 14971: 2007――医療機器へのリスクマネジメントの適用」が強制引用規格になった。リスクマネジメントはＧＣＰの最重要事項になりつつある（第五章参照）。

第三章は「用語と定義」であるが、これらは国際規格においてとくに重要な意味を持つ。ＷＧ４の会議では用語と定義だけで、三日間の議論のうち半日から一日をかけていた。定義は四四項目あり、二〇〇三年版の二三項目から大幅に増えた。新たに追加された主な定義は、「監査」「盲検化／遮断化」「逸脱」「機器不具合」「試験受託機関（ＣＲＯ）」「機器関連未知重篤有害事象（ＵＳＡＤＥ）」「社会的弱者（被験者でとくにその福祉に留意する必要のある者、未成年者、貧困者、精神異常者、社会的マイノリティ、囚人、治験依頼者の従業員など）などである。

第四章は「倫理条項」で、ヘルシンキ宣言（一九六四年、その後の改訂も含む）を順守すべきと規定している。倫理条項は二〇〇三年版で実質ＩＣＨ―ＧＣＰ同等に改訂されているので、二〇一一年版では大きな改訂はなかった。ただ、新たに社会的弱者への特別な配慮・保護を求めている。

第五章は「治験の計画」である。新たに設けられた規定は、治験機器のリスク評価で、これはISO 14971: 2007「医療機器へのリスクマネジメントの適用」を用いて行う。また、「独立データモニタリング委員会（DMC）」の設置ができるようになり、治験当事者から独立した組織で安全性や有効性の評価が行えるようになった。これはICH―GCPにもある規定である。

第六章は「治験の実施」で、治験の実施手順が詳しく規定されている。実施上のポイントは、「治験の信頼性」を常時確保することにある。また、倫理的な問題を生じていないかのモニタリングも必須である。さらには、有害事象と機器不具合の報告、治験文書、被験者プライバシーとデータの秘守義務、記録およびデータ管理（電子的臨床データシステムに関する規定を含む）、治験機器の管理、被験者の管理、自主監査についての規定がある。このうち電子データ管理の項目は、電子カルテや電子症例報告書の普及にともなって、信頼性を担保するための規定として設けられた。また、治験機器管理については、日本の主張が取り入れられている。

第七章は「治験の中断、中止、終了」に関するもので、治験依頼者、治験責任医師、IRB／EC、規制当局は、治験の中断および中止を決定できる。治験を中断した場合は、必要な是正措置を講じたうえで再開できる。治験を中止、終了した場合は、治験総括報告書（付属書D）の作成を行う。

第八章は「治験依頼者の責務」に関するもので、治験依頼者は、治験の品質保証・品質管理およびGCP順守について最終責任を負うことが明記された。新たに、治験業務の外部委託が可能になる規定が設けられたが、GCP上の最終責任はあくまで治験依頼者にある。すなわち、CRO（試験受託機関）への治験業務の委託、検査機関への検査の委託を行うとき、データの信頼性を確保する最終責任は治験依頼者にある。

第九章は「治験責任医師の責務」である。治験責任医師の最大の責務は、被験者の権利、安全および福祉を保証することにある。具体的な責務としては、治験実施チームの資格要件の確認、IRBとの交信、インフォームド・コンセントの取得、治験実施計画書の順守、被験者への医学的措置、安全性報告がある。なお、新たに治験責任医師が自ら治験を行う場合は、治験依頼者の責務をも負うことが定められた。日本のGCPには「自ら治験を実施する者」の規定があり、今回の改訂で整合された。

付属書は、A 治験実施計画書、B 治験機器概要書、C 症例報告書、D 治験総括報告書、E 治験に係わる文書または記録、F 有害事象カテゴリーの六つである。このうち付属書AとBは強制規格で、他は参考規格である。付属書BとFは二〇一一年版で新たに追加された。

ISOは国際規格の見直しを五年ごとに行っている。ISO 14155: 2011も現在WG4によって見直しが行われている。ただ、現在の規定は手順面ではかなり整っているので、今後あまり大きな改訂はないだろうと考えられる。今後見直すとすれば、治験医師の金銭的利害関係に関する規定（米国が強く主張）、治験デザインの統計的合理性、リスクマネジメントの具体的規定、再生医療製品の治験などであろう。

8　日本の医療機器が抱える課題と未来

医療機器は必要とする患者に届けられ、使われてこそ意味がある。国の承認をとる上でGCPを順守することは重要であるが、それだけでは十分ではない。また、いくら立派な規定のＧＣＰをつくっても、それが患者に役立つ医療機器の開発につながらなければ意味がない。その意味で、現在日本の医療機器が抱えている課題を整理しておきたい。

第一に取り上げたいのは、「デバイス・ラグ」問題である。ドラッグ・ラグとデバイス・ラグとは、新規医薬品・医療機器の製造販売承認の遅延の問題である。これが一向に改善されないのは、日本の治験環境がなかなか整わないことに主因があるが、ＧＣＰの規定が細かすぎて、業務がきわめて煩雑になっていることも指摘されている。これは、〝細かいところにこだわりすぎて、本質を見失ってしまっている〟ことにも一因がある。(18) 二〇一二年から二〇一三年にかけて、「ＧＣＰ運用通知」が廃止され、代わりに「運用ガイドライン」が発出されたので、かなりこの点は改善されると期待される。ガイドラインは運用通知と異なり原則を定めたもので、合理的理由があれば応用動作が可能である。ＦＤＡは以前からガイドライン方式を採用しており、細部の順守よりは原則への合理的な適合を重視している。ただし、開発を急ぐあまり、データの信頼性を損なうことは許されない。データの信頼性を確保するためにＧＣＰの規定があるのであり、それが業務量・書類量をある程度増やすことは避けがたい面がある。むしろ問題は、データ不正を許容する企業姿勢や企業文化にある。化血研の問題のように、長年にわたりデータを意図的に改ざんしてきたのは、たとえそれが善意の動機であっても許されるものではない。経営トップをはじめ、マネジメント層がデータ不正を黙認あるいは許容してきたから続いたのである。

第二に、日本では治験が進まず、かつ高コストであるといわれ続けて久しい。治験のインフラストラクチャーがいまだに整っていないためである。医師や医療スタッフが多忙すぎて治験や臨床研究に時間が割けないことや、治験専門病院や治験専門医師・看護師・治験スタッフが欧米に比べ著しく少ないこと、医学界で伝統的に臨床試験が低く評価されてきたことがその原因である。近年治験専任スタッフであるCRC（治験コーディネーター）が増えてきているが、医療機器専門のCRCはまだほとんど存在しないようである。治験が進まない理由はほかにもある。国民皆保険であるために、わざわざ治験に参加するボランティアが少ないことや、社会的・文化的・宗教的な背景で治験そのものを忌避する患者やその家族も少なくない。さらに、GCPを順守するには、大勢のスタッフを揃え膨大な作業が必要で、中小企業の多い医療機器業界ではそのコストに耐えられないこともある。医療機器の治験そのものが日本では少ないため、一件当たりの治験費用は高額にならざるを得ない。こうした問題の解決は容易ではないが、より治験インフラが整っている外国での治験を実施するなどの対策も考えられる。

第三は、科学性と倫理性の折り合いをどうつけるかである。従来「医学は科学であって科学でない」といわれてきた。前述のように、ヒポクラテス以来の西洋医学の伝統では、パターナリズムが重視されてきた。「ヒポクラテスの誓い」には、患者に危害を加えない、患者の秘密は守るなど医師として守るべき行動指針があり、同時に「医師の決定権」を重視する。日本でも「医は仁術」「杏林の道」で表される「施療の精神」が医師の道であり、パターナリズムが主導的な役割を果たしてきた[19]。ところが、近年EBM（証拠に基づく医療）を重視する動きが非常に強まってきている。「無作為二重盲検試験（DBT）」が最も信頼できる証拠を提供できるとされている。DBTは偽薬（プラセボ）を対照群においた同時比較試験で、患者は無作為に実薬群か対照群に割り付けられる。「二重盲検」では、患者にも医師にも実薬か偽薬かは知らされない。人間で起こりがちなバイアスや不正を避ける最良の方法、すなわち科学的に最も信頼性が高い試験とされている。

しかし、患者を偽薬に曝すことで、DBTは倫理的な問題を生ずる。パターナリズムの伝統に立てば、これは患者を治療したことにならず、場合によっては危害を加えかねないことになり、医師として許されない行為である。それでも、医薬品の治験や多くの臨床研究でDBTが主流になってきているのは、最も堅固な科学的証拠が得られること、倫理的には患者の自己決定権の尊重、ピアレビューによる倫理性・科学性の事前審査の二原則が確立されたからである。前者は、インフォームド・コンセントにより「患者の決定権」を保証している。後者では、その試験に科学的に妥当性があるか、患者を偽薬に曝しても行う価値のある試験かが審査される。現在および将来の同じ病気の患者たちを救うことができれば、自由意思で参加した患者にある程度の負担を強いても、科学的に正当な試験であれば許容されるべきだという新しい考え方である。

医療機器の治験については、DBTは実行性に問題がある。たとえば、埋植医療機器（インプラント）では、プラセボ機器（偽被験機器）の使用は倫理的に難しい。また、医師や医療技術者は治験機器とプラセボ機器の違いを容易に見分けることができ、二重盲検試験は事実上できない場合が多い。結局、筆者の意見では、医療機器には医薬品とは異なるパラダイムが必要なのだと思う。検討すべき課題として、治験デザインのありかた（比較対照群、エントリー基準、評価基準、フォローアップ、アダプティブ・デザインなどのありかた）、革新的な統計解析手法（ベイジアン統計手法など）、開発中の治験機器の改良への対応、探索試験の導入など数多くある。要は、医薬品とは発想を根本的に変えるべきなのである。

第四は、ＧＣＰのグローバル調和だけでは不十分で、医療機器の法規制全般の国際調和が必要であることである。ＧＣＰは ISO 14155: 2011 で統一国際基準ができあがったが、これだけでは医療機器開発のほんの一部分の国際調和ができたに過ぎない。医療機器のグローバル性に鑑み、医療機器の開発は世界的にもっと促進されてよい。そのためには、世界の医療機器法規制全般（許認可基準を含む）を調和・統一していくべきである。ＧＨＴＦ（医療機器規制整合化会議[20]）がその役割を担ってきており、多くの点で改善が見られるが、まだ十分とはいえない。理想的には、日米ＥＵのどこかで承認された新医療機器は、他の地域でも速やかに使えるようになるべきである。

最後になるが、いろいろ課題は挙げてきたものの、医療機器の未来は明るいことを記しておきたい。医学の進歩は著しい。その中で医薬品と医療機器の果たす役割は大きい。とくに、世界の医療機器市場は二〇一八年には五〇兆円の規模になり、一〇〇兆円の規模である医薬品市場の二分の一の規模になると見られている[21]。その理由は、画像診断機器など診断機器の進化、ロボット手術機械など手術器具の革新、心臓血管の治療用カテーテルやステントなどディスポ医療器具の進歩、三次元プリンターによる患者ごとの人工骨開発などテイラーメイド医療の発展、ｉＰＳ細胞に代表される再生医療の登場、さらに医療機器全般の開発途上国への普及などがあるからである。

日本の医療機器市場も未来は明るい。デバイス・ラグが特定分野で続く可能性はあるが、ＣＴなど画像診断機器、埋植型人工心臓・人工臓器、心臓血管カテーテルなど世界に誇る技術があり、世界の市場シェアが高い製品分野もいくつかある。また、経済産業省が推進している「医工連携化推進事業」のように国が支援しているプロジェクトもあり、これによって異分野で培った独自な技術を持つ中小企業が医療機器事業に参入し、さらに業界を活性化させる可能性がある。いずれにせよ、こうした事業を推進しているのは人である。いろいろな人財が連携して、患者が必要とする医療機器を創出し、非臨床および臨床試験によって安全性と有効性を検証し、適正に生産ラインに乗せ、信頼性の高い製品を世に送り出してくれることを期待したい。

（1）この項は次の文献を参考にした。日本QA研究会GLP部会監修『GLPとは――信頼性確保の軌跡』薬事日報社、二〇一五年。
（2）同上。
（3）Keith Schneider, "Faking it: The Case against Industrial BioTest Laboratories," *The Amicus Journal*, Natural Resourses Defense Council（NRDC）(1983).
（4）日本QA研究会GLP部会、前掲書。
（5）『日本経済新聞』二〇一六年一月八日。
（6）日科技連HP　http://www.juse.or.jp/deming/award/（二〇一五年二月二〇日閲覧）
（7）薬事医療法制研究会編『やさしい医薬品医療機器等法――医薬品・医薬部外品・化粧品編』じほう、二〇一五年、五頁。
（8）手島邦和・志村紀子編著『医療機器の薬事申請入門』薬事日報社、二〇〇七年、一一三―一一三頁。
（9）藏並潤一「日薬理誌」『Folia Pharmacol. Jpn.』第一三九巻（二〇一二年）、一〇九―一一二頁。
（10）福崎剛『ひと目でわかる最新医療機器業界――業界の今と近未来を完全把握できる』ぱる出版、二〇〇八年。
（11）Nancy J. Stark 著、中村晃忠編、安藤友紀ほか訳『医療用具の臨床試験――その実践的ガイダンス』サイエンティスト社、二〇〇四年。
(12) 日本製薬工業協会・医薬品評価委員会編『GCPハンディ資料集改訂五版』エルゼビア・ジャパン、二〇〇六年。
(13) 石居昭夫『医療機器の知識 FDAの承認審査プロセス』薬事日報社、二〇〇八年。上野紘機「アメリカにおけるメディカルデバイス臨床試験の法規則Ⅰ〜Ⅲ」『生体材料』第一六巻第四―六号、一九九八年。
(14) 『医療機器GCPハンドブック――医療機器GCP関係法令通知』薬事日報社、二〇〇六年。手島・志村、前掲書。
(15) 次の文献を参考にした。東健太郎・宮田俊男『医療機器治験――改正GCP省令のポイント』じほう、二〇一五年。
(16) 同上。
(17) ISO 14155: 2011「人を対象とする医療機器の臨床試験――GCP」、日本規格協会、二〇一一年。
(18) 東・宮田、前掲書。
(19) 縣俊彦編『EBMのための新GCPと臨床研究』中外医学社、一九九九年、三六頁。
(20) 日医機協グローバル整合委員会編『GHTF文書集――医療機器規制の国際整合をめざして』薬事日報社、二〇〇一年。
(21) 『日本経済新聞』二〇一六年三月二二日。

第9章　欧州の試み：CEマーク制度
——安全確保への新機軸

田中正躬

1　規制改革へ向けて

現代社会は多くの新しい技術により生活が豊かになった一方、技術に潜む思わぬ暴走や技術を使う人間の思い違いなどにより、予期せぬ事故が発生する。

産業革命以降、このような技術進歩により発生する危険に対処するため、新しい技術を導入する際には、技術を利用する人々の安全を確保するため、多くの工夫がなされてきた。事故や危険が当事者を超え広く影響がある場合や、潜在的に危険が予測される技術については、公共的な観点から国による規制が行われてきた。

国による規制は、法令ごとに個別の細かい技術基準を決め、民間の事業者は、国の指導のもとでこれらの基準を遵守する。現在の多くの国では、多くの関連する法令があり、その関係は複雑で、改正を行う場合は、調整に時間がかかり、基準が古くなっても見直さない場合が多い。また法令の実施に関しては、個別の法令に対応した実施規則をつくるため、国との相談や調整が不可欠で、多くの時間がかかる。

このような問題に対処するためそれぞれの法規制の体系の中で多くの改善の方策が検討されたが、法の実施による保守性のため、根本的な問題の解決は難しく、近年、大きな課題となり現在に至っている。

複雑化する規制の問題に対応するため、英国では労働安全の分野で総合的に検討を加え、新しい安全確保のための体系が、一九七二年にローベンス報告として提案された。この考え方はその後、数十年の紆余曲折を経て、国際時代に適応できる新しい規制体系として成長し、多くの国での導入に強い影響を与えた[1]。

従来のように、国が詳細に安全確保の技術基準を決め、それを実施するのでなく、国は達成すべき大きな目的だけを作成し、国とは独立した機関が、選択肢のある基準類を作成し、規制される事業者が自分に最適な基準を選択して、事業者の自己責任で安全確保を図ることを原則とする。国は商品が市場に出る前の従来の事前検査から、事後の検査をして市場の監視に重点を置くやり方である。本章では、このような課題に挑戦し、労働者の機械の安全に関して、国際標準を基準として用いる、新しい規制の体系をつくり、安全規制の改革に大きな影響を与えた歴史を取り上げる。

まず、標準と法令の規制との係わりを理解するため、規制をするための技術基準やそれを実施するための方法を、標準の観点から解釈し直してみよう。

2　国の規制と標準の関係

現在、世界ではそれぞれの地域の人が、それぞれのやり方で商品やサービスを提供しているが、地域や企業に関係なく、ネジやボルトは広く使えるし、どの国の乾電池も異なる電気器具に装着できる。また企業の異なるパソコンを用い、世界中の誰にでもメールを送ることができ、写真もファイルにして送ることができるのは、標準が互換性や相互運用をサポートする仕組みができているためである。そのため、必要とされる技術の内容を文書にし、文書の内容どおり、商品をつくったり操作をすれば、誰が行っても同じ結果が得られる「文書で書かれたもの」が標準である。標準は異なる人々に、繰り返し使用され、経済社会に構造を与え、人々の相互作用に指針をつくるが、同時に個々の人々の選択を定義し、制限を加えるものでもある。標準の作成は多くの場合、国とは独立した中立的な機関により、専門知識を持つ人々の強力な支持のもと、利害関係者の意見を入れ、作成過程を公開し、必要な段階ごとに意見を外部から取り入れて作成される。ＩＳＯ／ＩＥＣなどの国際的な標準機関のほか、国家標準機関、また学会から派生した標準作成機関などがあり、それぞれ多数の標準の集積がある。これらの標準は、強制されるものではなく、利用者が任意に選択するものであるが、つねに技術の進歩を取り入れ、古くなったものを廃止することにより最新の技術の前線に位置するよう、定期的に改定がなされている。多くの標準機関の間での相互の標準の引用を明記することにより、標準機関間の整合性を図る努力をしており、利用者に不便をなくすようになっている。すなわち前の節で述べたこと、国の規制の問題点を解決するために必要な選択の多様性と、新技術の導入、相互の整合性が標準制度の前提となっている。

国の規制に使われる詳細な技術基準は、通常公開された作成過程のもと、多くの関係者の意見を取り入れ作成される。その法の特定の目的を達成するため、技術基準に基づきいずれの法規制の対象者も同じ結果や効果が得られるよう、強制的に遵守義務が課される。この技術基準は、強制力を持った標準といえる。言い換えれば、任意の誰もが利用できる標準の集積の中から、関係する標準を技術基準として引用すれば、強制力を持つこととなる。事実、測定方法や計量関連の標準を、強制法規の特定の技術基準として引用することは世界的に広く行われており、標準は法規制を補完するものと考えられてきた。法に特定される技術基準を新たに作成するよりは、既存の標準の集積から引用する方が、迅速で、コストも安くすむからである。このような標準を各国の法規制の前提とする考え方は、近年ＷＴＯなどの通商政策に係わる機関から大きな期待が寄せられ、制度も徐々に整備されている。

本章では個々の標準の引用で、規制の技術基準の改革を行うという狭い意味での標準の活用ではなく、機械の安全の広い技術分野全体を対象に、安全確保に標準を用いて行うことが可能になった、国際標準機関ＩＳＯ／ＩＥＣでの「機械安全の標準」の歴史を検討する。

そのためには併せて、事業者が自ら、標準を用いて安全確保のための行為を行ったときの、信頼性をどのように保証するかを考える必要がある。

法目的の実効を上げるためには、定められた技術基準を手続に沿い、いかに遵守せしめるかが重要で、法の実施に多くの人材と費用を割いている。

国の規制は、直接国自ら実施するものから、外部の特定の組織に委任して実施するもの、また事業者により裁量を持たせ登録や届け出の義務を課し、公的機関のチェックを行うなどがあり、安全確保のための法の実施はそれぞれの法により異なる。測定して得たデータが信頼できるか、検査は誰が行うのか、あるいは事業者の組織は安全基準を遵守するための管理の体制が適切か、あるいは必要な事項を文書化しているか等々、法の実施のために多くの手順書や手引きが必要であり、法の運用の歴史が長ければ長いほど、詳細な部分が増える。また多くの場合、法ごとに用語や手続、検査の方法などが異なるため、整合性の観点から、技術基準に加えて、法令の実施は複雑になり、安全確保のための法規制は問題が多い。

このような、技術基準に合っているかどうか、すなわち適合しているかどうかを判断することを、標準の世界では適合性評価という。

標準は前にも述べたように特定の技術的な内容を誰が利用しても同じ結果が得られるよう「文書で書かれたもの」である。このような標準を用いて所定の効果を上げるためには、標準として要求されている文書化された内容が、そのとおり実施されていることを実証する必要がある。すなわち標準は適合性評価と車の両輪の関係にある。

現在では、適合性評価を支える個々の要素、先に述べたデータや検査の信頼性、組織の管理の適格性などをまとめた標準のメニューが、三〇年余りの間にＩＳＯ／ＩＥＣでできあがり、一つの大きな体系に成長し、標準の利用者に信頼性を付与するツール（道具）となっている。すなわち標準の世界のこれら道具箱は、世界中の誰もがその文書化された内容に従って実施すれば、同じ適合性の評価が行えるわけである。

先の法規制の実施も、適合性評価を、それぞれの法規制の中で自己完結的に行っているため、その法の実施に必要な手順書や手引きあるいはそれらの他の法体系との整合性は複雑になっているが、これらを標準の世界における適合性評価の道具箱を用いて整理をすると、当事者だけでなく第三者（たとえば海外の関係者など）にもわかりやすくなる。さらに重要なことは、事業者の安全のための標準の選択が増すほど、このような適合性評価のツール（道具）が整っていることが不可欠で、以下の分析の重要な焦点の一つとなる。

3　分析の枠組み

一九七二年のローベンス報告を受け、英国政府はそれまでの労働安全衛生の考え方を抜本的に変える、労働安全衛生法（HSWA: Health and Safety at Work etc. Act）を一九七四年に制定した。行政の一元化を図り、法を統廃合するとともに、細かくなりすぎている技術基準類の整理を行うため、省庁横断的な組織（健康安全局、HSE: Health and Safety Executive）を一九七五年に設け改革の作業が始まった。狙いは民間の事業者が、自己責任で安全を確保することである。そのためには、

（1）事業者の選択肢を増やし、彼らが用いている技術の実態に合わせられ、しかも効果が同等になる基準を準備すること、

（2）彼らが、それらを用いたときの、信頼性を与えられる適合性評価のツールを用意すること、である。

第一の点については、労働安全に係わる基準に階層性を導入しようとした。法令制定に当たっては、その規定はできる限り、法令の目的や一般原則に留め、具体的、詳細な規定については自主的な基準やガイダンスにゆだねる。すなわち従来細かく細分化されていた基準類を一番下に位置づけ、類似性を持った基準類をまとめて、もう一段上の階層に属する、すなわち上位概念で整理されたものとし、それを一般原則にする。

第二の点については、このグループに属する技術分野の基準群を、どのようにすれば事業者が法の要求事項を満たすかを具体的に文書化したもの（適合性評価の規定）を、承認された実践コード（approved code of practices）とし、それらを整備しようとした(2)。

当時は、標準を用いて体系的に基準を整理するには、標準機関全体が準備不足であったし、また適合性評価の概念も、一九八〇年に世界の通商取引の基本的な規則を定めた国際機関であるＧＡＴＴで、非関税障壁に対処するためにつくられたスタンダード協定ができるまで明確な概念はなかった。しかし英国で始まった労働安全の改革の種は、ＥＵの統一市場の形成のための標準を用いた制度づくりや、ＩＳＯ／ＩＥＣを中心とする国際標準機関の活動の拡大、さらにはＧＡＴＴによる標準をはじめとする非関税障壁に係わる制度の整備に支持され、最終的には国際標準を用いる、機械安全の制度づくりへと発展していく。

このような過程を、最初の出発点（法令による規制）と、到達点（標準を用いた事業者による安全確保）で、どのような要素が不可欠であるかを整理してみよう。従来の細かい法規制の問題がどのような歴史的な経路を経てＩＳＯ／ＩＥＣでの国際標準を用いたものに変わったか？　またそのときに準備し

表9・1　安全確保のための国による伝統的な法規制と国際標準を基にする仕組みの比較

強制法規による規制	国際標準を用いた安全制度
・国による個別の細かい技術基準	・政府や公的部門は基本的な部分だけの基準を定める。民間の事業者はこの基準に沿うように多くの標準の中から最適なものを選択する
・多くの関連する法規があり複雑で、改正を行う場合調整に時間がかかる	・標準機関は、広い技術分野を対象とし、標準に階層をつくり、統一した考え方で個別の技術基準に当たる標準をつくる（標準間の調整や定期の見直しが制度化されている）
・個別の技術基準に対応した実施規則をつくる公的部門との相談や調整が不可欠	・個々の技術基準に当たる標準の実施や適応は体系的な適合性評価の個々のやり方を選べる
・新しい技術の進歩には、特別な許可が必要で時間がかかる	・統一した考え方のもと、事業者がリスクアセスメントを行う。新技術の導入も可能
・決まった技術基準どおり特定の地域で実施	・世界中どの地域でも国際標準のメニューから選択して実施可能

なければならない要素は何か？

表9・1に掲げている諸点は、ローベンス報告で指摘された労働安全関係の強制法規の問題点を左に、抜本解決をする諸点（作業安全衛生法の諸点を含む）を標準の言葉を使い右に併記した。言葉を換えれば、本章の分析はローベンス報告の内容がどのように新しい標準の分野を切り開き、標準の力の可能性を拡大したかの歴史の分析でもある。

一九七〇年代を出発点とすると、本章で分析するための必要な議論や制度づくりは、欧米の国々で行われ、日本をはじめとするアジアの国は、標準機関への貢献も限られ、また労働安全規制を事業者の自己責任として位置づけ、改革を進めることはほとんどなかった。そのため分析は欧州諸国と米国を中心としたものとなる。

以下、表9・1の右に掲げる諸点がどのように形成されていったかを、年代に沿って見ていくことにするが、次の二点を縦糸と横糸にして分析を進める。

（1）安全確保のための標準の体系をつくるためには、全体で一貫性を持たせるため、上位概念で詳細な標準や基準を整理体系化する階層性が重要で、標準の言葉では「性能標準」（performance standards）がいかに定着するかが鍵となる。また法令の実施方法に相当する適合性評価の体系が未整備であったものが、いかにISO／IECで整備されたか、が分析すべき主要な点である。

（2）当時の広い範囲での技術の移転の過程で、どのように表9・1の右の部分が実現したかを、年譜として整理したブロックを描いている表9・2を用いて見ることとする。すなわちこの分野の牽引車となった英国や米国をはじめとする「世界に関連する動向」、機械安全の確保を実際に標準の体系を用いて実施した「ISOを中心とする機械安全の国際標準化活動」および「EUの機械安全の標準化活動」を検討する。さらに適合性評価に関しては、一九五〇年代以降、軍の調達や欧州諸国で行われていた初期の活動を「米国と欧州の適合性評価の遺産」としてどのようにISO／IECに影響を与えたかを見る。

4　変化する経済社会的な背景

一九五七年のローマ条約により、六カ国による欧州共同体（EEC）が一九六七年に設立された。統一市場をつくり上げることは当初からの大きな目標であり、労働安全分野を含め各国で行われている規制の基準類や標準を統一することが不可欠で、強い政治的な意思のもとに統一化の作業が始まることになる。

欧州諸国の中で、最初に抜本的な改革を検討し始めたのは、英国である。

英国は、一九世紀の初めから、労働者の安全衛生の保全のため、工場法をはじめとする多くの法規制を行ってきた。新たな産業や技術が現れ、事故が起こるたびに規制の対象分野を広げながら、次々ときめの細かい規制法令を増加させた。そのため、規制の重複が起こり、監督組織の複雑化が、次第に大きな社会コストを生じていた(3)。ローベンス卿が石炭公社の総裁時、一九六六年、石炭のボタ山が崩れ、百数十人の一般市民が事故に巻き込まれ、大きな社会問題になったが、対応は従来型の特定の事故を防ぐための法規制によりなされた。また一九六〇年代の後半、石綿などの毒性物質や、可燃性の爆発物資の大きな事故が相次いだ(4)。安全衛生の確保は、大きな社会問題になり、労働党政権は一九七〇年にローベンス卿を委員長とする、七人からなる委員会を発足させ、事故が起こってからの対応でなく、未然に事故を防ぐ方法を検討し始めた。当時労働安全衛生関係では、五〇〇の詳細な規則が、工場、鉱山の安全など九つの法令群に分かれ、通産、内務、雇用など五つの省庁にわかれて規制が実施されていた(5)。

二年間の検討を経て、新たな規制の体系として、表9・1の左に述べた問題点の解決の提起を行った。英国では、抜本的な規制改革を行うため、先に述べた、これらの法規制と監督権限を、一九七五年に新たに設立したHSEに移行し改革が始まった。

一方、米国でも、一九七一年より労働安全衛生の充実を図るため、労働省のもとに労働安全衛生局(OSHA)が設立され、厳密な運用が図られたが、技術基準やその実施は複雑になり、規制の改革が

ができるまでの主な出来事

世界に関連する動向

1957	EEC 欧州経済共同体設立。ローマ条約、6 カ国調印
1967	EC 欧州共同体設立
1970	英国ローベンス報告
1973	英国など EC に加入して 9 カ国に拡大
1974	英国労働安全衛生法制定
1979	Cassis de Dejon の判決。ドイツの違反
1980	GATT スタンダード協定発効
1981	ILO（International Labour Organization）第 155 号労働安全衛生条約
1984	米国 OSHA（Occupational Safety and Health Administration）が穀物のサイロの爆発防止のため性能基準を導入
1987	単一欧州議定書（Single European Act）の成立
1988	英国 BS5304 機械類の安全性（Code of practice for safety of machinery）。EC 機械指令につながる
1989	EU の労働者の安全確保のための指令 89/391/EEC
1995	WTO/TBT 協定発行

ISO を中心とする機械安全の国際標準化活動

1947	ISO 発足（IEC は 1906 年）
1970	ISO/CERTCO（Certification Committee 認証委員会）を発足
1976	ISO/TC176（品質管理の標準をつくる技術委員会）設立
1977	ISO 3873 ヘルメットの仕様規格
1978	ISO/CERTCO ISO/IEC 17025 ガイド（試験所の品質システム）発行
1980	ISO/CASCO（Conformity Assessment Committee CERRTICO から名前変更） ISO 認証の原則（Principle Practice of Certification）発行
1987	ISO 9000（品質管理の標準）発行
1991	ISO/TC199（機械類の安全性技術委員会）設立 機械類の安全の基本概念、設計のための一般原則（EN292）制定
1992	EN292 が ISO/TR12100 になる
1990	ISO/IEC ガイド 51（安全性を標準に取り入れるためのガイド） (Guidelines for the inclusion of safety aspects in standards）発行
1996	ISO/IEC ガイド 51 を改定
1997	ISO/TR12100（1192 の改定案）
2000	IEC61508（Functional safety 機能安全）発行
2003	ISO12100（Safety of machinery basic concept, general principles for design）発行 EN/ISO12100 発行

表9・2　機械安全の標準体系

EU の機械安全の標準化活動

1961	欧州標準化委員会（CEN）の設立
1962	CENELEC 設立
1969	EEC 条約 100A（各国の基準の整合化義務）に基づきオールド・アプローチ開始
1973	低電圧電気器具の標準の整合化が完成（後の低電圧指令 '73/23/EEC）
1985	CEN/TC114（Safety of machinary 機械安全の部会）設置 EC ニュー・アプローチ指令（理事会　技術的調和と基準に関する指令）理事会決議 85/C136/01
1986	単一欧州議定書（Single European Act）によりニュー・アプローチ指令における機械類の供給者の義務が明確になる（100A）
1989	EC 機械指令安全要求事項。CEN/CENELEC/ で整合規格（EN）の作成開始 適合性評価のための理事会決議。90/C10/01 EU ISO9000 シリーズを EU の規格にする。EN29000-29004
1991	EN292 機械安全標準発行
1993	CE マーク制度の開始。理事会決議。93/465/EEC
1995	CEN/TC114 EN292 を ISO/TR12100 に基づき改定開始
2003	ニュー・アプローチ指令の実施強化。理事会決議
2006	2006/42/EC ISO12100 を受けた EU の機械指令

米国と欧州の適合性評価の遺産

1951	欧州電気機器統一安全標準委員会（CEE）設立。欧州の電気試験機関が集まり標準の作成と認証の業務を開始
1954	米国 MIL-Q-9858（品質標準）を発行。MIL-1-45208A は検査の要件（Inspection system requirement）を定めている。1963 年改定。 その後 NATO の調達基準（AQAPs）になる
1970	CENELEC に CECC（CENELEC Electric Component Committee）を設立（電子部品の標準の統一と相互認証のため）
1971	IEC に電子部品の準備委員会（1970 の CECC に対応。世界的なものを目指す）を設置
1973	低電圧電気器具の標準の整合化が完成。自己適合宣言（ISO/IEC ガイド 22）の基となる 英国の国防省は NATO の標準（AQASP）を基に「契約者評価」の監査制度を導入
1976	IEC に QAS（Quality Assessment System 電子部品の品質認証制度）を確立
1976	IEC の中に CECC 制度を移し、認証管理委員会が発足
1979	BS5750（後の ISO9000）発行。米国も同年 ANSI/ASQCZ-1 を発行。またこの頃ドイツ・フランスでも品質管理の標準を発行
1981	IECQ（IEC Quality Assessment System for Electric Component 電子部品品質認証制度）基本規則と施行規則が制定。1982 年より運用
1982	BS5700 に基づき審査登録制度導入

叫ばれるようになった。一九七〇年代の中頃以降、各政権で改革が叫ばれ、弾力性のある基準づくりや、効果の薄い規制基準の廃止のためにOSHAで努力がなされるようになった。しかし一九八〇年代のレーガン政権になると、より自由な市場経済の理念のもと、産業界との協調を図りながら、とくにコストと便益の乖離に焦点が置かれる改革が始まった(6)。

これら大西洋をまたがる、労働安全の規制改革は、一九八〇年代以降、それまでの福祉国家を目指す経済運営から市場経済を優先する経済運営への変化の中で、規制緩和や民営化が世界の大きな流れとなる中で行われることになる。すなわち国が詳細な技術基準に基づき、法令の実施を行うものから、民間の事業者を中心に市場の仕組みを利用するというローベンス報告で指摘された改革は大きな流れとなった。

一方、国際機関においても、経済社会の運営に関する変化を背景としていくつかの動きが現れ始めた。世界の通商問題の基本ルールを決めるGATTの東京ラウンドの交渉では、従来の関税を削減することによる貿易の拡大から、非関税障壁をなくそうとする議論が進展し、一九八〇年に新しくGATTのスタンダードコード協定が発効された。この協定は、各国で基準や標準を作成するときは、国際標準を原則として用いることが義務づけられるとともに適合性評価も協定で取り上げられ、国際標準の重要性が認識された。さらに一九八四年には国際労働機関(ILO)で、ローベンス報告や英国の労働安全衛生法の考え方が取り入れられ、労働安全衛生条約(ILO155号)ができ、国際的な大きな流れができあがった(7)。

このように、労働安全のための新しい規制体系をつくるための種々の動きが一九七〇年代の後半に大きなうねりとなって現れ始めたが、国際標準の体系を用いて実現するためには、ISOや関係する組織、人材などは、準備が整っていなかった。まず当時のISOの動きを見てみることとする。

5　ISOの胎動と広がる活動

ISOは一九四七年、国連の付属機関として生まれたが、第二次世界大戦以前のネジの標準の作業など当時行われていた国際的な活動を引き継いだ。設立と同時にネジを最初とする六七の技術委員会を設け活動を開始したが、一九七〇年頃までは、欧州中心の限られた活動であった(8)。当初は基本的な基準値、用語、試験方法など産業技術の基盤となる標準を作成し、設立から一五年たった一九七二年の時点で二〇〇〇の標準ができあがった。そのうち半分以上は試験方法に関するものであった(9)。しかし欧州や米国などの先進国で当時一五万件の標準があり、それをいかに調和させるかが大きな課題であり、英国の労働安全のための基準類の整合化作業と同じような課題が生じた。両者は相互に係わり合いを持ったと思えないが、興味があるのは一九七〇年代の最初の頃、英国の労働安全の改革もISOも同じ課題に直面したことであろう。英国のHSEでは、異なる省庁の、異なる法体系の五〇〇にもわたる法規の細かい基準類を、整合的な形にするため、より上位の概念で整理しようとした。一方、ISOでは、異なる国の、多くの細かい標準の整合化にせまられ、類似の標準をまとめて、上位概念でグループ化した標準をつくろうとしたことである。HSEと異なり、ISOでは、性能標準という概念を用いて、作業を具体化することにより、問題の解決を図ろうとした。両者の作業は、独立したものであったと思われるが、相互に意識されながら、安全規制と標準化の作業とを結び付けていくのには、一九八〇年の中頃の、後に出てくるEUのニュー・アプローチという政治的な使命を待たなければならない。

6　ヘルメットの性能標準

ヘルメットを例に性能標準の考え方を見てみよう。

頭を守るためのヘルメットの重要な性能の一つは衝撃の吸収である。頭を守るために必要な衝撃に耐える強さは、具体的な数値で記述できる。このような耐衝撃性能を得るためには、ヘルメットの材料や構造、さらに衝撃吸収材を組み合わせることにより可能である。歴史的な安全の考え方や身体的な異なりにより、ある国は構造を、ある国は材料を重視して、異なる具体的な技術仕様を標準とする。すなわち、安全を確保するための性能は、多くの国で合意できても、具体的な実際に使われる技術仕様の標準は、構造や材料の組み合わせで多くの選択肢ができ、A国はX、B国はY、C国はZ、のそれぞれ異なる技術仕様の標準を決める。性能標準は各国で決められた詳細な技術仕様が定められた標準を整合させるのでなく、性能に着目して、試験方法を含めそれを共通化することを狙いとするものである。また耐衝撃性だけでなく、火災のときの炎への抵抗性や、貫通を防ぐ性能を持つ必要がある。それぞれ性能標準を決めていけば、何種類かの性能標準ができるが、さらにこれらの性能をすべて持つ、安全なヘルメットの標準の原則、すなわち安全なヘルメットを製造し、使用するための基本的な標準ができあがることとなる。すなわち性能標準は、

（1）細かい技術内容は避け、大きな達成すべき性能を決め、異なる技術的な解決法、すなわち選択肢を設けるものである。
（2）上位の概念で階層をつくり、全体の標準づくりの考え方を統一できる。
しかし、すでにできあがっている標準群に関しては、性能標準で整理され、選択肢が明らかになっても、異なる国の間で、相互に選択肢を認め合わないと、国境を越えた自由な取引は難しい。

このような問題を前提としながら、ＩＳＯでは一九六七年以降設けられた技術委員会の半分は、この性能標準をつくるために充てられた[10]。各国それぞれ異なる技術仕様のヘルメットを標準として定めていたが、共通の性能を決め、その性能を満たすものをそれぞれの国の標準にする試みはその一つの例である。ヘルメットは一九五四年に九四番目の委員会として設けられていたが、一九七二年頃から停滞していた技術委員会を活発化させ、一九七七年にヘルメットの安全に係わる性能標準を含む標準ができあがった。先に述べたように、各国で異なる頭の防御の仕方を、限られた項目ではあるが、衝撃の吸収や火災のときの炎の抵抗などについて性能の標準が設けられた[11]。

この性能標準を満たす、各国のそれぞれの細かい仕様を決めた標準は、衝撃の吸収や炎への抵抗に関しては整合的な考え方で整理ができるが、各国の労働環境や頭のサイズの異なりなどから、国を超えて取引する場合は、それぞれの国の標準に従う必要がある。性能標準で整理できることと、実際の取引が飛躍的に便利になることとは別である。

ＩＳＯの性能標準と整合的な日本のＪＩＳ標準に従ったヘルメットは、そのままでは米国へもＥＵにも、現在でも輸出できない。すでに長きにわたり使用されてきた標準は変更することは難しく、国の間で相互承認を行う以外自由な取引はできない。ＥＵでは、国の間の自由な取引が可能な共通市場をつくるという政治的な目標のため、国間の相互承認を前提として、「性能」という概念を基に、各国それぞれ異なる選択肢を持つ標準や技術基準を相互に認め合い受け入れることにより、機械安全の取り組みを行うことになる。

一方、米国においても、フォード政権のとき、大統領のタスクフォースが設けられ、規制基準の弾力化のため、選択肢を持つ性能標準の考え方のもとで、機械安全のやり方が検討された。その後、性能標準を導入する努力が続けられ、一九八四年には穀物のサイロでの粉塵爆発を防ぐため、穀物の粉塵を管理する選択肢を持った性能標準が設けられた。詳細な技術仕様を決めている規制基準以外でも、性能を満たす方法で粉塵を管理できるのであればいいとした。これは、ＯＳＨＡの規制改革の大きな成果とされた(12)。

この規制改革は、国の規制よりは民間の自主的な規制のほうが、より弾力性がありコストも安く、規制目的が達成されるとする穀物のサイロを管理する工業会の自主規制と国の規制との比較から議論が始まった。事業者による自主規制は、決められた基準を満たすため、多くの可能性の中から選択するほうが効率的であるとする考え方が定着していった(13)。

以上のように欧州および米国ではローベンス報告での労働安全の規制改革を行うこと、すなわち細かい基準からより弾力的な性能標準に基づき、民間の事業者が自己責任で安全確保を行うことが大きな合意になっていった。

このように国の規制当局での性能標準の考え方やＩＳＯの場や標準に係わる専門家の間で、性能標準に基づく標準づくりも経験を重ね、より広い機械安全全体の取り組みができる素地ができあがった。

次に表9・2に戻り、「EUの機械安全の標準化活動」を見てみよう。

7　ECの整合化作業（第一ステージ）

ECは各国の標準あるいは検査の認証制度の整合化を図り、統一された共通市場をつくるため、欧州標準機関（CEN／CENELEC）を設け、整合化のための作業を一九六九年より開始した[14]。オールド・アプローチ（old approach）と呼ばれるこの作業は膨大な数の標準や規定類の対応関係を調べ、詳細部分を統一しようとするものである。一九七三年には、当初の六カ国に加え英国などが加入して、九カ国からなる拡大ECとなり、さらに作業は複雑になり、ほとんど成果があがらなかった。

従来の細かい技術基準の整合化方式に代わる、一九八五年にECにより発表されるニュー・アプローチ指令を待つこととなる。この方式が導入されてからは、整合化の作業は飛躍的に進み、一九九九年までに、五五〇〇もの整合標準ができあがった[15]。機械の安全の分野も、これらの作業の一環として整合標準がつくられるが、一九八五年の方式へ至るまで、次のような二つの転機があった。

第一は、一九七九年に起こったカシス事件である。

フランスのディジョン産のカシス酒のアルコール濃度がドイツと比べ低いため、ドイツで輸入制限をした事件が起こり、ECの条約に基づく商品の移動制限の正当化の議論が起こった。統一市場の形成のためには相互の承認が必要であるとの判決が下され、これが一つの原則となった[16]。この各国の異なる標準を、相互に受け入れることを認める相互承認の考え方は、二八二頁で述べたように、異なる選択肢を認め合うということで大きな意義を持つ。

第二は、ＥＣ全体の制度の変革である。

ＥＣでは設立以来、一九六八年に関税同盟、また一九七九年には、その後不成功に終わったが通貨同盟が発足し、経済統合を着々と進めていった。しかし商品やサービスの域内の自由な流通の方は遅々として進まなかった。このような事実を踏まえ、域内の資本の自由化とともに、商品やサービス、人の自由移動を促進し、ＥＣの統合化を一九九二年末までに図ろうと、一九八五年に域内市場統合のための提案が出され、一九八七年に単一欧州議定書（SEA: Single European Act）が成立した。この議定書は国ごとの異なる各種の法令、基準、標準などを一本化するため、大改革を目指したものである。それと同時に、従来の市場統合関連の法令や整合化のための作業は全会一致の合意が必要であったが、新しい仕組みのもとでは、標準の整合化作業の分野も含め、多数決の決定方式がとられたため、事務処理がより効率的になった。(17)

8　ＥＣの整合化作業（第二ステージ）

一九八五年に出されたニュー・アプローチ指令によると、事業者が製造・輸入し、ＥＣ市場に流通する商品は、安全を確保するための必須要求事項、すなわちＥＣが定める一般的な要求事項を満たすことが義務づけられ、そのためにＣＥＮ／ＣＥＮＥＬＥＣが作成する整合標準を満たすか、第三者の証明がある標準を用いることを義務づけている。また整合標準への適合の義務は事業者にあり、適合していることを示すCEマークを附すとされた[18]。

整合標準は、それぞれの国でそれぞれの国の事情に基づき用いられている詳細な標準を、必要に応じ、前に述べたように個々の標準を階層化して、同じグループのものを上位概念で整理する性能概念のもとで作業を進めるものである。ECの国々が異なった標準を使っていても、整合化された標準として整理でき、カシス事件以降原則となった相互承認のもとで相互に受け入れられる。異なった国で製造する事業者は、この整合化された標準の群の中から、事業者の必要とする標準を選べばよいことになる。

このように、一九八五年のニュー・アプローチ指令は、一九七二年のローベンス報告で指摘された諸点が標準という言葉に置き換えられ、標準の体系の中で機械安全の体系を目指すことになった。一〇年以上の年月を経て、先に述べたヘルメットの例のように、性能標準のつくり方の蓄積がなされ、性能標準のもとで整理された、それぞれの国の影響の大きな詳細な標準は、選択肢として位置づけられ、カシス事件による相互承認という政治的な圧力により、整合化作業は現実的になった。

機械の安全の分野は、多数決原理や必要な場合に性能標準を用いる作業方針の変更を前提とし、一九八五年に欧州標準機関のCENに機械安全の技術部会（TC114: Safety of Machine）[19]を設け、整合標準の作業を開始し、先に述べたように一九九九年末には五五〇〇の整合標準ができあがった。

作業は図9・1にあるような仕組みで行われた[20]。それぞれCENのメンバーである各国の標準機関が、自国を中心に使われている標準を持ち寄り、階層性を考慮した標準の整理を行い、整合標準の作業を行うもので、一九九一年には基本的なCENの標準（機械類の安全性：基本概念、設計のための一般原則：

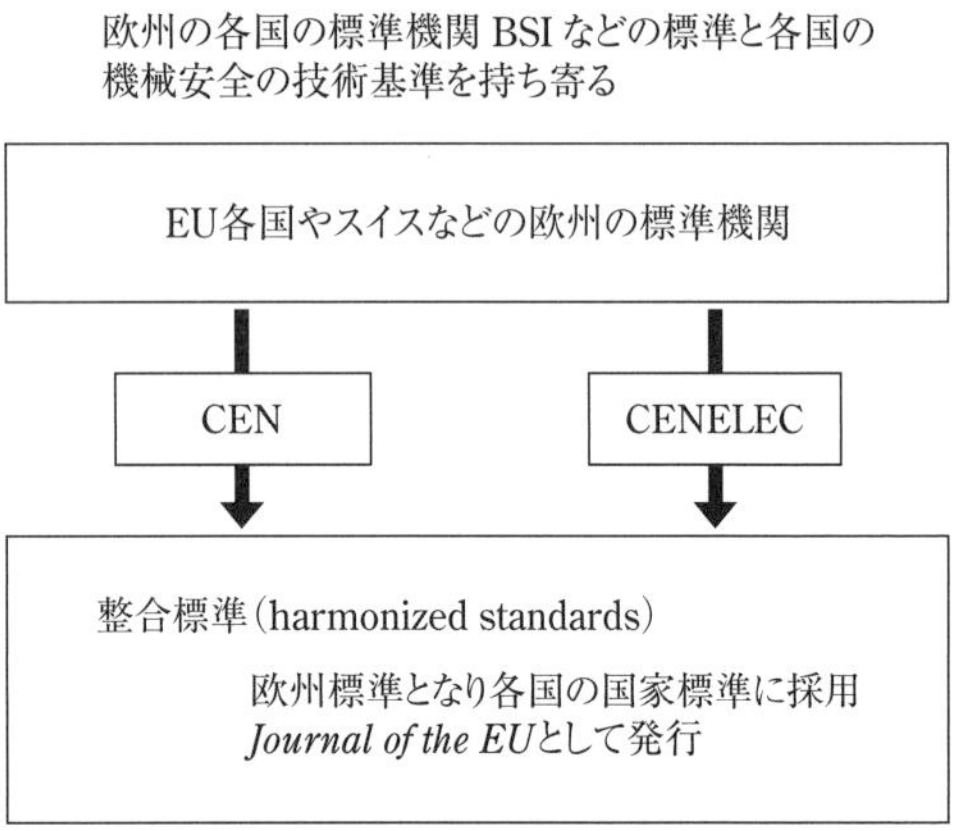

図９・１　EUの整合標準をつくる仕組み
MacDonald, *Practical Machine Safety* [20]より作成

EN２９２[21]）も完成した。

欧州標準機関では、整合標準は、整合標準ができれば、欧州標準（EN）として発行し、同時にEU官報に記載され公のものとなる。規約として、それぞれの国家標準機関が、国家標準として採用することが決まっており、CENで行われた作業が欧州各国へとスムーズに普及することとなった。

9　国際標準機関での標準へ向けて

ECは、なぜ自ら中心となって開発した標準を、ISOの標準にすべく努力する必要があったのだろうか？

ECは設立当時、域内での市場の統一化は、海外の諸国への最恵国待遇の観点から、差別を行うのではないかとの懸念[22]が表明され、GATTのスタンダード協定との整合性が問題になった。

一方、一九八〇年に発効したこの協定は、各国での標準を作成するときは、国際標準に基づく標準づくりを義務づけているため、EC域内で作成された標準に基づく制度づくりは、本協定の観点から問題になることを懸念した。

こうしてGATTのスタンダード協定との整合性を図るため、国際標準機関との連携を図っていくこととなる。前節で述べたECの機械安全の標準づくりは表9・2にある「ISOを中心とする機械安全の国際標準化活動」の後半部分へと移っていく。

まず第一は、CENとISOの協調である。

ECの機械安全の基本的な考え方の標準EN292の作成の目途が立つと同時に、一九九一年には、欧州の国家標準機関の提案によりISOでも作業を開始すべく技術委員会（ISO／TC199）を設立した(23)。CENの整合標準づくりや基本的な原則の標準づくりの作業は、ISOの活動と密接な関係を持ち、とくに詳細な仕様を決める作業は通常の標準づくりとして扱われたが、CEN／TC114とISO／TC119は相互に関連を持つ作業グループをつくり並行的に検討を進めた(24)。

ISOではCENの案を基に一九九二年、機械類の安全の基本概念、設計のための一般原則のための暫定的な標準をこの委員会で採択し、ISO／TR12100として発行した(25)。一方、整合標準や個々の詳細な仕様を決めた標準も逐次必要に応じISOの標準にすべく、欧州の国家標準機関からISOのほうへ提案され、ISOの国際標準とされていった。

第二は、IECでの標準づくりと標準間の統合化である。

電気関連の国際標準を扱うIECでは、電気関連の整合化作業を欧州の標準機関CENELECで作業をするのに対応した活動を行ってきた。計測関連や自動化に係わる信頼性や電気機器の安全は機械の安全確保に欠かせないが、この分野に関する基本概念や一般原則の標準を、ISOとは異なり、IECの内部の技術委員会で英国や米国が中心となり扱ってきた。CENで作成されている機械安全の考え方とISO／IECで整合的な考え方をつくる必要性に迫られ、ISOとIECは、機械安全に係わる電気関連も含めた安全の基本的な考え方をまとめた「ガイド51[26]」を作成した。このようにしてできあがった機械安全の国際標準の体系は図9・2の通りである。

ISO/IEC ガイド51
階層Ⅰ
基本安全標準：
すべてに共通する基本概念や
一般技術原則を扱う標準
階層Ⅱ
グループ安全標準：
広範囲の機械類で利用できるよう
な安全、または安全装置を扱う標準
階層Ⅲ
個別機械安全標準：
特定の機械に対する詳細な安全要件を規定する標準
工作機械、産業ロボット、鍛圧機械、無人搬送機、
医療機器など多数

図9・2　国際安全標準の階層化構成
向殿政男『標準化と品質管理』(18)を基に作成

図9・2にあるように「ガイド51」を頂点とし、階層Ⅰの基本的な考え方、階層Ⅲの個別の機械類の安全標準、さらにこれらの階層の中間に類似の共通性を持つグループでの安全標準となる階層Ⅱを設けてある。これらは、二八〇頁にある性能標準の考え方を用いて、機械安全の全体を階層を持つように整理した結果である。

事業者がこれらの任意の国際標準を自らの事情に合うように利用できることは「ガイド51」に始まる基本的な標準の考え方に沿って設計を行うことにより可能となった。

ここに二〇年にわたる歳月を経て、ローベンス報告の提案を標準を用いて達成することが可能な標準の体系ができあがった。しかしこの標準の体系を用いて事業者が自己責任で機械の安全を図るためには、それが達成されていることを保証する、すなわち適合性の評価を行う道具が必要となる。次に表9・2の「米国と欧州の適合性評価の遺産」に目を向けてみよう。

10　組織の信頼性の証明

事業者が、要求される技術仕様どおりに商品をつくっているかどうか、あるいはその商品は時間がたっても、要求される機能を発揮できるかなどの商品の信頼性、顧客の満足度、使用される商品の使われる環境との適合性などは、組織の品質（quality）といわれ、単にその商品自身の狭い品質だけでなく、その商品を製造する事業者の管理の仕組みや、何か問題があった場合の対外的な説明責任、組織の透明性など広く事業者の組織全体の管理システムが問題となる。どのように事業者の品質の管理システムを評価するかは、技術進歩により商品自身が複雑になるとともに、製造技術も高度化し、どのようにして信頼性を与えるかは大きな課題であった。

本問題に標準の観点から取り組んだのは、一九五四年の、米軍の調達をするために必要な、組織の管理システムの標準である。これは後のＩＳＯ９０００に繋がっていく、組織の管理システムの標準（Mil-Q-9858）とその適合性を検査するための標準（MIL-I-45208）からなる。米軍の調達で使われていたこの考え方は、後の北大西洋条約（ＮＡＴＯ）に基づく、欧州と米軍の、共通の調達基準の作成の基となった。英国以外の国は米国の標準を用いたが、英国は第二次世界大戦中の弾薬の購入時に、標準を用いて事業者の品質保証を行った歴史もあり、米国の標準を一部変更し、独自の検査を含む組織の管理の標準をつくり、この標準に基づき、審査登録された事業者のみの調達をするように運用を行った(27)。

英国の標準機関ＢＳＩでは、民生部門での組織の品質管理のための標準づくりを行い、一九七二年にはBS4891（A Guide to Quality Assurance）を発行し、さらに一九七九年には現在のISO9000の基になるBS5750シリーズを出した。このようにして内部監査の仕組みを標準化し、そのやり方が明らかになることにより、事業者の内部の組織の管理システムを、第三者も含め信頼性を付与し、対外的な保証を行うことができるようになった。[28] 一方英国では、サッチャー政権への移行と同時に、産業の競争力を改善するため、英国産業省はBS5750を用いることを考え、本標準に適合する企業を審査し、第三者がわかるように登録し公開するようにした。[29]

一方、一九七〇年代の後半、組織の品質管理システムを、多くの国で国家標準にする動きがあり、一九七九年の米国をはじめとし、フランス、ドイツ、カナダなどで標準が作成された。

このような国際的な動きを受け、ISOでは一九八〇年にISO/TC176（品質管理および品質保証）が設立され、一九八七年ISO9000シリーズが国際標準となった。内容はBS5750を基にしたものであったが、もともと米軍の調達を源とするものであったため、大きな内容の変更はなく、国際標準ができあがった。[30] しかし、検討の過程で、考え方や概念を共通にしておくため、機械の安全の国際標準と同じように、基本的な概念を内容としたガイダンスの標準が付け加わり、ISO9000のシリーズができあがった。

11　試験と検査の信頼性

表9・2の「米国と欧州の適合性評価の遺産」を再度、見てみよう。

事業者が、標準に定められた試験方法に従い試験をしたときのデータや、外部機関に標準に必要な検査を依頼するとき、その結果について、どのようにすれば第三者から信頼が得られるだろうか。

一九五一年に欧州の電気安全試験機関が集まり、欧州電気機器統一安全標準委員会が設立され、地域的な共通の標準とその認証を行ってきた。[31] ＥＣの統一市場づくりやＧＡＴＴの考え方との整合性を持たせるため、ＣＥＮＥＬＥＣやＩＥＣへと活動を移し、ＩＥＣでは品質管理システムや、電子部品の品質や信頼性を認証する制度を一九八二年以降運用している。[32]

これらのＩＥＣの認証制度は、検査機関の試験成績の相互の受け入れや、事業者が自ら標準の内容に適合していることを宣言するため、それに関連した評価のやり方が文書化されてきた。対象とされる電気器具や部品の安全を、法令とは別に、事業者自らが保証することを、標準と認証行為を用いて行おうとする初期の例である。欧州では、技術水準の比較的近い国の代表者が集まっていたため、民間で自主的な規制を行う仕組みが可能であったともいえる。[33]

ニュー・アプローチ以前の、整合化作業の成果である低電圧電気器具は、電気安全の自主規制を行う対象であり、自己の適合を宣言するためのやり方を文書化することが必要とされ、後のＩＳＯ／ＩＥＣの文書に繋がっていくこととなる。[34]

ＩＳＯでは、標準づくりの作業とあわせ、適合性評価にも力を入れ一九七〇年に認証委員会（CERTICO: Certification Committee）が発足した。ＩＥＣでの認証制度の成果を取り入れ、適合性評価全体を整備していった。一九八〇年にはそれまでの活動をＩＳＯ／ＩＥＣの適合性評価の原則としてまとめたが、ＧＡＴＴのスタンダード協定が発効し、本協定の中に適合性評価が言葉として明文化されることにより、

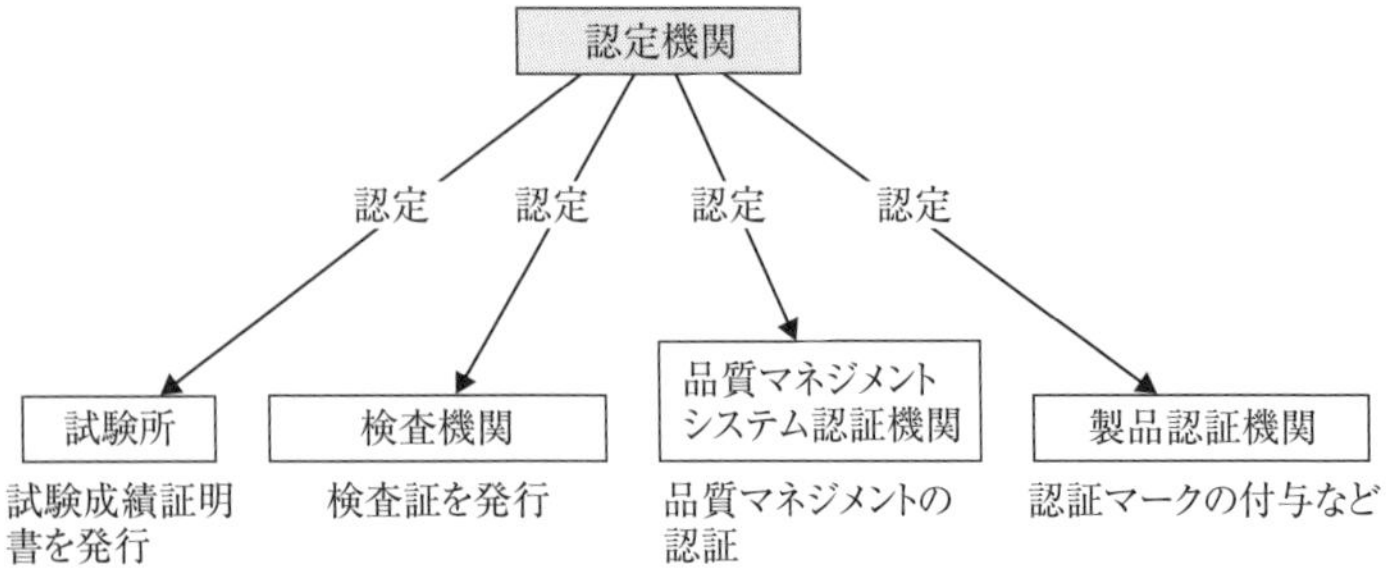

図9・3 公認機関（試験所、検査機関、認証機関）の信頼性の担保（1993年時点）
EUの各国に、ISO/IECガイドに従い各々の業務を遂行する能力を認定する機関を置く。各々の機関は、ISO/IECガイドに従い試験、検査、システム認証、製品認証、業務を行う

その重要性がさらに認識され、ＩＳＯの委員会の名前も適合性評価委員会（ＣＡＳＣＯ）と変更された。

組織の品質管理ＩＳＯ９０００がＩＳＯの場で検討されるとともに、検討する対象を広げるため適合性評価がさらに注目されるようになり、必要な評価に必要な文書類が蓄積され、一九九三年、すなわちＥＵでＣＥマーク制度として機械安全のＣＥマーク制度がスタートする頃には、自己適合に係わる文書のほか、図９・３に関連する適合性評価の文書類が整った[35]。

12 ＣＥマーク制度のスタート

前節までに、ＥＵ、ＩＳＯ／ＩＥＣの二〇年に及ぶ作業により、機械安全を確保するために必要な標準類の体系（図９・２）と適合性評価の文書類（図９・３）が整備された。表９・２「ＥＵの機械安全の標準化活動」にあるように、ＣＥマーク制度はこれら二つの道具を用いてスタートすることとなる。

まず標準に係わる規制について見てみよう。

EUではニュー・アプローチの指令の後を受け、一九八九年に機械指令(89／392／EEC)が出され、一九九二年末から二年間猶予期間をおき、一九九五年よりそれぞれの国で実施されることとなった。機械指令は、本質的な機械安全の要求事項だけを設定し、技術的な規定は、本質的な要求事項を満たしている整合標準を採用するが、標準の採用は任意に選べばよく、要求に合う他の技術仕様も可能とするものである。

当然のことながら、EU諸国では、ISO／IECで合意に至った標準を欧州の標準として採用し、不十分なものはCEN／CENELECで作成されたものを国家標準機関が国家標準としているので、それを利用することとなる。

次に、適合性評価の規制を見てみよう。

一九八九年に検査および認証に係わる制度をそれぞれの国で構築する指令(98／34／EC)が出され、民間の機関が公認機関として適合性評価を実施することとなった。先に述べた図9・3の適合性評価のメニューを用いることにより、EU各国での公認機関の仕組みができあがった。試験、検査や品質マネジメントを行う組織の力量を、それぞれの国で、原則一つの認定機関が、適合性の評価のためのツールに基づき審査を行い、その力量があれば登録して業務に参入できる。一方、図9・3の下の部分に位置する認定を受けた機関(通常複数の競争関係にある)は、それぞれのガイドを用いて事業者を評価し、試験証明書や認証書などを発行することとなる。

事業者は、機械安全の標準のプールの中から自らに関係するものを選び、製造する機械の安全が、基本的な安全の要求事項を満たしているかどうかを評価し、安全の確保ができたことを立証する。また指令により定められた、より危険性の高い機械類は安全の立証にその内容に応じて公認機関が関与することもあるが、最終的には自己適合宣言により事業者自らの責任において行われる。すなわち事業者は、EU指令の必須要求事項を満たしていることを立証した文書を作成し、適合性評価のツールの一つである自己適合宣言を行い、その証としてのCEマークを自ら機械に付け市場に出すことになる。

このようにEUの機械類の安全確保は、ISO/IECで作成された標準およびそれを支える適合性評価のルールを用い、国は必須の基本事項の見定め、それを満たす必要な作業は、民間の中で安全性への信頼性の付与が行われている。これは先に述べたローベンス報告を受けHSEのもとで行われた「承認された実践コード」に源を発する考え方を、ISO/IECの体系化された適合性評価のツールに組み換え、事業者が関与する公的機関を必要に応じて選べるように発展させたものである。

13　グローバル時代の新しい安全基準へ向けて

EUの域内で、安全性を確認した商品が自由に流通するためには、EU諸国が納得できる必須要求事項を前提に、民間の事業者が国際的に了解を得ている標準と適合性評価の道具を用いて、製品に安全確認を行ったという信用を付与する以外の方法はなかったともいえる。この方法は、WTOで要求されている貿易障害にならないように国際標準を用いるという要件も満たしており、制度としての安定性がある。さらに重要なことは、EUの地域を超え、グローバリゼーションの時代に、安全規制による国際取引をスムーズに行う方法を、EU域内で実行したことである。

CEマーク制度では、機械指令だけでなく、二〇一六年末の時点ですでに二五の技術分野で指令が出されている。二〇年に及ぶ期間に関係する標準や適合性評価のルールはISO／IECで逐次改定されたものが、EU諸国で適用され、また市場監視をはじめとするEU自身の制度を運用するための指令類も発行され、CEマーク制度も、逐次問題を解決しながら、安定的に運用されている。本章では、取り上げなかった、新技術を規制の中に取り込む鍵となるリスクの評価が、標準体系の中で取り扱えるようになったのも大きな成果である。すなわち表9・1で述べた右の部分の「国際標準を用いた安全制度」が実現したわけである。

一方、機械安全の標準や適合性評価の体系を完成させた一九九〇年頃までには、貢献が少なかった日本でも、二〇〇一年には、ISOの国際標準を採用するための「機械の包括的な安全基準に関する指針」[36]を出している。

ISO／IECで定着した、性能標準を用い、各国の規制を整理するやり方は、高圧容器の安全を確保する標準の分野にも適応され、大きな成果が得られている。高圧容器の技術委員会は、ISOの設立時から存在し、活動が長い間停滞していたが、一九九七年に米国と日本が共同で標準づくりを提案し、二〇〇七年に国際標準ができあがった[37]。実現はしていないが、EU諸国のように相互承認協定ができれば、世界の市場で自由な取引ができることとなる。

このように、標準を用いて安全規制を行う流れは、次第に大きくなりつつあり、グローバリゼーションの時代の、重要な流れができつつある[38]。

付表 本章で使われる略語一覧

略語	正式名称	説明
BSI	British Standards Institution	英国規格協会
CASCO	Committee on Conformity Assessment	ISO の適合性評価を扱う委員会。1985 年設立。前身は CETRICO
CE	Conformité Européene	CE マーク。EC 指令に適合していることを事業者が自己宣言するマーク
CEN	Comité Européen de Normalisation	欧州の電気分野以外の標準作成機関。1961 年設立
CENELEC	Comité Européen de Normalisation Electrotechnique	欧州電気標準化機構。1963 年設立
CETRICO	Council Committee on Certification	ISO の適合性評価を扱う委員会。1970 年設立。1985 年 CASCO となる
EC	European Communities	欧州共同体。1967 年設立。欧州単一市場を目指す
EEC	European Economic Communities	EC の母体となった経済共同体。1957 年設立
EN	European Norm	欧州標準
EU	European Union	欧州連合。1993 年 EC から名称変更
GATT	General Agreement on Tariffs and Trade	関税および貿易に関する一般協定。1947 年設立。戦後の貿易拡大のための基本的な協定
HSE	Health and Safety Executives	英国健康安全局。1975 年設立
IEC	International Electrical Commission	国際電気標準会議
ILO	International Labour Organization	国際労働機関
ISO	International Organization for Standardization	国際標準化機構
ISO/TR	ISO/Technical Report	正式な国際標準になっていない暫定標準
JIS	Japanese Industrial Standards	日本工業標準。日本の国家標準
OSHA	Occupational Safety and Health Administration	米国労働安全衛生局。1971 年設立
SEA	Single European Act	単一欧州議定書。1986 年に調印。1992 年末までに欧州の統合をさらに進めるための条約
TC	Technical Committee	標準をつくるための技術分野ごとの技術委員会
WTO	World Trade Organization	世界貿易機関。1995 年設立。GATT の機能を拡大

（1） ローベンス報告。Lord Robens, “Safety and Health,” Report to the British Parliament by the Secretary of State for Employment（July, 1972）. 小木和孝ほか訳『労働における安全と保険――英国の産業安全保険制度改革』労働科学研究所出版部、一九九七年。

（2） 英国の労働安全衛生法では、法令の執行のため四五〇〇人のスタッフを要し、類似性を持った個々の基準類を上位概念でグループ化したものを実践コード（code of practice）と呼び、既存の規定類をこのコードで整理し置き換えていったとしている。また事業者の利用に供するため、ＨＳＥは、一部のコードについては適合性評価のやり方を示した文書をつくり、認証実践コード（approved code of practice）とした。花安繁朗ほか「英国における最近の安全衛生政策動向について」『安全工学』第三八巻第一号（一九九九年）、二九―三八頁。花安は、approved を認証と訳し、また法律を作業安全衛生法としているが、ここでは「作業」を「労働」としている。

（3） ローベンス報告、前掲書、付録、二三三―二三六頁。

（4） D. Eves “Chapter10: The Regulatory System's Limitation Exposed,” in *A Brief History of The Origins, Development and Implementation of Health and Safety Law in the United Kingdom 1804–2014*（2014）.

（5） ローベンス報告、前掲書、序文。

（6） W. K. Viscusi *et al.*, “Regulation of Workplace Health and Safety in *Economics of Regulation and Anti-trust*,”（USA: MIT Press, 2000）, 761–785, 761–762.

（7） ローベンス報告、前掲書、日本語訳者の序文。

（8） 田中正躬「公的標準機関の変遷と課題」『標準化と品質管理』第五七巻第一一号（二〇〇四年）、七―一四頁。

（9） T. R. B. Sanders, *The Aims and Principles of Standardization*,（ISO, 1972）, 66.

(10) *Ibid.*, p. 70.

(11) ヘルメットの性能標準ＩＳＯ３８７３（一九七七年）。

(12) Viscusi, *op. cit.*, pp.776, 780.

(13) R. T. Chiet, "Chapter 3 Safety Standards for Grain Elevators," in *Setting Safely Standerds: Regulation in the Public and Private Sectors* (USA: University of California Press, 1990), 39-64.

(14) 一九六一年にＣＥＮ、一九六二年にＣＥＮＥＬＥＣが設けられローマ条約１００Ａに基づき、市場の統一化を図るためオールド・アプローチ（old approach）といわれる作業が始まった。W. Hessr *et al.*, "European Union and its New Approach," in W. Hesser *et al.* (eds.), *Standardization in Companies and Market* 3rd edition (Germany: Helmut Shmidt University, 2010), 818.

(15) 内記香子「地域貿易協定における「技術的貿易障壁」の取り扱い――相互承認の制度を中心として」RIETI Discussion Paper Series（二〇〇六年）、二―四頁。

(16) Case 120/78 Cassis de Dijon 1979 ECR649.

(17) 大西健夫ほか『ＥＵ統合の系譜』早稲田大学出版部、一九九四年、一三〇―一三一頁。

(18) ＥＣニュー・アプローチ指令（理事会　技術的調和と基準に関する指令）EU Council85/C 136/01 日本貿易振興会（ＪＥＴＲＯ）「ＥＵ基準認証制度の現状と問題点」『ＪＥＴＲＯユーロトレンド Report 2』（二〇〇六年）、一―九頁、向殿政男「機械安全規格と欧州規格の動向」『標準化と品質管理』第五七巻第一一号（二〇〇四年）、三〇―三四頁。

(19) ＩＳＯ／ＩＥＣやＣＥＮ／ＣＥＮＥＬＥＣで標準を作成する場合は、技術委員会が設けられるが通常番号（ほぼ設立順）が付される。ＣＥＮの技術委員会ＴＣ１１４（safe of machine）は、１１４番の委員会であり、一方後に触れる、対応するＩＳＯの技術委員会は、ＴＣ１１９である。

(20) D. MacDonald, *Practical Machine Safety*, (Elsevier, 2004), 24-31.

(21) ＩＳＯ／ＩＥＣやＣＥＮ／ＣＥＮＥＬＥＣでの標準には番号が付されていて、ＣＥＮの技術委員会ＴＣ１１４でできあがった、機械類の安全性の標準の番号は２９２であり、ＥＮ２９２と表す。

（22） 辰巳浅嗣編『ＥＵ：欧州統合の現在（第三版）』創元社、二〇一二年、23章、二一八―二二三頁。

（23） A. Sutter, "Preparing Safety for All," *ISO Focus*, July-August (2004): 1.

（24） 向殿、前掲論文、九一頁。

（25） ＩＳＯ／ＴＲ１２１００は、ＥＮ２９２と同じ内容のものであるが、ＥＣ以外の国の意見を入れたものでないため暫定的な標準（TR: Technical Report）とした。

（26） ガイドは、標準（規格）と異なり、標準をつくったり、適合性評価を行うにあたり、指導書として利用するものである

（27） 米軍の調達のための、MIL-Q-9858（品質の標準）とMIL-L-45208（検査の要件）は、ＮＡＴＯの品質の標準ＡＱＡＰ（Allied Assurance Publication）シリーズとなった。英国は、軍のため、ＡＱＡＰにない品質の設計も加え、独自の標準ＤＥＦ・ＳＴＡＮシリーズをつくり、軍が第二者の認証を行った事業者のみ調達できるようにした。D. H. Stamati, "Understanding ISO9000 and Implementing the Basic to Quality," *Quality and Liability* 45 (1995): 4.

（28） ＢＳＩは軍の品質の標準を、民生部門に利用するため、一九七二年にＢＳ４８９１（A Guide to Quality Assurance）の発行を行い、逐次外部からの監査のできる品質の管理の標準へと改良していき、一九七九年にはＢＳ４８９１シリーズの発行にこぎつけ、ＩＳＯ９０００の原型となる標準ができあがった。R. Tricker and B. Sherring-Lucas, *ISO 9000:2000 in Brief* (Oxford: Butter worth-Heinemann, 2001), 81.

（29） ＢＳ４８９１シリーズは、英国内で、製造企業、供給者や購入者から、必要な組織の品質を保証する礎となる標準であるとの評価を受ける一方、サッチャー政権への移行もあり、英国産業の競争力を高めるため、英国産業者は、ＢＳ４８９２に基づく組織の品質が保証されている企業を定期的に発表しはじめた。R. Tricker, *Quality and Standards in Electronics* (Oxford: Elsevier, 1997), 41.

（30） 久米均『品質保証の国際規格――ＩＳＯ規格の対訳と解説』日本規格協会、一九九一年、一六一―一七八頁。

（31） 久米均「安全分野における標準化の意義と役割」安全安心シンポジュウム、日本工業倶楽部、二〇〇五年、

二〇頁。

(32) 経済産業省ＭＥＴＩ「ＩＥＣＱ制度とその最近の動き」『標準化ジャーナル』第一三巻第五号（一九八三年）、六〇―七一頁。

(33) ISO, *Certification and Related Activities: Assessment and Verification of Conformity to Standards and Technical Specification* (ISO, 1992), p. 5.

(34) *Ibid.*, p. 40.

(35) *Ibid.*, p. 7.

(36) 労働安全衛生法の改正を行い、ＩＳＯ／ＩＥＣの標準と整合化を図ったものである。中央労働災害防止協会「機械の包括的な安全基準に関する指針」二〇〇四年による。

(37) ＩＳＯ／ＴＣ11（ボイラー及び圧力容器）で、性能規定をしている国際標準ＩＳＯ１６５２８を作成。

(38) 本章の内容については、田中正躬『国際標準の考え方――グローバル時代への新しい指針』東京大学出版会、二〇一七年を参照。

終章　技術システムを支える安全基準

橋本毅彦

技術標準と安全基準

筆者は、標準ということをキーワードに機械技術をはじめとするさまざまな技術における標準や標準化の歴史について調査研究したことがある。その一つの成果として『〈標準〉の哲学』（後に『「ものづくり」の科学史』として講談社学術文庫として再版）を出版した[1]。同書は前半で、一八世紀の啓蒙主義時代に遡って誕生した互換性部品に基づく機械技術が、一九世紀の米国で開花し、二〇世紀の大量生産技術の歴史的基盤になったことを述べ、後半で、二〇世紀の技術の発展において大きな役割を果たした標準化の諸側面を追ったものである。

標準をめぐる技術史や経済学で多くの重要な研究成果を出している人物でポール・デヴィッドという経済学者がいるが、彼は英語の「standard」という語の意味として三つの意味があることを指摘する[2]。第一は、日本語にはふつうないが英語にはある、計測の統一的な基準となるような一定量としての単位という意味。第二は、あるものの性質や品質に関して一定の程度より上回るあるいは下回るような限度としての基準という意味。そして第三は、さまざまなものが接続して大きなネットワークやシステムを構成するときに接続をスムーズに可能にさせる互換性確保のための標準という意味である(3)。

前著においてはこのうちのもっぱらデヴィッドの第三の意味の「標準」に焦点を当て、機械技術の歴史とともに現代の技術体系の中での「標準」のあり方を見てきた。本書は、デヴィッドの第二の意味の「基準」としての標準の側面に目を向け、現代社会を支えるさまざまな技術体系に伏在するそのような基準、技術体系の安全性を確保するための基準に目を向けて、さまざまな特徴と歴史的背景を解説したものである(4)。

そのような課題設定の下、二〇一二年度から四年間、科学研究費補助金を受けて共同研究「事故・災害と安全基準構築に関する比較科学技術史的研究」を遂行した。そこでは、さまざまな分野領域にわたって、技術の体系とそれを支える安全基準を含む各種の基準、それらの基準が定められていく歴史的経緯と背景について歴史家に調査結果を発表してもらったり、技術者に知見を提供してもらったりした(表10・1)。本書はそれらの調査研究や知見提供の成果の一部を基にして作成されたものである。

共同研究においてカバーした分野領域は多岐にわたる。航空宇宙、機械船舶、治水、消防、保険、地震、電力、化学、医療など。それらの分野領域は、大きく二つに分かれる。一つは航空、電力、化学など、技術を駆使して製造や構築された人工物の体系が安全・円滑に操業し運行するような標準的な基準、規格、手順である。それらが逆に安全・円滑に進行しないときに、故障が引き起こされ、時に事故が発生することになる。もう一つは治水、消防、地震など、災害に対する予防の手段として設けられた基準や規格である。ふだんは正常に円滑に進行するが、台風や地震などの自然災害によって引き起こされる技術システムの障害を未然に防ぐように、堤防の高さや建築の強度を高めておくことである。火災は自然災害とは異なるが、通常の環境とは異なる異常な状況が起こる中で日常的な社会生活を支える技術体系を維持し、いかに災害を最小限に食い止めるかが課題となる。前者は事故の予防、後者は災害の予防を対象としているといえるが、両者ともに社会生活を支える巨大で緻密なインフラ技術の体系を外部の攪乱要因から守り、内部のメカニズムを円滑に進行させるという目標を共有している。

表10・1　共同研究での講演タイトルリスト
（本書各章になった講演は省略した）

低線量放射線のリスクと安全基準について
放射線防護の基準策定、放射線リスク評価の歴史的変遷
鉄道の国際基準と日本の安全基準
地震に関する事故・災害と安全基準
環境に関する安全基準の経緯とそのリスク
NASA 有人飛行計画とリスクマネジメント
航空機の安全性の証明について

システムとしての航空機の運航体制

一つの例を取り上げよう。本書第1章で、航空機をめぐる基準や規格の制定の歴史的な経緯を述べた。同章で筆者が解説したとおり、事の発端であるドイツ飛行船のフランス領内への不時着は、将来起こりうる事故や危険性をまざまざと気づかせることになった。第一次世界大戦が終わり、一九二〇年代から各国の代表が集まり、航空機を安全に運行するための基準、安全性を保証するための国際的な合意事項が検討されていった。国際委員会には、材料・無線・気象・医学・法令・地図などの分野に関して六つの専門委員会が設置され、策定されるべき基準や策定のための手続きなどが検討された。航空機の強度規格、飛行士の健康条件などを詳細に規定するために、これらの専門委員会が設置されたわけである。ここで強調しておきたいことは、航空機の安定した運航を確保するために、さまざまな補助的な役割を果たす技術が存在したということである。

米国の技術史家メルヴィン・クランツバーグは、「必要は発明の母である」という文句をもじり「発明は必要の母である」と述べて、それが技術発展の一法則だとまでいった(5)。新規な技術が発明されると、その技術を実用化して現実の社会の中で作動させていくために多くの補助的な技術が必要となる。自動車が発明されれば、自動車を走行させるために舗装道路が必要となり、乗り心地をよくするためにゴム製のタイヤが考案された。一つの新規な技術に基づく人工物が出現するとそれを実社会で操業・運行させていくために、さまざまな補助技術が必要とされ、それらは一つの大きな技術の体系を形成していくことになる。同じく米国の技術史家であるトマス・ヒューズは、一九世紀後半に発明された電気照明を多くの人々に利用してもらうために発送電の系統がつくり出された経緯を説き、その事例研究から「技術システム」という概念を導入した(6)。

航空機とその運航も技術の体系性が成り立つ。しかし航空機運航の安全円滑な操業ということを考えると、そこには技術ばかりでなく、飛行士・整備士・管制官など多くの人員が関わっていることに気づく。また航空機が順調に飛行するためには、一定の気象条件が前提として必要であり、そのような気象状況を絶えず観測し、安全運航が確保できるか一定の判断基準に基づき判断されねばならない。そのような人工物とその操作者、その人工物を支える多数の補助技術とそれらの操作者、そして人工物が安全・円滑に運行するための気象状態といった自然の環境を観測し判断する人員などが存在する。実際には気象観測のデータは多くの場所で収集され、そのデータを基に運航管理者が運航の可否などを判断していくが、ここではそれに関わる人員を単純化して観測者と呼んでおくことにする。それらを図10・1のように図示することができよう。

人工物とそれを作動させる（操縦する）操作者がいる。その作動（運行）を支える補助技術や、それを可能にさせる自然環境や社会環境がある。その一つの補助技術は、さらにそれを支える複数の補助技術（auxiliary technology の頭文字Aを使って A_{11} と A_{12} などと記した）と複数の操作者（operator の頭文字を使い O_{11}、O_{12} などと記した）が存在する。

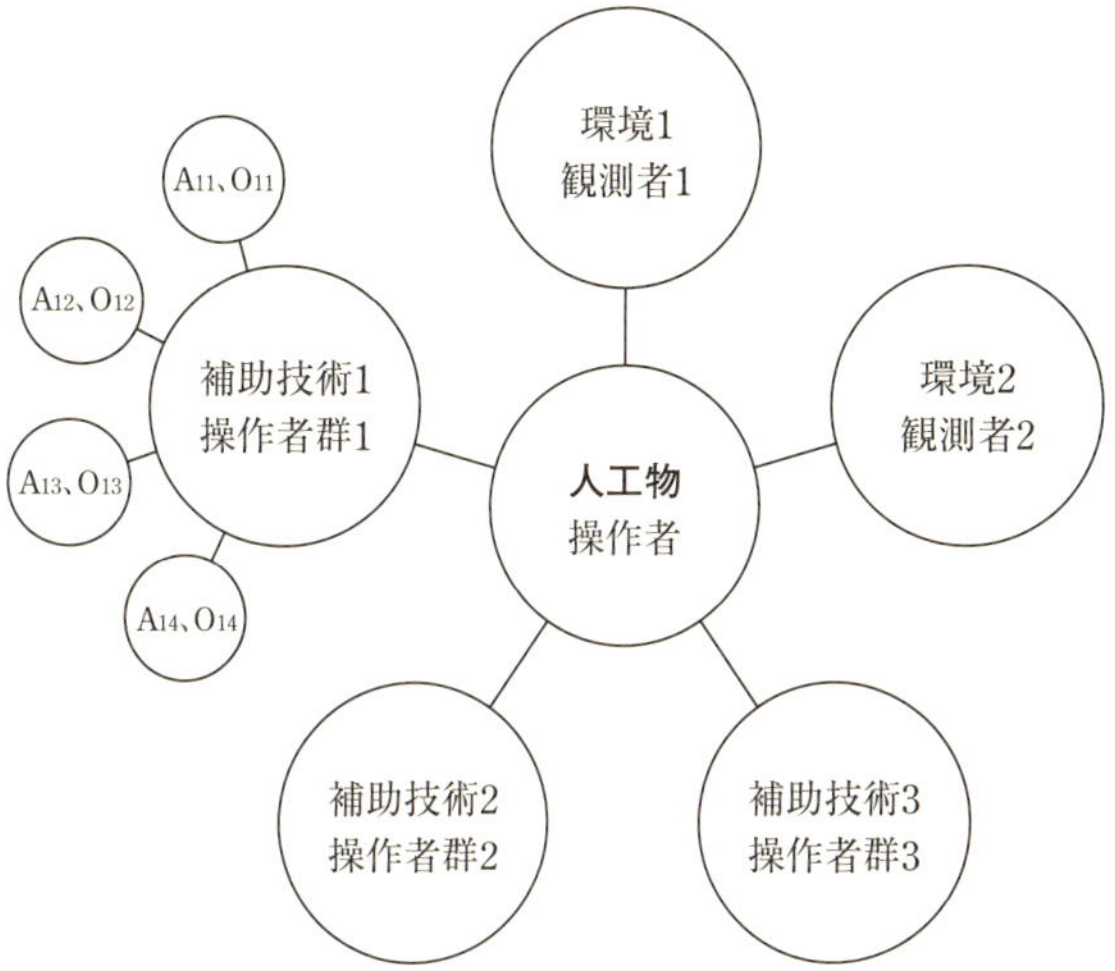

図 10・1　新規技術の人工物の実用的な作動を可能にさせる環境と補助技術と観測者・操作者

このそれぞれに対し、それらが円滑に安定に作動するための基準や規格などが定められることになる。基準は補助技術や環境条件ばかりでなく、その安定な作動を確保するための操作者に対しても必要とされる。航空機自体の飛行士、自動車の運転者、鉄道の運転士など。航空機が登場する頃、自動車も普及するようになり、自動車の運転者に対する資格免許、また鉄道や市街電車の運転士に対しても適正な能力の検査や資格などが要求されるようになっている。飛行士の場合は、飛行の技能ばかりでなく、より厳格に身体や精神の頑健性、健全性なども条件として含まれた。

航空機の運航システムが成立する歴史的過程で大きな役割を演じたのが、国際航空委員会という国際機関（戦後は国際民間航空機関（ＩＣＡＯ）となり現在まで存続することになる）である。上述のように飛行船の越境不時着に端を発し事の重大さが当時国ばかりでなく欧州各国の航空関係者と軍人や政治家たちにも認識され、専門の国際委員会を設置することが早期から検討されることになった。このように新規技術の出現、それにより社会的にも影響を及ぼす技術システムが形成されると、そのシステムの円滑な作動を保持できるように委員会と各分野の専門家を含めて構成される専門委員会によって効率的で社会的経済的にも合理的な基準や規約の体系が策定されていくのが一つの制度的なパターンであるといえよう(7)。

航空交通は現代社会を支える基盤技術システムの一つだが、そのような基盤技術体系は他にもいろいろとあげることができよう。まずは航空以外の陸海の各種交通手段。船舶の航海にあたっては、さまざまな決まりごとがあり、港や航路上でもいろいろな取り決めがなされてきた。船舶自体の強度や安全性の基準以外に、手旗信号などの通信の取り方や、灯台の設置やその標準規格など、さまざまな基準や規約の設定の歴史を見ることができよう。また鉄道や自動車に関しても同様である。それらの安全で安定した走行を確保するために、車両は定期的に検査され、線路や道路も規格に達しているかどうかチェックを受け必要に応じて補修を受ける。信号のシステムにもさまざまな基準や規格をそこに見いだすことができよう。

交通のシステムだけではない。各種メディアの通信、電気・ガス・水道の供給、そして衣食住の提供など。これらの多くは、巨大な技術システムをなしており、その円滑な運行のために各種の基準や規格が定められ、その運転のために日常的な業務に関わっている人々がいる。それらの基準や規格は、時に偶然的な理由で決まったこともあるが、それらが一定の数値や方式に定められるために、背後に膨大な工学的な考察や計算、関係各方面による社会的な交渉と合意、そしてそれらが歴史的に変遷し発展してきたプロセスが往々にして存在する。

本書は、それらシステムの基準のうちごく一部の重要なものについて、その科学的技術的内容と歴史的社会的背景を明らかにしてきた。

災害予防の補助技術

このような技術のシステムは、自然環境によって大きく左右される場合が多い。航空機は気象の影響を受け、送配電網は落雷の影響を受ける。都市に水道水を供給する治水のシステムは、日照りが続けば渇水になり、台風が来れば洪水になるリスクをはらんでいる。災害を引き起こしかねない異常な自然環境に対して、被害が起こらないような補助技術が、分野によっては古くから構築されてきた。そのような災害予防型の補助技術によって、自然環境は一部に人工的な要素が付け加わった環境に改変されている。

飛行機が発明された頃、飛行機は草原や野原で離着陸されていた。それでは土壌や気候の影響を受けやすい。そこでコンクリートで整備された滑走路を備えた「エアポート」が建設されるようになった。離着陸に関しては自然環境を大きく改変した人工的な環境が、航空機の運航システムを支える通常の補助技術のシステムとなった。

都会には水道水を農地には農業用水を供給し、各家庭や工場の排水を海へと流す河川と上下水道網の水供給のシステムにおいては、堤防はそのような災害予防型補助技術であると見なすことができよう。河川の上流に位置するコンクリートでつくられたダムは、都会の膨大な量の水の需要を満たすために必要とされるものだが、降雨量が少ない季節や年にも渇水にならぬように建設された災害予防型の補助技術という機能も担っているといえよう。

日本における自然災害として大きな位置を占めるのが地震である。日本各地で発生する大規模な地震は建造物やインフラ設備に時に甚大な被害を及ぼしてきた。建造物やインフラ設備は、そのような地震被害を想定し、あらかじめ耐震構造を備えるようにつくられている。またそのような耐震性をもつための基準が定められており、時代とともに耐震基準は改定され、建築物も大型の地震に耐えられるようになってきている(8)。以前の古い耐震基準に基づいて建設された建物には、無骨で頑丈そうな太いX字型の鉄骨が塡め込まれ、強度を増して新基準にも適合するようにリノベーションの工事が施される。地震への対応では、耐震基準の設定や改定ということが要になるが、古い建物の改築ではこのような目に見える補助技術として災害への対応がなされる。

火災は、台風や地震といった災害とともに日本社会を頻繁に襲ってきた災害である。火災は一つの建物を焼失させるだけでなく、時に大火となり都市の一画を壊滅させるほどの被害をもたらしてきた。日本の建築物は木造建築が多く、火災に対しては脆弱だった。必ず守るべき貴重な品々は耐火性をもつ土蔵などの特別の蔵に保管し、母屋が焼けても保存できるようにした。火災時に延焼を食い止めて、大火の発生を防ぐために、消防団などが結成されて消火作業に携わるようにされてきた。明治になり近代的な消火用の機械装置、ポンプによる放水車が導入された。この放水車は進化を続け今日の消防車になっている。この消防車を使いこなし、現場にいち早く駆けつけて放水を始める消防隊員もまた存在する。その両者が一体となり、近代的な消防車と消防隊員は、災害予防型の補助技術とその操作者と見なせよう。その両者が一体となり、近代的な消防能力の一単位を構成している。第3章で説明されたように、そのような消防組織がどのような能力を満たせば延焼を未然に防ぐことができるのか、戦後になり根本的・合理的な検討がなされ、標準的な消防能力が算定されることになった。そしてそれに基づき、都市の中の消防署の数や配置が定められていくことになったが、その際に重要なポイントとなったのは、「駆けつけ時間」と呼ばれる、出火してから消防車が到着し放水が開始されるまでの時間だった。

火災は日本だけではなく、海外の各国でも歴史的に大きな社会問題になってきた。一九世紀後半から二〇世紀初頭にかけての米国の歴史は、そのような都市の大火災に頻繁に見舞われた。とりわけ大きな火災に見舞われたシカゴは、そのためにホワイトシティとまでいわれた(9)。米国では保険業界が中心になり消防力の増強が進められたが、それについては後述する。

自然環境と技術システム

技術システムが継続的に作動していくためには、自然環境と継続的に相互作用していくことが要件となる。航空機は気象条件に大きく作用されるが、それとともに航空燃料の品質や価格に大きく影響を受け、そして大量の排気ガスを高層大気に排出することで環境に悪影響を及ぼしている。自動車の排気ガスや化学工場の排気ガスなどに比べて、高層大気で排出するため通常の生活には直接的な形で悪影響を及ぼしていないが、オゾン層の破壊など地球環境に大きくかつ深刻な影響を及ぼし続けている。そのため航空機の排気ガスに関しても自動車の排気ガス規制にやや遅れて、国際的な基準が定められてきている。

原子力発電所も通常であれば完全に密閉されて外気に放射能を排出しない仕組みになっているが、事故が起こると大気や海洋に放射能や放射性物質を放出し自然環境に深刻な汚染をもたらすことになる。放射性物質には半減期が長大な時間を有するものがあり、それによる環境汚染は他の汚染と比してタイムスケールの異なる深刻さをもっている。汚染された建造物や土壌、植物、森林。研究会では汚染除去活動の状況や放射能汚染の人体への影響、また原発事故発生後の放射線測定や低線量放射線の安全基準に関する歴史的推移について講演を行った。低線量放射線の人体影響評価は、X線の発明や原爆投下以降の長い歴史をもっているが、いまだに確定的な基準値は定められていない。科学史家中川保雄が二〇年以上前に著した『放射線被曝の歴史』は、この歴史を戦後から現代に至るまで追ったもので、貴重な歴史解説書となっている(10)。そこでは低線量放射線の安全基準が核兵器の製造管理や原発の運転との関係で徐々に変更を被ってきたことが指摘されている。低線量放射線の基準値に関しては、現在でもその基本的な考え方について議論が続いているところである。

放射能汚染に対する安全基準も人間の健康への影響度合いを計測し評価することで定められてくる。それはさまざまな技術システムから排出される汚染物質——自動車の排気ガスや工場の排煙——についても同様である。都市の地上近傍の大気の汚染あるいは大気高層のオゾン層の破壊で人間の健康にどれほどの悪影響がもたらされるか、定量的に計測し、医学的に評価することで排出基準が定められていく。

近年、環境史と技術史の研究者たちが交流し、環境技術システム（envirotechnical system）という概念を提唱し、自然環境と技術システムを統合するような分析枠組みを提供しつつある。[11] そこでは自然環境が技術システム、ないしは複数の技術システムと相互関係をもちつつ変容され、新しい姿をとっていったことが論じられている。図10・2のように自然環境は技術体系と相互作用しつつ、今日の自然環境として成立してきたといえるのである。

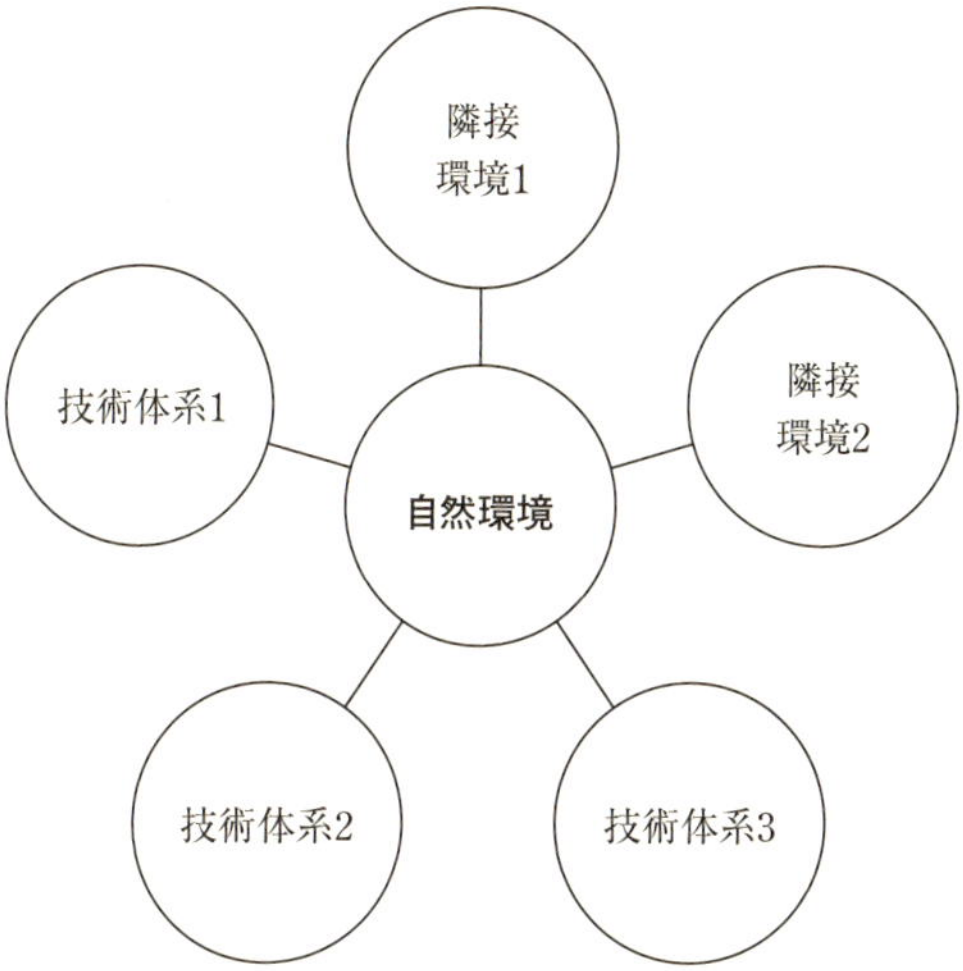

図10・2　自然環境と技術体系（技術システム）

確率主義と費用便益計算の導入

人工物と自然環境とで構成される現代社会を支える技術システム。それらを円滑に運行させるために、さまざまな工夫や取り決めがなされ、さまざまな基準、規格、手順などが定められている。

本書序章の冒頭で、「堤防の高さはいかに決まったか」と疑問を提示し、それは「基本高水」と呼ばれる大雨時の最大の流水量によって決まっていると述べた。日本では明治以降に近代的な治水計画が進められていったが、二〇世紀に入るとそれまでに起こった大洪水のデータを参照し、そのような最大の流量を見積もるようになる。数十年の間で既往最大の洪水が特定され、その流量を目安にして洪水対策が立てられた(12)。

第4章の前半で解説されるように、既往最大の流量は正確な測定が困難で、河川によりバラツキがあった。それにもかかわらず戦前にはこの「既往最大主義」は治水計画の基本的指標として使われ続けた。しかし、戦後になるとそれに代わる新しい考え方が導入されることになる。それが確率主義と費用便益計算の導入だった。戦後日本のきわめて財源が限られた状況で、その財源を最大限有効に活用するように、確率概念が導入され、費用対効果が計算され、それに基づき河川の改修が進められたのである。また河川についてもすべてを平等に扱うのではなく、都市にも近く重要度の高い河川とそうではない河川を区別する。重要度に従い大雨の発生確率も異なって推定され、基本高水も異なって計算される。そして堤防の高さもその推計値の違いにより、異なって建設されることになる。

第4章の後半では、オランダで二〇世紀中葉から進められたデルタ・プランと呼ばれる沿岸部を高潮から守る巨大プロジェクトを取り上げ、そこでも最高潮位の見積もりとダムの高さの決定にあたって確率論が導入されたことが説明された。大潮の季節に低気圧が到来することによる最高潮位が見積もられ、さらにそれを超える潮位が起こる確率が推計される。そして実際にそれを超える潮位になり洪水が発生して周囲の地域が冠水することによる経済的コストを算定する。その上で両者を乗じ、その値が最小になるようなポイントを求めるのである。しかし経済的コストの計算は不確定な要素を多数含んでいる。また地球温暖化により近年潮位は高くなる傾向があり、確率の算定も改定される必要がある。一九五〇年代から検討され始めたそのような確率論的な議論は大きな修正を受けつつ現在まで続いている。

確率は自然現象ばかりでなく、人工物の振る舞いに対しても適用される。原子力発電所の安全性を計量的に考察するために、巨大な技術システムである原発の各構成要素が故障を起こす確率を勘案し、全体のシステムの作動が正常に働かなくなる確率を計算しようとするのである。第5章では、そのような原発の確率論的安全解析（ＰＳＡ）の方法が米国で開発され、一九七〇年代に日本に導入された過程を詳しく追いかけている。[13] とりわけ一九七五年に発表された「ラスムッセン報告」と呼ばれた原子炉事故のリスクに対して確率論的手法を適用した報告書は、その評価の妥当性に多くの批判も招いたが、後の研究者に大きな影響を及ぼした。その後、一九七九年に米国のスリーマイル島の原発で、一九八六年にソ連のチェルノブイリの原発で深刻な事故が発生するが、それらの大事故とともにＰＳＡの手法と利用法についても根本的な再検討がなされていった。また世界中の原発の数が増加するにつれ、それまでは非現実的に思われていた事故発生の確率が現実的な数値になってきたことも指摘される。

作業者の能力検査

航空機にはパイロットがいる。消防署には消防隊員が待機している。航空機や鉄道車両の走行には、操縦や運転をする操作者ばかりでなく、管制塔や指令センターなどで各機各車両の運行を見守る管制指令員が存在する。人工物や補助技術から成り立っている技術のシステムには、そのような操作者が日々のシステムの作動を監視し、必要に応じて通常とは異なる作動の指示を与えたりする。

このようなシステムを動かす操作者の能力と適格性に関しては、一九世紀から問題として浮上し、二〇世紀に入り諸分野の専門家により研究の対象ともなってきた。第7章で言及されるように、公共交通の運転士ばかりでなく、広く作業者や労働者の適格性をチェックするような検査の方法が考案されて実施されてきた。第1章で筆者が述べたように、航空機の登場により各種の国際標準の必要性が認識されてきた際にも、飛行士の適格性検査を検討する部会が設けられ、各国でそのような検査を含む資格試験がなされてきた。

第7章に引用されているジョン・バーナムの『事故を起こしがちな人々』は、二〇世紀の欧米諸国におけるそのような作業者の適格性に関する医学者・心理学者たちの研究を歴史的に解説している[14]。二〇世紀初頭に鉄道の運行に携わる運転士や転轍機の作業員の身体能力や判断能力の検査手法が考案された。色覚検査を含む視聴覚能力の検査とともに、離れた所にある物体の距離や速度の見積もりやその場での早い判断についての試験が課されたりした。英国の飛行士の検査マニュアルにおいては、技能試験に加えて、身体能力とともに精神の健全性や家族のバックグラウンドなどまでも検査対象に加えられている。今日我々にもなじみの深い視力検査の指標などを含む健康診断の方法と制度がどのような経緯で生み出されたか、詳細は調べられなかったが科学技術医学史上の興味深い課題である。

航空機においてはパイロットの適格性は今日においても大きな問題としてクローズアップされることがある。元飛行士であるデヴィッド・ビーティの著した『機長の心理学』は、機長自身の精神的能力ばかりでなく、コックピット内の機長と副機長の人間関係をも含めて、彼らの心理面を分析しリスクや事故の原因について説明する[15]。機長の精神面での健全性が重要であることは、最近の航空機事故においても改めて認識されることがあった。

技術システムの円滑な作動において要の役割を果たす飛行士や運転士については、採用時に種々の能力が試験されるばかりでなく、採用後に適正な能力を獲得しその後も維持するよう検査と訓練を受けていく。筆者が見学した採用後の訓練プログラムでは、そのような能力の訓練とともに、安全を確保するための意識と規律を教え込むものだった。筆者は以前『遅刻の誕生』という論文集を共同研究の成果として出版したことがあるが、そこで工場や鉄道において時間規律が重視されたことを説いた[16]。歴史家の成沢光は『現代日本の社会秩序』において、そのような時間規律に加えて、空間規律、身体規律が近代社会において教え込まれるようになったことを説いている[17]。技術システムの作動に携わる操作者たちは、そのような基本的な近代的規律と種々の身体的精神的能力を有するとともに、さらに安全性への強い倫理意識を備えることが求められている。

社会生活を取り巻く安全基準

現代の社会生活は、交通や通信のシステム、水道・ガス・電気などのシステム、さまざまな工業製品や食料品が提供される流通システムなどによって支えられている。工業製品には消費者の安全な使用を確保するための基準が定められているし、人々が直接に摂取する飲料や食料の製品に対しても厳格な安全基準が存在する。社会生活を営む人々にとっては、ふだん飲用する水道水の水質基準やつねに呼吸する大気の清浄度の基準は、大変身近な安全基準である。

健康的な社会生活を人々が営むためには、このような環境保全に関する基準の体系が存在する。工場からの排煙や排水、飲食料品への添加物などは時に健康被害をもたらすことがある。毒性の強い物質が広がったり、あるいは毒性が弱くても大量の物質が長時間排出されたりすれば、甚大な被害を多くの市民にもたらすことになる。一九五〇年代末に発生した水俣病を始めとして、一九六〇年代には多数の被害をもたらす公害問題が大きな社会問題となり、新しい法律や制度が生み出されていった[18]。これらの問題の多くは特定の化学物質に対する濃度などの許容基準をどのように設定するかということに帰着することになる。

四日市の工場排煙による大気汚染では多くの喘息患者を発生させたが、コンビナートの各工場から排出される排気ガスに含まれる二酸化硫黄の排出基準を決めるためには、大変大がかりな調査と統計的な分析が必要とされた。どの程度の大気中での二酸化硫黄濃度がどれだけの喘息患者を発生させるか。それを確定させるために、大気汚染濃度を各地域で時間ごとに計測し、喘息患者の発生具合を各地域で調査し、その上で両者の間の相関関係を疫学的に検討していくという作業が進められた[19]。

第6章で解説されるように、魚介類には水銀が含まれているものがある。大きな身体のマグロは小さな魚をたくさん食べるために何段階も水銀の濃度が濃縮され、比較的濃度の高い水銀が含まれている。そのようなマグロなどの魚介類を日本人は日常的に食品として摂取しているが、ある程度以上を食べると健康に害をもたらすことになる。その限度がいかにして検討され決定されてきたか、海外での事情も含めて詳しくその経緯が追われている。日本人にはなじみ深いマグロの切り身だが、そこに含まれる水銀の量は、安全とされる基準値と比較すると思いの外多いということに読者は気づかされるかもしれない。またその基準値についても、医学的科学的に完全に精密に確定できるわけではなく、日本人の食習慣などに配慮されている可能性を著者は示唆している[20]。

このような身近な飲食料品や大気に含まれる化学物質の含有濃度の基準値に関して、村上道夫らによる『基準値のからくり』という著作が最近出版された[21]。そこで語られるのは水道水に含まれる塩素濃度や、大気の酸化窒素、酸化硫黄の濃度、食品の賞味期限、そして二〇一一年の福島原発事故以降大きな社会的関心事となった放射性物質の基準値などである。同書はそれらの安全な基準値の設定の科学的技術的背景について教えてくれる著作である。

保険業界の役割

以上、現代社会生活を支える諸種の社会基盤となる技術システムや生活全般を囲む自然環境について、それらの円滑で安定な作動と運行を維持するためのさまざまな基準や規約などが存在することを述べてきた。それらの基準の多くは広範な調査と詳細な分析を要し、二〇世紀に入り各国政府や国際機関の主導によって定められてきた。また分野によっては企業や団体が基準の策定に関わる場合もある。事故や災害によって莫大な損害が生じる場合、その潜在的な損害に対処するため保険が掛けられる。保険会社の側としては、保険の掛け金を決定するために何らかの基準を設定する必要が生じてくる。

その一例が海上保険である。莫大な資金と利益が関係する海洋航海は、その安全性を確保し、事故にともなう損失リスクを分散させるために保険会社が早くから活動した。第2章はそのような保険業界による船舶の安全基準の設定に関して解説したものである。船舶の保険業は一八世紀に活動が遡る英国のロイズが代表的であり、今日でも業界で指導的な役割を果たしている[22]。保険業者にとっては、大量の物資を運ぶ船舶が安全に航海してくれるのかどうか、その判別をするために船舶に「船級」と呼ばれるクラス分けを行う。だが船級は保険業者が参考にする指標の一つに過ぎない。航路の安全性、船員の能力なども、保険業社による掛け率の算定には重要な参考指標となっている。船舶による航海も、補助技術・自然環境・操作者などを含む大きな技術の体系としてとらえられるのである。

海上保険とともに火災もまた保険業者が二〇世紀以前から活動し始めた分野である。技術史家スコット・ノウルズの『ディザースター・エキスパート』という著作は、世紀転換期の米国の火災とそれに対する消防技術者や保険業界の動向を追ったものだが、シカゴをはじめとして多くの米国諸都市で大火（コンフラグレーション）が発生し、そのため保険業界が一致団結して耐火性を向上させるような建造物の普及に努力していったことが説かれている[23]。そのために今日でも活動する「アンダーライターズ・ラボラトリー」という研究所が設置され、防火のための技術開発や基準設定が進められた。その一つとしてスプリンクラーの設置が促され、その標準的なタイプも開発されたりした。序章で述べたように、この研究所は現在「ＵＬ」ともっぱら呼ばれ、米国のさまざまな規格の検査機関として活動を続けている[24]。

このように米国では保険業界がイニシアチブをとり、都市の建造物に対する防火対策を進めていった。保険業界は自分たちの推奨する防火対策を施してある建造物が多い都市を高くランク付けし、少ない都市を低くランク付けする。そのようなランク付け（グレーディング）によって保険料の掛け金を変えるようにする。掛け金の違いが都市の住民や行政に防火対策を進めるインセンティブを与えることになる。

それに対し、戦争直後の日本の消防に関わる技術者はこの米国の方式に直面し、日米の違いを認識することになる。戦前も戦後も日本社会では政府が火災の対策に対してより積極的な役割を果たしてきている。

基準を定める組織・制度

航空運航システムの箇所で述べたように、技術システムの円滑な作動を保証する安全基準を定めるのは各国政府あるいは国際機関においてその目的に設立された専門家などからなる委員会や、その下で具体的に調査検討を進める専門小委員会である。

第6章で水銀を含む魚介類を通じての摂取の安全基準に関して解説しているように、その過程には詳細な疫学的な分析や考察がなされているが、最終的に決定される基準値に関してはある程度の幅が残されることになる。科学では決定しきれないところで政治的経済的な判断が入り込む余地があることが指摘される。

環境基準をめぐってはしばしば専門の技術者だけでなく、企業経営者や住民市民、管轄する政府機関などが関わって基準が定められる。その際には論争にエスカレートしていくこともある。米国の科学技術社会論（STS）の研究者シーラ・ジャサノフは、そのような安全基準などの制定にあたり、専門の科学者・技術者だけでなく、さまざまな組織に属する関係者がそのプロセスに関与してくること、その結着は科学的判断ばかりでなく、経済的な判断や政治的な判断も含まれてくることを示している。彼女の主著の一つである『第五の部門』においては、そのような事情を大気中のオゾン濃度の基準値を制定する際に科学的医学的には確定困難であったことを一事例として引用しつつ、社会における科学の役割の限定性を指摘し、もう一つの種類の科学としての「規制科学（レギュラトリー・サイエンス）」なるものを提唱する。(25) ジャサノフの論説と提案は研究者の間では基本的に広く受け入れられており、環境などの基準の設定にあたっては、科学的合理的な論拠が尊重されつつも、時に社会的政治的な交渉や判断が関わってくることが示されている。

基準や規格を策定する国際機関として国際標準化機構（ＩＳＯ）が存在する。スイスのジュネーブに本部を置く同機構は、実にさまざまの産業製品や自然環境などに関して国際的に通用するための基準と規格を策定してきた。[26] 第9章において、日本規格協会の理事長や、ＩＳＯ機構長を務めた経験ももつ著者は、ＩＳＯがさまざまの工業製品や貿易製品に対する基準と規格を策定してきた歴史を振り返り、そのプロセスに大きな変化があったことを指摘している。同機構では対象とする製品が増大し、策定すべき基準や規格も煩雑になったことから、一九七〇年代以降、製品に対して具体的な形状やサイズなどの規格を定めるのではなく、各国や各地域で規格を定める手続きやプロセスに関してだけ標準的な方法を定めるような仕方に改めるようになったというのである。[27]

第8章では、医療機器に関する国際規格のあり方に関して、著者自身の体験も含めながらその出現の経緯を解説してくれている。その規格策定でポイントとなるのは「適正実施基準（グッド・プラクティス）」と呼ばれる製造過程における手続き上の規格である。その起源となったのは、一九七〇年代に米国のある試験研究機関で、化学物質の毒性に対する動物試験で不正な仕方でデータが出された事件だった。その事件に対処するために、実験室や研究所などで試験がなされる際に、所定の手続きをとり信頼のおける試験結果を出しているかどうかを判別する「適正試験室基準（Good Laboratory Practice）」という基準が設定されることになった。[28] その後このような実践（practice）に対する標準的なあり方を指定する基準には、適正製造基準（Good Manufacturing Practice）や適正臨床試験基準（Good Clinical Practice）などという基準も定められるようになっている。[29] これらの基準は、米国で始まり日本にも導入された品質管理運動の発想がその背景にあったと考えられる。また一九九〇年代以降に医療機器に関する適正実施基準をＩＳＯの規格として策定していくことがなされるようになっていく。

今日ＩＳＯがカバーする範囲は膨大である。それは製品や環境だけにとどまらず、社会活動のさまざまな側面にまで検討の対象を広げつつある。近年になり国際規格として定められているものには、リスクマネジメントや民間組織の社会的責任なども含まれている(30)。このような従来の標準・基準・規格として定められる領域の事物からは外れるようなことに対しても、国際的な標準が次々と定められようとしているのが現状である。

以上、個々の技術が技術体系を構成すること、そのような技術システムを円滑に作動させるために細々とした安全基準や標準規格が定められていることを見てきた。それは今日の社会の大きな特徴である精緻な技術を介した情報と物流のグローバルなネットワークの体系が形成されてきたことと無縁ではない。鉄道の線路の幅（ゲージ）が統一化されることによって鉄道網は巨大なシステムを形成することができる。それと同様に一つの技術システムは、標準を定めることにより他の技術システムと接合し、巨大なグローバルな技術システムを形成することができる。その際にグローバルな技術システムの円滑な運行を保証するのは、ローカルな技術システムが細かな諸々の基準を満たしていること、線路が強度を保ち十分平らでまっすぐであることとなる。

技術が他の技術と結びつき技術システムを構成すること。そして自然環境とも密接な連関関係をもち、「環境技術システム」とも呼ぶべき体系を構成することを指摘した。その中に人間がシステムを設計するデザイナー、システムを動作させるオペレーター、あるいはシステムを享受するコンシューマーとして関わっている。とりわけ日常的なシステムの動作にとってはオペレーターの役割は重要である。そのようなオペレーターを含めた自然・技術・人間の体系において、一定の満たすべき基準が定められ、それに抵触しないように日々のシステムの作動が維持されている。

そのような巨大なシステムはとりわけ二〇世紀の間に次々と世界の各地で構築され建設されてきた。あるものはすでに半世紀かそれ以上の月日を経過しているものも多い。先進各国のインフラのメンテナンスは、今後ますます大きな課題となっていくことだろう。老朽化していく巨大インフラ技術システムをどのように保全していくのか、対策が求められている。また温暖化にともなう異常気象の増加などで、自然災害の起こる頻度も増しつつある。そしてまたシステムが巨大になり複雑になるとともに、効率化とコストダウンが目指されることによって、オペレーターへの負担も増しつつある。事故や災害による被害を減らし安全性を保つためにも、適切な基準を維持したりさらに改善したりしていくことが必要であろう。またそれとともに、それまで隠れて見過ごされていたシステムの弱点を見つけだし、新たな安全基準を設けていくことも必要となっていくかもしれない。

（1）橋本毅彦『「ものづくり」の科学史――世界を変えた《標準革命》』講談社、二〇一三年、同『〈標準〉の哲学――スタンダード・テクノロジーの三〇〇年』講談社、二〇〇二年。
（2）Paul David, “Some New Standards for the Economics of Standardization in the Information Age,” in

Partha Dasgupta and P. L. Stoneman, eds., *The Economic Policy and Technological Performance* (Cambridge: Cambridge University Press, 1987), 206–239.

（3）『標準——現実への処方』という著作を著した社会学者ローレンス・ブッシュは、そのような三種の標準に加えて、いくつかのクラスに分類することも標準の一種として論じている。Lawrence Busch, *Standards: Recipes for Reality* (Cambridge, Mass.: MIT Press, 2013), esp. Chapter 3: "From Standardization to Standardized Differentiation." デヴィッドの第二の意味での標準が対象を基準値未満と以上という二種類に分ける分類法だとみなせば、ブッシュのいうクラス分けはそれより多くの種類に分けることだということができる。また一つの対象群に対するクラス分けが別の対象群に対しても適用され、両者の間に公平性・整合性が成り立つことを考えれば、そのような基準設定やクラス分けの類いの標準もデヴィッドのいう第三の標準、システム間の互換性の達成という性格ももっていることがわかる。ちなみにブッシュの著作の第四章は「Certified, Accredited, Licensed, Approved」と題され、本書のテーマにより直接的に関係する話題が論じられている。

（4）現代社会における「標準」「標準化」のさまざまな側面について論じる文献は多数あるが、他に以下を基本的な参考文献としてあげておく。Nils Brunsson, Bengt Jacobsson and Associates, eds., *A World of Standards* (Oxford: Oxford University Press, 2000); Martha Lampland and Susan Leigh Star, eds., *Standard and Their Stories: How Quantifying, Classifying, and Formalizing Practices Shape Everyday Life* (Ithaca: Cornell University Press, 2009). 栗原史郎・竹内修『21世紀標準学』日本規格協会、二〇〇一年。

（5）メルヴィン・クランツバーグ（橋本毅彦訳）「コンテクストの中の技術」、新田義弘ほか編『岩波講座現代思想13　テクノロジーの思想』岩波書店、一九九四年、二六一—二八五頁。

（6）トマス・ヒューズ（市場泰男訳）『電力の歴史』平凡社、一九九六年、序論参照。以下の論文集は、電力とともに鉄道・電話・航空管制などの巨大技術システムの歴史を扱っている。Renate Mayntz and Thomas P. Hughes eds., *The Development of Large Technical Systems* (Frankfurt am Main: Campus, 1988).

（7）第1章で解説したように米国では独自の航空管理機関が設置され、それが戦後になり連邦航空局（FAA）となっていく。その初期の歴史は Nick A. Komons, *Bonfires to Beacons: Federal Civil Aviation Policy under the Air Commerce Act, 1926–1938*（Washington, D. C.: U. S. Department of Transportation, 1978）に詳しく、その続刊によって一九七〇年代に至るまでの歴史が解説されている。航空機とその運用を技術システムとしてとらえ、そのいくつかの構成要素を技術史的に論じたものとして Roger D. Launius, *Innovation and the Development of Flight*（College Station: Texas A&M University Press, 1999）がある。

（8）地震に対する耐震基準を含む近代日本の建築基準の歴史的推移については、大橋雄二『日本建築構造基準変遷史』日本建築センター出版部、一九九三年を参照。明治以降の地震学と耐震建築技術の発展については、Gregory K. Clancey, *Earthquake Nation: The Cultural Politics of Japanese Seismicity, 1868–1930*（Berkeley: University of California Press, 2006）を参照。

（9）このような欧米各国における火災や都市の成長を扱った研究文献は最近数多く出版されている。Greg Bankoff, *et al., Flammable Cities: Urban Conflagration and the Making the Modern World*（Madison: University of Wisconsin Press, 2012）; Sara E. Wermiel, *The Fireproof Building: Technology and Public Safety in the Nineteenth-Century American City*（Baltimore: Johns Hopkins University Press, 2000）; Scott Gabriel Knowles, *The Disaster Experts: Mastering Risk in Modern America*（Philadelphia: University of Pennsylvania Press, 2011）.

（10）中川保雄『〈増補〉放射線被曝の歴史――アメリカ原爆開発から福島原発事故まで』明石書店、二〇一一年。本書の最初の版は著者の亡くなる一九九一年に出版されたが、二〇一一年の福島原発事故を機に「フクシマと放射線被曝」と題される解説が追加されて増補版が出版された。

（11）Martin Reuss and Stephen H. Cutcliffe eds., *The Illusory Boundary: Environment and Technology in History*（Charlottesville: University of Virginia Press, 2010）; Sara B. Pritchard, *Confluence: The Nature of Technology and the Remaking of the Rhône*（Cambridge, Mass.: Harvard University Press, 2011）, とくにその "Introduction: Nature, Technology, and History" を参照。〈www.envirotechweb.org〉は、そのような環境と技術の統合関係を歴史的に研究するグループのウェブサイトである。

（12）日本における治水の歴史については、大熊孝『洪水と治水の河川史――水害の制圧から受容へ』平凡社、一九八八年、高橋裕『国土の変貌と水害』岩波書店、一九七一年を参照。

（13） 確率論的安全解析に関しては、金野秀敏『確率論的リスク解析の数理と方法』コロナ社、二〇一〇年、T・ベッドフォード、R・クック（金野秀敏訳）『確率論的リスク解析――基礎と方法』シュプリンガー・ジャパン、二〇〇六年、阿部青治『原子力のリスクと安全規制――福島第一事故の〝前と後〟』第一法規、二〇一五年などを参照。

（14） John C. Burnham, *Accident Prone: A History of Technology, Psychology, and Misfits of the Machine Age* (Chicago: University of Chicago Press, 2009).

（15） デヴィッド・ビーティ（小西進訳）『機長の心理学――葬り去られてきた墜落の真実』講談社、二〇〇六年。

（16） 橋本毅彦・栗山茂久編著『遅刻の誕生――近代日本における時間意識の形成』三元社、二〇〇一年。

（17） 成沢光『現代日本の社会秩序――歴史的起源を求めて』岩波書店、一九九七年。

（18） 水俣病については、原田正純『水俣病』岩波書店、一九七二年、などを参照。

（19） 四日市公害における基準値の制定については、吉田克己『四日市公害――その教訓と21世紀への課題』柏書房、二〇〇二年などを参照。

（20） 水銀などの自然界の微量元素の利用と危険性に関しては次の著作を参照。ジョン・レニハン（山越幸江訳）『証人席の微量元素』地人書館、一九九一年。

（21） 村上道夫ほか『基準値のからくり――安全はこうして数値になった』講談社、二〇一四年。

（22） Håkon With Andersen and John Peter Collett, *Anchor and Balance: Det Norske Veritas, 1864–1989* (Oslo: Cappelens, 1989). 造船テキスト研究会編『商船設計の基礎知識（改訂版）』成山堂書店、二〇〇九年、木村栄一・大谷孝一・落合誠一編『海上保険の理論と実務』弘文堂、二〇一一年、船のメンテナンス研究会編著『船のメンテナンス技術（三訂版）』成山堂書店、二〇〇六年、船舶安全学研究会『船舶安全学概論（改訂増補版）』成山堂書店、二〇〇三年、などを参照。

（23） Scott Gabriel Knowles, *The Disaster Experts: Mastering Risk in Modern America* (Philadelphia: University of Pennsylvania Press, 2011).

(24) ＵＬについては、*idem*, "The Voluntary Standards System and American Safety Engineering," *Historia Scientiarum*, 27 (2017) (forthcoming), 参照。
(25) Sheila Jasanoff, *The Fifth Branch: Science Advisers as Policymakers* (Cambridge, Mass.: Harvard University Press, 1990), esp. Chapter 4: "Peer Review and Regulatory Science." 中島貴子「論争する科学——レギュラトリーサイエンス論争を中心に」、金森修・中島秀人編『科学論の現在』勁草書房、二〇〇二年、一八三—二〇一頁は、論争的な場面を取り上げてその概念的特徴やアプローチの違いを論じている。
(26) ＩＳＯを解説した著作として、Craig N. Murphy and JoAnne Yates, *The International Organization for Standardization (ISO): Global Governance through Voluntary Consensus* (London: Routledge, 2009) がある。
(27) ＩＳＯによる標準を含め国際標準のあり方をより一般的に論じたものとして、田中正躬『国際標準の考え方——グローバル時代への新しい指針』東京大学出版会、二〇一七年がある。
(28) 適正試験室基準（ＧＬＰ）については、日本ＱＡ研究会ＧＬＰ部会監修『ＧＬＰとは——信頼性確保の軌跡』薬事日報社、二〇一五年参照。
(29) 医療機器を対象とするＧＣＰについては、ISO14155:2011 の邦訳版「人を対象とする医療機器の臨床試験——ＧＣＰ」を参照。また医療機器に対する規制法については、薬事医療法研究会編『やさしい医薬品医療機器等法』じほう、二〇一五年を参照。
(30) これらの標準について、ＩＳＯのウェブサイト〈http://www.iso.org/iso/home/standards.htm〉(二〇一七年二月二八日閲覧) を参照。

おわりに

本書の基本テーマは、現代社会を支える技術には数々の基準や規格があるが、その背景には大きな工学的な計算や配慮があるということだった。そのような基準や規格にスポットライトを当て、それらの基本が定まったときから現代までを追ってみることが参加者の課題となった。各トピックいずれも重要で興味深いが、編者個人がとりわけ印象深く感じたのは、第3章後半に関澤愛氏によって執筆された「八分消防」の概念である。現在の消防署の配置具合の背景には膨大な実験と計算の蓄積があるが、それは一つの基準値である「八分」という時間に集約され象徴されることに興味をそそられたのである。だがその一方で万全に思われた「八分消防」の体制に対し、ごく最近地方都市で大火が発生してしまったことも、防災体制の強靭なところと脆弱なところとを改めて考えさせられるできごとだった。

本書の基となる共同研究では、各分野について歴史家とともに専門の技術者を招き講演していただいた。何人かの技術者の方には執筆もお願いしたが、講演だけしていただいた方も何人かいらっしゃる。私が担当した航空分野ではＪＡＸＡの神田淳氏に、現在の「型式証明」の内容と手続きの詳細をご紹介いただいたが、その中に「九〇秒ルール」というのがあった。非常事態の際に不時着後九〇秒以内に乗客全員を降ろすことができなければならない。講演ではその際の訓練ビデオが示され、所定時間内に脱出が完了する手際のよさに瞠目した。それとともに検査項目の分量の膨大さと手続きの厳格さに驚かされた。半世紀ぶりに日本の企業によって製造された国産機が、この認証手続きを完了できず納期を延長している。米国で一世紀に近い歴史をもつ型式証明だが、日本の製造業者のそれに対する経験の浅さがその一因なのかもしれないと想像する。

本書の終章では、社会を支える技術の体系が操作者も含み（さらに環境とも関連し）、一つの大きなシステムを形成していることを説いた。第1章で航空機をめぐる基準や規格の生成の誕生からの歴史を追いかけたが、その過程で航空機の運航を支える技術の体系全体に視野が広がっていった。共同研究者の一人梶雅範氏と相談した折りに、そのような広がりをもつ化学史の事例として有機塩素化合物の技術体系があると指摘してもらった。ただ、そのような技術体系の広がりをカバーすることは困難であり、多くの執筆者の方々には技術体系の中の重要な基準にスポットライトを当て、その工学的背景と歴史的推移を概説してもらうことになった。

共同研究を進めていて、工場や研修センターなどを見学する機会ももった。その一つで、安全のための技術や知識ばかりでなく、安全を希求する精神を心に刻み込ませるような訓練プログラムを目の当たりにした。本書各章で、技術体系を支えるさまざまな安全基準や操作に関わる人々の技能資格について取り上げた。そしてそれら安全のための基準や規格などの技術的背景、歴史的発展、そして技術体系としての広がりを論じてきた。だが安全に対する心構えは、それら三つの軸とは別の次元に位置づけられる。現実社会を支える技術体系では、基準や技能とともにそのような心構えを備えた人々が日々作業に携わっているわけである。

本書の基となる共同研究は、日本学術振興会からの科学研究費補助金の補助を受け、基盤研究「事故・災害と安全基準構築に関する比較科学技術史的研究」として二〇一二年度から四年間進められた。支援いただいた日本学術振興会に感謝申し上げる。共同研究の遂行にあたっては、多くの歴史家、技術者、医学者の方々の協力を受けることができた。

本書に原稿を寄稿していただいた方々だけでなく、講演を通じて貴重な情報提供をしていただいた方々もいらっしゃる。講演時のご所属を付し、お名前をあげておく。児玉龍彦氏（東京大学、低線量放射線リスク）、柿原泰氏（東京海洋大学、低線量放射線リスク）、渡邉朝紀氏（東京工業大学、鉄道の基準・規格）、Gregory Clancey 氏（シンガポール国立大学、地震に対する安全基準）、金凡性氏（広島工業大学、地震に対する安全基準）、村上道夫氏（福島県立医科大学、環境基準）、佐藤靖氏（日本科学技術振興機構、NASAの有人飛行計画のリスクマネジメント）、神田淳氏（宇宙航空研究開発機構、航空機の安全性の証明）。また峰毅氏（元三井化学）には、本研究会や本テーマでの授業にも出席いただき、工場見学の手配をしていただいた。感謝申し上げたい。

また関澤愛氏（東京理科大学）、中村晋一郎氏（名古屋大学）、上野紘機氏（元東レ）、田中正躬氏（日本規格協会）にはプロジェクトの協力者として本書に原稿を寄稿していただいた。とくに田中氏には毎回研究会にご参加いただき、長年内外において標準策定に携わった経験から貴重な情報や知見を賜った。改めて深謝申し上げる。

参加者の一人であり、上にも引用した梶雅範氏はプロジェクトの最終段階で病魔に襲われ、二〇一六年七月に逝去された。氏は亡くなる直前まで多くの研究会に出席し、本書への寄稿は適わなかったが、プロジェクトに参加し貴重な情報や知見を提供してくれた。この場を借りて、哀悼の意を表させていただきたい。

最後に本書を東京大学出版会から出版するにあたって、編集者である丹内利香氏には研究会にも時折出席いただき、執筆者間での編集上の調整など大変お世話いただいた。深く感謝申し上げる。

橋本毅彦

執筆者一覧（執筆順）

橋本毅彦（はしもと・たけひこ）　東京大学大学院総合文化研究科教授

神谷久覚（かみや・ひさき）　神奈川大学経済学部非常勤講師

鈴木淳（すずき・じゅん）　東京大学大学院人文社会系研究科教授

関澤愛（せきざわ・あい）　東京理科大学大学院国際火災科学研究所教授

中村晋一郎（なかむら・しんいちろう）　名古屋大学大学院工学研究科専任講師

中澤聡（なかざわ・さとし）　東邦大学ほか非常勤講師

岡本拓司（おかもと・たくじ）　東京大学大学院総合文化研究科准教授

廣野喜幸（ひろの・よしゆき）　東京大学大学院総合文化研究科教授

鈴木晃仁（すずき・あきひと）　慶應義塾大学経済学部教授

上野紘機（うえの・こうき）　元東レ株式会社

田中正躬（たなか・まさみ）　日本規格協会顧問、東京大学ほか非常勤講師

編者紹介

橋本毅彦（はしもと・たけひこ）

1957年、東京に生まれる。1980年、東京大学教養学部卒業。1991年、ジョンズ・ホプキンス大学Ph.D.取得。東京大学教養学部講師、東京大学先端科学技術研究センター助教授を経て、現在、東京大学大学院総合文化研究科教授。
主要著書：『遅刻の誕生——近代日本における時間意識の形成』（共編著、三元社、2001年）、『描かれた技術科学のかたち——サイエンス・イコノロジーの世界』（東京大学出版会、2008年）、『飛行機の誕生と空気力学の形成——国家的研究開発の起源をもとめて』（東京大学出版会、2012年）、『「ものづくり」の科学史——世界を変えた《標準革命》』（講談社、2013年。『〈標準〉の哲学——スタンダード・テクノロジーの三〇〇年』（同、2002年を改訂））、『図説　科学史入門』（ちくま書房、2016年）ほか。

安全基準はどのようにできてきたか

2017年5月24日　初　版

［検印廃止］

編　者　橋本毅彦

発行所　一般財団法人　東京大学出版会

代表者　吉見俊哉

153-0041 東京都目黒区駒場 4-5-29
http://www.utp.or.jp/
電話　03-6407-1069　Fax 03-6407-1991
振替　00160-6-59964

印刷所　株式会社理想社
製本所　牧製本印刷株式会社

ISBN 978-4-13-063366-6　Printed in Japan